Who's afraid of Isaac Newton?

ニュートンなんかこわくない

力学をつくった数学者たち

太田 浩一
Koichi Ohta

共立出版

はじめに

Preface

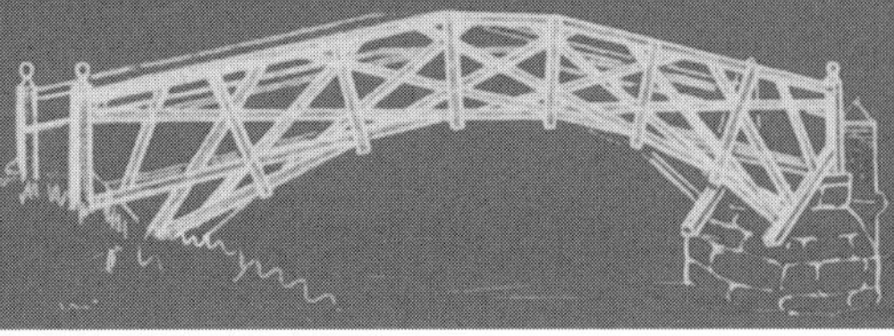

お江戸の名物といえば，火事にけんかに中っ腹，伊勢屋，稲荷に犬のくそ，中でも，火事とけんかはお江戸の華，火消しの勇壮，江戸っ子の威勢のよさは見ものだったろうが，けんかを楽しみながら，力学を勉強しようというのが本書の目的である．ときは元禄，水戸のご老公が亡くなった頃，黒小袖の火事装束に身をやつした赤穂浪士が本所吉良邸に討ち入った頃である．

力学というと，ニュートンの『プリンキピア』を思い出し，一度も読んだことがない，と自慢する人がほとんどだが，一方で，ライプニッツの「テンタメン」となると，そんなラーメンは食べたことがない，という人がほとんどだろう．

ニュートンの最大の功績は，円錐曲線（楕円，放物線，双曲線）軌道から逆二乗則（重力が中心からの距離の二乗に逆比例する）を導いたことである．だが，『プリンキピア』における肝心の証明は，命題，定理，補助定理，問題，系，注解のえんえんとした羅列で，図形ばかりが描かれている．しかも楕円，放物線，双曲線についてそれぞれ証明がつく．図形には補助線を引きまくって，線の長さを計算したり，面積を計算したりと大わらわである．「物理を勉強したいんだけど」と大いなる疑惑が湧く瞬間だ．

ところがである．大学の力学講義で微分方程式を叩き込まれる．実は「テンタメン」には史上初の微分方程式が書かれている．微分方程式という用語もこの論文に由来する．英語などの微積分の用語の出どころでもある．そればかりではない．ライプニッツ方程式とも呼ぶべき「テンタメン」の微分方程式は，重力のもとでの運動方程式の動径成分で，今日でも正確に正しい．動径というのは，例えば，太陽から地球までの距離である．もっとも，初出では数因子 2 が間違っていた．ライプニッツ方程式自体は現代とまったく同じだが，別の項目で計算した遠心力がライプニッツ方程式の遠心力の半分だった．よくある間違いである．理論物理をかじった人にはわかるが，数因子や符号の間違いなど日常茶飯事である．院生が「先生，どうしても計算結果が二百倍違います」と駆け込んできたら，冷静に，「$(2\pi)^3$ を忘れてるんじゃないの？」と言えばいいのである．

ライプニッツは友人ヴァリニョンに指摘されて遠心力の間違いを訂正した．ライプニッツにはうっかりミスが多いが，歴史家アレクサンドル・コアレは，もしライプニッツが『プリンキピア』を読んでいたら，こんなにたくさんの間違いはしなかっただろう，とライプニッツを擁護し，「テンタメン」を独立に書いたことの証拠にしているが，コアレが指摘した間違いにはコアレ自身の間違いもあった．

力学講義は「ニュートン方程式」が中心なので，「テンタメン」に先行する『プリンキピア』に微分方程式がないのはおかしい，と思われるだろう．ところが，『プリンキピア』は幾何学で書かれているので数式がない．もちろん『プリンキピア』の中に，逆二乗則に相当する図形の線分を発見できる．けれども，ニュートンは，すべてを幾何学で説明しようとしたために，動的な考え方，微分方程式という発想ができなかった．定常的な惑星運動の軌跡を幾何学として分析するだけで，時々刻々の運動を追うという視点がなかった．ダイナミクス，動力学という用語もライプニッツの造語である．ライプニッツは，魔法の杖の一振り，紫電一閃，一擲乾坤を賭して（ちょっと大げさかな），微分法を使って運動方程式を書き下ろした．それが正解だった．ニュートンは「そうだったのか！　よくやった！」と年下のライプニッツをほめる立場だが，「俺の真似をしたな，この青二才の未熟者め」と，「テンタメン」を激しく攻撃しているのである．さあ，けんかだ，けんかだ！

今日の知恵では，円錐曲線の公式を二度微分すれば，逆二乗力と遠心力をそなえたライプニッツ方程式が出てくる．所要時間五分．幾何学なんかいらない．ライプニッツはまさに速度，加速度を計算して逆二乗則と遠心力を発見したのだ．ライプニッツの仕事は，ニュートンが貶めたために，今日でもそれに値する正当な評価を受けていないが，まったくの不公正である．幾何学による逆二乗力の発見とは雲泥の差で，比べものにならない価値がある．ニュートンの証明はそれ以上発展の余地がなく，その場限り，一回限りだが，ライプニッツの証明は普遍的で，現代でもそのまま成り立つ．

また，円錐曲線から逆二乗則を導く順問題に対し，逆二乗則から円錐曲線を導く逆問題を，ライプニッツの微積分によって明快に解いたのはヨーハン・ベルヌーリで，現代の力学講義で教える通りである．順問題は現象論だが，逆問題は力学の本質を知らなければならない．ニュートンは解を与えなかった．歴史家は，なんとかしてニュートンが解いたことを証明したいようだが，解いていないことは明白である．エネルギー積分を間違っているのでは土台無理である．エネルギー保存則発見はライプニッツの偉大な業績である．

力学講義で遠心力もわかりにくい概念だ．歴史家サム・ウェストフォールは900頁にのぼるニュートン伝で有名で，重すぎて，寝っ転がって読んでいたら，ドサッと顔面を直撃した．万有引力のせいだけではない．ウェストフォールは，ニュートンの遠心力を導いたあと，「円運動の力学で現代でも使う公式」と書いているのでびっくりしたためだろう．

ライブニッツが「テンタメン」で導いた運動方程式は，今日の極座標における運動方程式なので，回転座標系の遠心力が含まれている．実際ライブニッツはこれを正しく遠心力と呼んでいる．現代の力学教科書に登場する回転座標系の遠心力はライブニッツが発見したのだ．ライブニッツの遠心力，したがって現代の遠心力は実在の力ではなく，見かけの力，慣性力だ．座標軸が動くと慣性力が現れる．

ガリレイの孫弟子ボレッリは，惑星の運動を重力と遠心力によって説明した最初の人である．ボレッリの理論は動的で，ライブニッツ方程式で正しく理解できるところがすごい．それに対して，ニュートンの遠心力はまったく違う．ニュートンは，遠心力の反作用を重力とするとんでもない間違いを犯している．万有引力の考えに真っ向から矛盾する．ニュートンは，遠心力を実在する力と思い込み，力学の概念を正しく把握できなかった．ライブニッツを攻撃したのもこの点である．動力学を発見できなかったのも同じ理由である．

力学講義はニュートンの運動三法則から始まるが，法則I，IIはフックの考えそのままであるのに，ニュートンは文通で知ったフックの提案を完全に無視した．ニュートンが静的理論にこだわり，フックの動的理論を拒否したために，『プリンキピア』でも法則IIはまったく生かされていない．現代では，法則IIは「ニュートン方程式」のことだと教えるが，ニュートンの頭にはそんなものはまるでなかった．ニュートンは「フックからなにも学ばなかった」と言い放ってけんかを始めた．だが真剣にフックの意見に従うべきだったのだ．

ライブニッツ方程式 (1689) は，史上初めて加速度＝力が書かれた数式で，続いて，ヴァリニョン (1700)，ヘルマン (1716) が加速度＝力をこれ以上なく明瞭に書いているが，ニュートンは，これが目に入らぬかと，まごうかたない「ニュートン方程式」を突きつけられても，『プリンキピア』第2版 (1713)，第3版 (1726) でこれらをまったく無視し，一顧だに与えなかった．それどころか，『プリンキピア』のどこを探しても加速度の式のかけらもない．オイラーが，運動に関係ないデカルト座標を使った，もっとも一般的な「ニュートン方程式」を発見したのは『プリンキピア』出版六十年後，1747年で，ガリレイの落下運動における加速度の法則に基づいた結果である．当時も，オイラーの発見と，ニュートンの法則IIとの関係に気づく数学者はいなかった．イングランドの数学は，ニュートンの独占欲によって進歩をやめ，19世紀半ばにやっとライプニッツの微積分に転向したものの，オイラーの発見にニュートンの名をつけるという恥の上塗りをした．現在もその誤りは続いている．

静止状態でも万有引力は働いている．ニュートンによる円錐曲線運動からの逆二乗則の証明は普遍的ではなく，一例題を解いたにすぎない．ところが，フックは，逆二乗則を，天体運動と関係なく，普遍的に証明しているのである．『プリンキピア』より五年前，王立協会の講義で公表している．フックは力学の概念を正しく把握し，逆二乗則を発見しているのである．まったく同じ考えは独立にライプニッツも採用した．「テンタメン」改訂版やアルノー，ハイヘンス，ベルヌーリへの手紙に書いている．

ニュートン批判が始まったのは1835年で，天文学者ベイリーが『フラムスティード伝』を出版し，ニュートンの迫害を明らかにしてからである．ニュートンは，王室天文学者フラムスティードから彗星の運動についての発見や，天体観測記録の恩恵を受けながら，謝意を表さず，封印を破ってフラムスティードの観測記録を盗み出し，剽窃本を出版するという不正を行なった．つづいてベイリーの友人で数学者デ・モーガンが，ニュートンのライプニッツ断罪を，「身の毛もよだつ不正」として告発した．ニュートンが迫害した犠牲者，フック，フラムスティード，ライプニッツは，攻撃されても，陰でメソメソ泣く弱虫ではないところがいい．けんかはそうでなくてはいけない．

もしフックの直感がなかったなら，ニュートンは錬金術に没頭して，『プリンキピア』を書かなかっただろう．フックが「楕円運動は逆二乗則を意味する」というはっきりした数学問題として提示していなかったら，ニュートンは興味を抱かなかっただろう．物理に限らないが，一番重要なのは直感力である．ほとんどの著者たちの決まり文句は「やっぱりニュートンが偉かった」のようだが，本書は，「そうでもないよ」という小心者の小さな声を伝え，力学の理解に役立てようというのが目的である．徹底的に原典を探し出し，生の声を再現することによって，当時を生き生きと甦らせるよう努力した．下手な解説よりも，読者が原典を直接批判した方がよい．とはいえ，オンラインで入手できる文献複写では，ライブニッツが積分記号に使った s の異体文字 ∫ がすべて f になってしまう．そのうえ，ラテン語原典は辞書と首っ引きで読むので疲労困憊した．ご老公ならぬ，老物理学徒はつらいものですよ．それでは親愛なる読者の皆さん，けんかと力学をたっぷりとお楽しみあれ．

著者

イングランドでは 1752 年 9 月 2 日までユリウス暦が使われていた．ニュートンは 1642 年 12 月 25 日に生まれ，1642 年 1 月 1 日に受洗した．ユリウス暦では新年は春分の日に始まるから，1 月 1 日は 1642 年に属する．これでは混乱を招くので，本書では，日にちはそのままで，新年の元日を 1 月 1 日にした．

ライブニッツの発音は【ˈlaɪbnɪts】，ベルヌーリは【bɛʁˈnʊli】，ハイヘンスは【ˈɦœyɣəns】，デ・モーガンは【də ˈmɔgən】である．

目　次

Contents

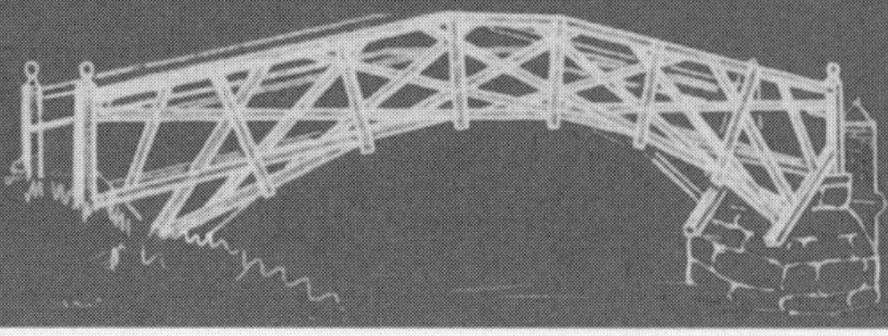

1 ロバート・フック

Robert Hooke

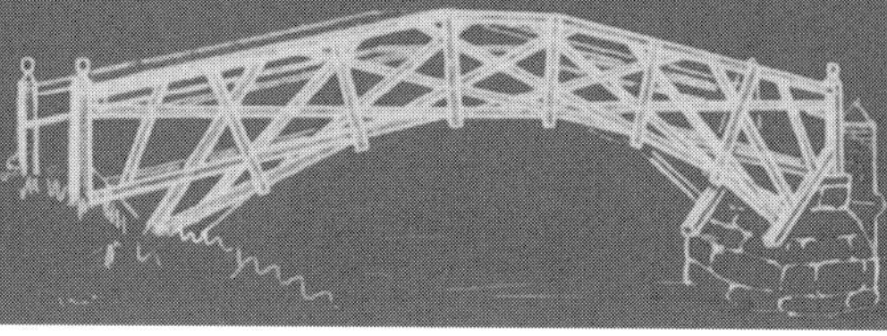

1.1　グレシャムコレッジ

ディケンズの自伝的小説『大いなる遺産』にバーナーズイン（バーナードの旅籠）が描かれている．主人公ピップがロンドンに上京して友人とともに宿泊した安宿だ．

> 彼の旅籠というのは，まるで雄猫たちの溜り場にするかのように，悪臭を放つ片隅にこれでもかと押しつぶされたみすぼらしい建物の，これ以上なく薄汚れたかたまりだった．木戸を通ってこの停泊所に入り，通路を抜けて，平らな墓場にしか見えない陰気な小広場に吐き出された．そこには，これまで見たこともないような陰気な木，陰気なすずめ，（六軒ほどの）陰気な家があると思った．

バーナーズインはハウバンにある．六本の道が交わる環状交差路から大通りハイハウバンを一街区西に向かうと，バーナーズインと書かれたくぐり門がある．「グレシャムコレッジ，無料公開講義」と書かれた表札も取りつけてある．くぐり門を入って，ディケンズの小説を思い浮かべながら，しばらく狭い通路を進むと，中庭にコレッジの受付があり，その前は講義室になっている．受付の女性が講義室の中に案内してくれた．18世紀にさかのぼる講義室の壁にフックの肖像画がある．フックは右手に本と鵞ペンを，左手にバネを持っている．とはいえ，この絵は現代の肖像画家リータ・グリーアが描いた想像図で2007年に掲げられたばかりだ．王立協会にあったフックの肖像画は，おそらくニュートンの悪意で失われてしまったので，フックの容貌を知るすべはない．

グレシャムコレッジは，商人トマス・グレシャムの遺言に従って，1597年6月に創設された．グレシャムコレッジには学生がいない．七人（現在は八人）の教授が無料で公開講義を行なうことがグレシャムの遺志だった．経費はグレシャムが創設した王立取引所の家賃収入があてられた．コレッジがバーナーズインに移転してきたのは1991年のことで，創設時はビショップスゲイトの旧グレシャム邸にあった．現在高層ビル，タワー42が立っている場所だ．ロンドン王立協会も1660年11月28日にグレシャムコレッジに創設された．フックの三歳年上のクリストファー・レンは王立協会創設者の一人で，グレシャムコレッジ天文学教授だった．

オクスフォードでボイルの助手をしていたフックは1661年に毛細管現象についての論文『ロバート・ボイル閣下の発表した実験で観測される現象を説明する試み』を出版し，1662年11月12日に王立協会実験責任者に任命された．自分自身の実験を王立協会の会合で毎週実演するだけでなく，会員の提案する実験を行なうという苛酷な義務である．最初の二年間は王立協会からの給料はなく，ボイルの助手を兼務した．1663年6月3日には王立協会会員に選ばれた．ロンドン滞在中はペルメルにあったボイル邸に寄宿した．

雑貨商ジョン・カトラーが王立協会に資金を提供して「商業誌」の講義を創設することを申し出た．1664年6月27日にフックがカトラー講師に選ばれた．7月に給料を受け取り，10月からグレシャムコ

BARNARD'S INN
Gresham College Free Public Lectures
Gresham College Free Public Lectures
HACKETT

レッジに住居を得た．公式の着任は1665年1月11日，グレシャムコレッジ幾何学教授に任命されたのは3月20日である．フックは亡くなるまでグレシャムコレッジの南東の隅にある部屋に住んだ．講義室のすぐ近くである．カトラーは1670年以降給与支払いを拒否したが，フックは律儀に講義を続けた．講義内容は「自然および技術誌」に改められた．

1.2 『微細物誌』

フックは，1665年1月に出版した顕微鏡による観察を集めた『微細物誌』の最終章で月面の観察から重力の存在を論じた．

> **観察60・月について** 地球におけるように，月にも重力原理があることはあり得ないことではない．これをあり得るとするのに，月そのものの丸さ，すなわち球形ほどよい論拠はないと思う．（いわば，月の中心に応ずべく，すべて同じような形をしているか，平らにされた丘や谷の小さな起伏を除いて）完全に球形，すなわち月のすべての部分が（丘や谷の比較的小さな凹凸を除いて）もっとも外側の境界が月の中心から等距離にあるように連なっていることを望遠鏡で非常に簡単に見ることができる．したがってそれらが重力の中心から等距離にあることはきわめてあり得ることである．事実月の表面部分の形状はそうあるべきよう厳密に形づけられているので，地球のように重力原理を持つことを支持している．……
>
> 月のすべての山や目立つ部分（非常に多くの種類がある）の中で，その任意の一部が，もし月に重力あるいは引力原理があるとすれば，それによって落下させられたり，見える体

勢から動きださせるように置かれているのを観測できたことはなかった．……結論として，月が重力の原理を持つことはきわめてあり得ることであり，重力，あるいは引力の原因を研究するのに素晴らしい飛び抜けた例を与えてくれる．……月が引力原理を持つとすれば，それによって，丸い形になるばかりでなく，そのすべての部分をしっかりと包み込み支えているのである．

フックは，太陽や惑星や月を構成する物質を引き下ろし，ぎっしり詰めて中心のまわりに球を形づくる引力があるはずで，月表面がそのよい例であるとし，月内部から吹き出た物質が月表面に引き戻されて噴火口が形成されたのだと論じた．すべての物質に働く重力，万有引力の考えの原初はこのフックの記述の中に見ることができる．

1.3　力は直線を曲線に曲げる

フックは，翌1666年5月23日，王立協会での講義「継続して起こる引力の原理による直線運動の曲線への屈曲」で従来にない画期的な考えを述べた．フックは直線運動を曲線に曲げる原因に二つの可能性を示した．第一の原因は，惑星を取り巻く媒質の密度勾配によって力が生じるとするのだが，フックはこれを退けた．

なぜ惑星がコペルニクスの仮説に従って太陽のまわりを運動するのか，そして，惑星が天球から大きく離れることはなく，すべての物体がただ一回の衝撃で従うべき直線では運動しないかを私はしばしば不思議に思っていました．（この理由により昔の人が想像した）硬い天球にも埋め込まれず，見える紐で中心に結びつけてもいないのに．

というのも，任意の部分に向かって流体中を運動する物体は，なんらかの衝撃によって横に押し出されるか，目の前の他の物体によって運動を妨げられるか，その中を運動する媒質がすべての方向に等しくは入り込めないと考えられるか，というのでなければ，直線運動を保持し，直線からあちこちの方向に曲がるはずはないからです．この効果を実現するには，私は次の二つ以外にありそうな理由を考えつきません．

第一は，惑星が運動する媒質の不均一な密度でしょう．すなわち，中心，つまり太陽からもっとも離れている媒質の部分がその近くよりも密であるとすれば，直接運動は媒質の外側の内向きのより大きい抵抗に容易に負けて，つねに内向きに曲がることになります．これはそれに伴ういくつかの可能性を持っています．つまり，もしエーテルがいくらか大気の性質を持っているとすれば，熱の源泉である太陽に近い部分はもっとも密度が低く，したがってもっとも離れている部分がもっとも密度が高いことになります．ですが，この仮定に伴う他の不可能性があり，私のいまの目的には関係ないので省略します．

ですが，直線運動を曲線に曲げる第二の原因は中心に置かれた引きつける物体にあるでしょう．それは連続的に引きつけ，引っぱろうとします．このような原理を仮定すれば，惑星のすべての現象は力学運動の共通原理によって説明可能になるように思われます．そしておそらくこの推測を推し進めることによってこれらの運動に真の仮説が得られるでしょう．観測からこれらの運動が確かなものになり，望む限りの最大の厳密さと確実さで計算できるようになるでしょう．継続して起こる引力原理によって直進運動が曲線に曲がることを振り子の実験から解析したいと思います．太陽の引力が振り子と厳密に同じであると思っているのではありません．

> 重りに働く動径方向の力は，中心から離れれば離れるほどより強くなります．それは太陽の引力の中にいるように見えます．それはともかく，この運動をそれに交わる直接，すなわち直線運動に複合することは，そのすべての面が厳密に同じというわけではないとしても，この仮説を説明するのに役立つでしょう．

第二の原因がフックの考えの核心で，今日では当たり前のように感じられるかもしれないが，フックのこの論文は動力学の誕生を意味する革命的なものだった．フックの「力が直線運動を曲線に曲げる」は力学の本質的なすべてを含んでいる．ただ，当時は数学的道具，微積分に欠けていた．ライブニツが微積分を発見したのは 1675 年で，10 月 29 日付手稿で積分演算子 $\int$，その逆数として微分演算子 $\mathrm{d} = \frac{1}{\int}$ を導入した．論文発表は 1684 年 10 月と 1686 年 6 月である．ここではあえて，微分の概念を使って，フックの主張が現代の古典力学と同等であることを見ておこう．

直線運動では速度が一定である．直線運動が曲線に曲がる，ということは速度が変化するということである．速度を v としよう．時刻 t が t' になり，微小時間 $\mathrm{d}t = t' - t$ の間に，速度 v が v' に変化したとしよう．この変化量を $\mathrm{d}v = v' - v$ と書く．$\mathrm{d}t$ や $\mathrm{d}v$ を微分と呼ぶ（小著『ナブラのための協奏曲』，共立出版参照）．微分 $\mathrm{d}v$ は力 F によってもたらされるのだから，力に比例しなければならない．また，ガリレイの法則「速度の増加は時間の増加に比例する」，$\mathrm{d}v = g\mathrm{d}t$（$g$ は重力加速度）を思い起こすと，その力が働いていた時間 $\mathrm{d}t$ にも比例しなければならない．これらをまとめると

$$\mathrm{d}v = F\mathrm{d}t, \qquad \frac{\mathrm{d}v}{\mathrm{d}t} = F$$

が運動方程式である．今日では「ニュートン方程式」と呼んでいるが，明らかな呼び誤りで，『プリンキピア』出版後六十年，レオンハル

ト・オイラーが1747年に発表した「一般天体運動の研究」に初めて一般的に書かれた．オイラーは，ニュートンの運動法則IIを数学的に表したのではなく，ガリレイの加速度の法則を一般化した．だが，用語「ニュートン方程式」が教科書に現れるのは，イングランドでライブニッツの微積分が普及するようになった19世紀後半で，オイラーの発見は忘れられた．動径方向の微分方程式を与えたのは，のちに述べるように，ライブニッツで1689年のことである．

1.4　1670年カトラー講義

フックは1670年のカトラー講義『観測によって地球の運動を証明する試み』で1666年の考えをさらに綿密にし，1671年に王立協会でも発表した．出版は1674年3月である．

> 私は，さしあたり，私のこれまでの観察で，地球でも成り立つ新運動を発見したことを示唆しておきます．それはこれまではおそらく夢想もできなかったことで，さらなる考察によって，この出発点をより完全に確かめ，完成させたとき，もっと詳細に述べるつもりです．そのとき私はこれまで知られていたこととは多くの点で異なり，すべてにおいて力学運動の共通規則に応える世界体系を説明しようと思います．これは三つの原理に基づきます．
>
> 第一に，あらゆる天体はそれらの中心に向かう引力あるいは重力を持っており，それによって天体が，地球と同じように，それ自身の構成部分を引きつけ飛び去らないようにするだけでなく，その活動範囲にある他のすべての天体を引きつけることです．その結果太陽と月が地球とその運動に影響を与え，地球がそれらに影響を与えるばかりでなく，地球の対

応する引力が水星，金星，火星，木星，土星の運動に相当の影響を与えるのと同じように，それらが引力によって地球の運動に相当の影響を与えます．

第二の原理は，直線的な単純な運動をする物体はすべて，他のなんらかの有効な力によって，円，楕円，あるいは他のなんらかのより複合した曲線にそらされ，曲げられるまでは，直線に沿って前進運動を続けることです．

第三の原理は，これらの引力は，働きかけられた物体がどれだけ中心に近いかによって，より強く働くことです．それがどの程度なのか私はまだ実験的に証明していません．ですがそれを完全に押し進めれば，天文学者がすべての天体運動を，それなしには正しく実行されないある決まった規則に帰着させるのに役立つ強力な考えになります．円錐振り子と天体運動を理解する天文学者はこの原理の全基礎を容易に理解し，自然においてそれについての真の所説に向かう方向を知るでしょう．

私はいまはこれを，この研究を実行する能力と機会があり，観察と計算をする勤勉さに欠けない人たちにほのめかすだけですが，このようなことが発見されることを心から望んでいます．私はまず完成させなければならない他の多くのことが手元にあって，そのため参加することができないのです．けれども私は引き受けた人が，世界のすべての大いなる運動がこの原理によって影響を受けることを発見すること，その真の理解が天文学の真の完成であろうことをあえて約束いたします．

また，1678年3月14日，24日に王立協会で行なった講義「彗星」では

> 私たちがいる天のこちら側の中心における太陽の重力は，そのまわりを回転する惑星や地球のすべての物体の上に引力を及ぼすと考えます．そしてそれらはそれぞれ対応するものを持ち，磁石が鉄を引きつけ，鉄が磁石を引きつけるように，それらは太陽を引きつけます．
>
> 私は，太陽あるいは他の中心物体の引力が，それに向かって物体を引きつけ，彗星の運動を，その凹面が太陽に向かう一種の曲線に曲げると考えます．
>
> それがいかにして円運動するように閉じ込められ，束縛されるか，物理的理由はかなり難しいと思われます．ですが，それは，普通すべての惑星に考えられている以上ではありません．地上の物体が地球の中心に向かうように，惑星が引きつけられ，太陽に向かう傾向を持つ，太陽の渦あるいは天空を通しての一種の重力を考えることなしには，それらのさまざまな運動を満足を持って想像することはできません．（いま私に時間があれば，多くの理由を主張することができたでしょうが，今後他の機会にいたします．）それが与えられるならば，惑星のすべての不規則な運動の理由ばかりでなく，彗星の奇妙でさまざまな運動の理由も容易にわかるでしょう．
>
> 私はそれが厳密に直線ではなく，円の屈曲に向かってわずかに屈折すると考えます．この彗星について，いまそれを示したいと思います

と述べている．フックは彗星の軌跡が惑星の軌道のように楕円であり，太陽の引力下にあると考えた．したがって異なるときに観測した彗星が同じである可能性を示唆していた．1664年12月と1665年初頭に現れた彗星について，サミュエル・ピープスが1665年3月1日の日記に

> グレシャムコレッジでフック氏が最近の彗星に関して二番目の非常に好奇心をそそる講義を行なった．とりわけ，この彗星が以前1618年に現れた同じ彗星であること，おそらくそれがふたたび現れるだろうことを証明した．それはきわめて新しい意見である

と記している．ケプラーは，彗星の軌道を直線と考えた．ニュートンも，彗星の軌道を直線と考え，のちにフックと同じ考えのフラムスティードを嘲笑うことになる（8.1節）．

1.5　フック，逆二乗則を証明

ヨハネス・ケプラーは第1，第2法則を与えた『新天文学』(1609) 第3部第36章「この尺度に従って太陽からの推進力が宇宙の広がりによって減少するだろう」の冒頭で次のように書いている．

> 第33章で述べたことから生じる，いささか難しいもう一つの問題が出てくる．第二に，それは光と推進力の親近性に反対のものである．だがそれは非物質的種についての考察に真っ向から対立するように思われる．そのそれぞれが私を長い間疲労させてきた．
>
> 惑星運動の強さと緩和が距離の簡単な比になることは第32章で証明している．だが，太陽から発せられる力は，距離，あるいは流線の二乗か三乗で集中，拡散するように思われる．それゆえ惑星運動の強さと緩和は太陽から発せられる力の減少によるものではないだろう．光と推進力のこの尺度の結果は証明されるように思われる．光の説はより明確である．推進力について読者に理解して頂こう．

フックが逆二乗則をいつ最初に発見したのかわからない．だが，1680年から1681年にかけて王立協会で行なった「光の講義」では

> 光の減少は距離の二乗に逆比例すると考えて，独創的なケプラーが許す比例関係がこれです．彼は，これによって，距離を隔てて惑星体を運動させる太陽の力の比例関係を発見したのです

と話している．フックの逆二乗則の証明はケプラーに触発されたものであることがわかる．はっきりした証明を与えたのは，1682年10月25日，11月8日と15日，王立協会の講義「彗星と重力について」である．

> すべての天体は二つの性質を持っています．第一は光を放ち反射する能力です．これら円形あるいは球形の第二の特性は，すべての固体に普遍的と思うのですが，もう一つの自然界の活動原理，すなわち，重力，同様の固体を中心に向かって引きつける力の原理を示唆しています．私はこの二つの原理が自然においてもっとも重要でもっとも活動的であり，それらからもっとも重要な効果が生成されると考えます．そしてそれらが理解され説明されるとき，それらは私たちを悩ませ，困らせる幾千の現象の解と理由を与えるだろうことを疑いません．
>
> 地球には，他と区別するため，球運動と呼ぶ運動があるとします．そのすべての部分が，中心に向かい，中心から離れる振動，すなわち伸長と収縮を持つものとします．またこの振動は，すべての非常に堅く緻密な物体におけるように，非常に短く，速いとし，この振動運動は，これら固体の振動部分の間にまき散らされるエーテルのある部分に運動を伝え，

あるいは運動をつくりだすとします．伝えられた運動は，まき散らされた流体を，球の中で，中心に向かい，中心から離れ，射線となって振動させます．この特別な流体と特別な濃厚物体の輻射振動によって，地球のすべての部分が中心に向かって運搬，降下させられるばかりでなく，この運動は，大気と他の種類の流体の間にまき散らされたエーテルの中に継続されて，中心に向かう傾向を引き起こします．また遠距離であっても大気やその上に置かれたいかなる知覚できる物体もです．どれほどの距離かあとで決め，地球の内外のすべての距離で物体に作用する比例乗数を示します．

この伝搬する力は，これから示すように，光や音の媒質，水面の波の伝搬と同じく，伝搬天球が増大するにつれて減少します．これから私は，その力がつねに伝搬天球の表面積，すなわち，距離の二乗に逆比例すると思います．それは自然の考察から明白に導かれるでしょう．以下では距離をおいて引き起こす効果によってより簡単に証明するでしょう．

私は，この伝搬する振動を地球に向かう物体の降下の原因とします．ですが，外向きの運動の伝搬が天体の運動の理由というのは多分少し奇妙に思えるかもしれません．このことをよりわかるようにするために，職人の間で普通に知られている観察に触れましょう．すなわち，金槌や斧を柄に打ちつけるやり方です．もっとも簡単に行なうために彼らは普通柄の端を打ち，柄を手に支えて，金槌や斧を下端でつり下げ，この方法によって斧を柄の上方に動かすだけでなく，打ち続けるならば，手元までも上昇させます．

この観察を私の理論に応用するため，伝搬の媒質が柄で，斧や金槌が降下する重い物体だとします．地球が伝搬媒質に与える打撃のたびに，降下速度の度合一が，斧と同じよう

> に，重い物体に与えられます．地球のこの振動運動の速度に従って，それが伝える力は強くなったり，弱くなったりしなければなりません．例えば，一秒間に千の振動があるとすれば，重い物体はその一秒間に千の圧力すべてを受けなければなりません．そして次の一秒に千，三番目の一秒にさらに千と，同じ時間に同じ度合の加速を受けるでしょう．そして一秒を千の短時間に分割すれば，物体は，最初の短時間に度合一，次に度合一，三番目に度合一，と続けて受け取るでしょう．その結果，合わせた加速は，最初の一秒に一，次の一秒に三，その次に五と続きます．それは落下物体の運動で観測されることです．

フックの意図は明白である．マイケル・ファラデイは電気力を力線の束と捉えた．フックの柄のたとえはファラデイの電気力線に非常に似ている．振動を伝える柄，射線は重力線のことで，空間に異方性はないので，重力線は中心から球対称に広がっていることは自明である．その総数は変わらない．中心を囲む任意の閉曲面上でこの数は同じである．閉曲面として半径 r の球面をとれば，力 F は球面上で一定である．球の表面積は $4\pi r^2$ なので

$$4\pi r^2 F = \text{一定}$$

が成り立つ．フックの結論「力はつねに表面積，すなわち，距離の二乗に逆比例する」が導かれる．フックが史上初めて逆二乗則を証明したことは明白である．フックは 1685 年 9 月 1 日付草稿でも同じ考えを述べている．

> 重力は，円錐膨張によって，地球の中心から無期限に膨張する連続的衝撃である．……その頂点，地球の中心からある距離をおいた場所の重力は，これらの距離において円錐を

切った基底面積に逆比例する．すなわち距離の二乗に逆比例する．

フックは『微細物誌』の中，観察5で，薄膜の色の研究から，光の周期性を発見し，光をエーテルの振動とする波動説の先駆者になった．重力を振動と捉えたのも同じ発想である．フックの発想とファラデイの発想はほぼ同じと考えてよい．ファラデイの後継者マクスウェルが電磁気学を完成させたのに比べ，フックは後継者に恵まれなかった．ニュートンは徹底的にフックの貢献を矮小化した．

フックの1682年講義は没後1705年に『遺作集』の中に所収されたが，注目されずほとんど引用されてこなかった．1894年に出版された『英国人名辞典』第40巻所収の「ニュートン」では

> 1682年秋の王立協会で読まれ，遺稿集に印刷された「彗星の性質に関する講義」の中で，フックは惑星や彗星が太陽に引きつけられる重力について語り，重力の原因に関する巧妙な仮説を与えた．彼は重力物体によってエーテル中に引き起こされる振動によると考え，この仮説のもとに，逆二乗則が導かれることを示そうとした．だが，彼の着想はあいまいで不確かだった．フックの巧妙さは偉大だったが，彼は一片の厳密な論証を遂行する能力に大きく欠けていた

となっている．フックの証明は，「あいまいで不確か」どころではない．現代でもこれ以上厳密で普遍的な証明はあり得ない．重力を振動の伝搬とするところも非常に現代的で，電気力は電磁波によって，重力は重力波によって伝搬する．現代では遠隔作用は近接作用，場の理論に置きかえられているが，フックの重力場やファラデイの電気力場は，場の理論の源流である．

1.6　ライブニツの証明

フックと同じ考えはライブニツにも浮かんでいた．ライブニツは1689年『学術紀要』1月号に「光学曲線についておよびその他」，「媒質の抵抗と抵抗媒質中の重い投射体の運動について」，2月号に「天体運動の原因についての試論」を発表した．2月論文を「試論」あるいは「テンタメン」と呼ぶ．また，その年の夏から翌年の夏にかけて「テンタメン」改訂版を執筆した．大きな変更は，序文の最後に頁を割いて，光と重力の類似をつけ加えたことである．図の記号を避けるために一部省略して紹介する．

> 中心に向かう誘引は，光の例のように評価される輻射の量によって，大きくなったり小さくなったりする．物体が距離の逆二乗比に従って光に照らされることは学識ある人たちによってずっと昔に証明された．同じように，引きつけられる物体は，引きつける物体からの距離の二乗が大きくなるに従って，重力が小さくなると言わなければならない．それ以上に，同一の明白な理由がある．すなわち光あるいは輻射の中心のまわりに同心球面があり，同様の弧と同様に配置した面 ABC と LMN によってつくられた部分が切り取られたとする．光あるいは引力は各面にわたって一様に分布，拡散し，同じ面の同じ部分は等しく照らされ，あるいは影響を受ける．したがって，面 ABC の光あるいは引力のすべては，面 LMN の光あるいは力と，強度あるいは照度，広がりあるいは面積の複合比にある．面 ABC の光あるいは引力は面 LMN と同じだけある．それゆえ強度は広がりに逆比例する．すなわち照度あるいは重力の誘引は面積に逆比例する．ところが面 ABC と LMN は直径の二乗に比例する．それゆ

え照度あるいは誘引は輻射の中心あるいは引きつける物体からの距離の二乗に逆比例する.

「誘引」は「引力」に相当するライプニッツの造語である.

1690年3月23日，ライプニッツは，数学者で，ジャンセニスムの指導者アントアーヌ・アルノーに宛ててヴェネツィアで書いた手紙に

宇宙の大きな天体が磁石と似たなにかを持っていると仮定し，軸の平行を保つある方向のほかに，重力に類似のなにかが生まれる一種の引力を持つと考えます．私たちは，それを，中心から飛び去ろうとする射線を仮定することによって理解できます．その結果，それは，同じコナトゥス〔努力〕を持たない他の天体の中心に向かって押すのです．この引力の射線と物体が照らされる光の射線を比べると，距離の二乗に逆比例して引力を受けるでしょう

と書いている．また同年10月，恩師ハイヘンスへの手紙の草稿で

重力を，射線が光のような引力と考えると，この引力は照度と厳密に同じ比率を保つことになります．というのも，物体の照度は光源からの距離の逆二乗比になることが他の人たちによって証明されているからです．とくに，球面上の各点における照度は同量の光が通過するその球表面積に逆比例するからです．球表面積は距離の二乗に比例します．これら射線が中心から動き去ろうとする物質の活動から生じていると考えることができるかどうか，あなたが判断なさるでしょう

と書いている．さらに，1692年4月11日の手紙では

重い物体の引力を，中心から発する射線と考えるならば，なぜ惑星の重さが太陽への距離の二乗に逆比例するかを説明

> できますし，それは現象によって確かめられています．この重さの法則は，ニュートン氏の解釈か，私の調和振動に結びつけることによってケプラーの楕円を与えます．これも現象によって確かめられています．物体が距離の二乗に逆比例する光源によって照らされていることは明らかです．さらに，このような繊細な流体の遠心力によって重力を説明するやり方に従えば，重力は引力の射線とみなせると信じています．この流体の活動は，事実上，円運動がそれほど速くない物体を降下させる射線以外のなにものでもありません

と伝えている．調和振動は「テンタメン」で仮定した渦運動で，角運動量を保存する回転である．

フローニンゲン大学ヨーハン・ベルヌーリに宛てた，1698 年 11 月 18 日の手紙にも書かれている．

> 重力が距離の逆二乗比にあることは，ニュートンの著書のずっと前から私の見解でした．私は，帰納的な接近によってだけではなく，演繹的な根拠によってこの見解に達したのですが，驚いたことに彼はこの根拠に気づいていないのです．すなわち，重力の物理から離れて，数学的概念の境界内にとどまるとすれば，私は，重力が，引力の中心から輻射される，ある種の射線，あるいは引きつける線によってつくられる引力と考えます．それゆえ，光の射線における照度の密度のように，重力の引力における輻射の密度は輻射の中心からの距離の逆二乗比にあると考えます．

ライプニッツは 1706 年「テンタメン解説」において同じ考えを詳述している．

> さらに私はそのとき，上記の「テンタメン」で示唆した

ように，対心〔パラセントリック．中心に近づいたり，遠ざかったりをくりかえす運動〕引力の法則，誘引の重力の説明をすることを遅らせた．光の射線のような，引力の射線（すなわち，直線的な伝搬）を考えることを，ハイヘンスには手紙で知らせ，イタリアでは，現在パードヴァのもっとも学識ある教授，高名な〔ミケランジェロ・〕ファルデッラには直接説明した．こうして私は数学者たちがすでに証明するために用いた種類の議論によって，光が距離の逆二乗で減少すること（高名なファルデッラは〔ジェミニアーノ・〕モンタナーリによって指摘されたことを思い出した），重力の影響が同じ法則によって減少すると理解することは合理的であると判断した．

確かに私は，重力の原因についての高名な〔ドニ・〕パパンとの討論（『学術紀要』1690年5月号）において，重力と輻射のこの類似を使った．……輻射の法則の一般的証明は知られているが，以下でもう少しはっきりと説明する．輻射点を点Cとし，球面ABDとEFGを同一の点Cについて同心であるとする．各面には同量の輻射があるので，各面の輻射は等しい．これを命題1とする．ところが面上の小部分あるいは物理点の照射と全面の照射の比は，小部分と全表面の面積比に等しい．これを命題2とする．輻射は表面上に平等に広がる．物理点〔面積〕をpとする．小さい球面上に置かれたこの点における照射をr，大きい球面上に置かれたこの点における照射をR，小さい球表面積をm，大きい球表面積をM，小さい球表面の照射をs，大きい球表面の照射をuとする．命題1によって$s = u$であるから$r : u = r : s$になる．だが命題2によって$r : u = p : m$である．さらに命題2によって$u : R = M : p$である．それゆえ，第一，第二の比を

> 複合させれば $r : R = M : m$ になるだろう．すなわち，異なる同心球面上に置かれた同じ点の輻射は面積に逆比例する．だが，球面積は中心からの距離の二乗に比例する．それゆえ，一つの物理点，それゆえいくつかの物理点からなる物体の照射は，輻射点からの距離の二乗に逆比例する．重力の物理的原因から抽象する方法を示すために，いまは，数学的法則の知識で満足しよう．

もちろんライプニッツはフックの1682年講義を知らなかったが，驚くほど二人の発想が似ていることに驚かされる．力を線と捉える，光線との類似を指摘するなど，今日から見てもまったく間違いのない推論である．ニュートンは，フックの講義を知っていたと思われるが，最後までフック説を認識することはなかった．逆二乗則はフックの発見である．

1.7 イスマエル・ブリアルドゥス

フックやライプニッツの先駆者にイスマエル・ブリアルドゥスがいた．1645年に『天文学』を出版し，その中で

> 太陽が惑星を捕まえ，つかむ力，肉体的で手のように機能する力に関しては，それが宇宙の全領域に，直線で放射され，太陽の種のように，太陽本体とともに回転する．肉体的と見た通り，それは距離や間隔が大きくなるにつれて弱くなり，減衰する．減少の割合は光の場合と同じである．すなわち，距離の二乗で逆比例する

と書いている．ヴィテロは，イスラームのイブン・アル＝ハイサムの『光学の書』(1015–21) に基づいて，光学書『視学』(1270–78) を執筆

した．ケプラーは『ヴィテロへの補足』(1604) の中で光の逆二乗則を発見した．ブリアルドゥスは 1638 年に『光の性質について』を刊行し，ケプラーの光の逆二乗則を論じているので，フックやライブニッツと同じ推論をしたと思われる．だが，ブリアルドゥスは自説を否定してしまった．

> 太陽は，その軸のまわりに，それ自体によって動かされ，熱せられ光を放つ．惑星にはいかなる種類の運動も強いることはない．惑星のそれぞれは，備えられたそれぞれの形で回転される．

ブリアルドゥスは，イスマエル・ブルジョーとして，1605 年 9 月 28 日，ルダンでカルヴァン派の両親から生まれた．『天文学』の中で，父が 1607 年と 1618 年の彗星を観測したと述べている．二十一歳のときカトリックに改宗し，二十六歳で聖職者に叙任された．最後の五年間はサンヴィクトル修道院の修道僧となり，1693 年 11 月 25 日に八十九歳で亡くなった．ブリアルドゥスは，パスカルのデトンヴィル書簡を配布し，ハイヘンスを経てライブニッツの微積分発見に影響を与えた．ブリアルドゥスは，生涯を通じて天文観測を続けた．ニュートンは『プリンキピア』第 3 編でケプラーの第 3 法則（70 頁）を次のように書いている．

> **現象 4**　五つの主要な惑星と，地球のまわりの太陽，太陽のまわりの地球の周期は，恒星が静止しているとして，太陽からの平均距離の二分の三乗に比例する．
>
> この関係は，とりわけ，ケプラーによって発見されたことが認められている．太陽が地球のまわりを回転しようと，地球が太陽のまわりを回転しようと，周期は同じであり，軌道の広がりも同じである．周期の測定値はすべての天文学者の

> 間で一致している．ケプラーとブリアルドゥスはすべての軌道の大きさを測定からもっとも注意深く決定した．周期に対応する平均距離は彼らが見出した距離から目立って異なっていない．

ブリアルドゥスは，惑星が太陽の引力によって運動するというケプラーの考えに反対し，惑星は円錐上の円形または楕円で運動すると考えた．セス・ウォードは1653年『イスマエル・ブリアルドゥスの天文学の基本哲学についての短い考察』でブリアルドゥスの天文学を批判した．ケプラーの運動三法則が知られるようになったのはブリアルドゥスとウォードとの論争の結果である．ウォードは王立協会設立者の一人である．ボレッリも，次の2.1節で紹介するように，ブリアルドゥス説に反対し，ケプラー説を発展させた．ところが，ニュートンは，信じられないことに，ブリアルドゥス説を採用した（63頁）．

2 アルフォンソ・ボレッリ
Alfonso Borelli

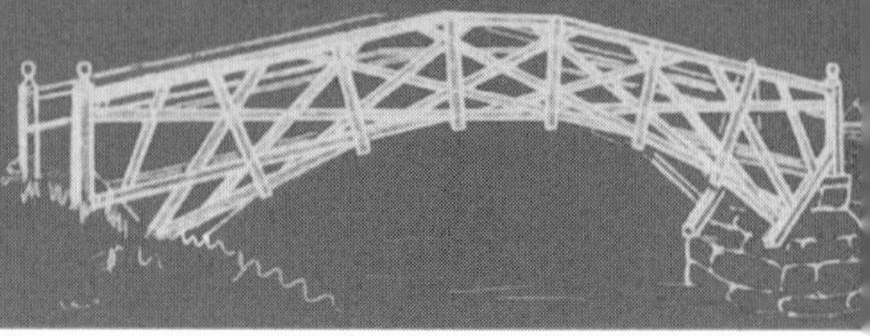

2.1 『メディチ星の理論』

ジョヴァンニ・アルフォンソ・ボレッリの著書『物理的原因から導かれたメディチ星の理論』の刊行は1666年で，フックの同年の王立協会講義のすぐあとである．フックも，ボレッリも，現代に継承されている独創的な考えをほとんど同時に発表した．メディチ家のトスカーナ大公フェルディナンド二世への献辞が1665年10月20日，印刷許可が1666年3月10日になっているのは検閲のための遅れである．

ボレッリは「自然はつねに単純で同じ法則によって振る舞う．メディチ星も例外ではありえない」としている．第8章「地球から観測できる木星の衛星の不規則性について」で，惑星が円錐上の曲線を運動するとしたブリアルドゥス（1.7節）を批判した．

> ブリアルドゥスは，光学方程式ばかりでなく物理方程式を導くことによって，セトゥス・ヴアルドゥス〔セス・ウォード〕が指摘したように，平均運動に関するあるものを省略した．それにもかかわらず，彼のこの最初の発見はみごとで，巧妙で，賞賛に値する．宇宙論者が二つの反対意見を言うことは疑いもなく真実である．第一に，各惑星に対するこれら

円錐は架空のものである．したがって宇宙に存在しない円錐曲面上をいかにして惑星が運動するかははっきりしない．第二に，これら運動が，ある点Mと，Mを通過する一様運動の線のまわりに引き起こされるという事実に反しているように思われる．というのも，この点は分割できず，空想でエーテル中にあると仮定され，物理的機能を持つ実体が完全に存在しないのである．したがって，惑星が，完全に一定の規則に合致して，その点と，想像上の線の上を回転するべしという理由がまったくない．そして，その逆に，点Hに置かれた太陽自身の非常に大きな球に対してはきわめて不規則に運動する．まるで，星の主目的が太陽自身のまわりを回転することではなく，完全性や機能の欠けた想像上の空想的点のまわりを回転することであるかのようである．実際，きわめて強い反対意見なので，答えることが非常に困難であろう．

最初の点については，私はそれを十分に扱うことができるばかりでなく，おそらく，自然の神秘に関するなにかを啓発できると信じている．第一に，惑星は二つの運動，一方で円運動，他方で，その逆の直線運動のもとに動いていると想像しよう．これら二つの運動を要素として，楕円運動が帰結することを示そう．太陽はHにあり，惑星は最初は遠日点Eにあって，二つの運動を持っていると仮定する．第一は太陽のまわりの軌道運動であり，第二はAからPに向かう直線運動である．また，これらの運動が互いに同量であると仮定しよう．すなわち，惑星がEから出発して半円を描くとき，線形運動と同じ時間でEからPに達する．次の半円でPからEに戻る．また，円形運動の平面EDは線形運動の線EPからつねに傾いていると仮定しなければならない．それにより，惑星は直線運動によってつねに互いに等距離にある無数

> の円の周囲を横切る．この時間で円運動が一様であり，とりわけその同じ時間に中心に関する同じ角度を掃くとすれば，惑星は上述のように楕円を描くであろう．
>
> それゆえ，現実の円錐は宇宙に存在すると仮定できないとしても，その種の固定円錐を仮定したのとまったく同じように，楕円運動が起こることが可能であることがわかる．上述の二つの運動の仮説は，第一に，円に似た軌道を持つが，厳密には円周に従わないすべての惑星の実例によって可能である．

ボレッリの独創は，地上の物体が地球に向かって落下するように，惑星も太陽に向かって力を受ける，と考えたことである．そして落下を防ぐ反対の力がある，と考えた．第11章「楕円図形として記述されるメディチ星の球からの離心の理由と長軸線の正しい運動を理解するためにとくに必要な言明あるいは哲学原理」で

> そのため，否定することは不可能と思われること，すなわち，惑星が，そのまわりを回転する球と一体になりたいという ある自然の欲求を持つこと，惑星は太陽に，メディチ星は木星に近づくようあらゆる努力をすることを仮定して進もうと思う．また，石が，回転の中心から後退しようとする衝動を持つ車輪や投石器で経験するように，回転の中心から離れようとする衝動によって，物体の円運動が引き起こされることも確かである．
>
> それゆえ惑星は太陽に近づこうとし，同時に，円運動の力による太陽中心から遠ざかろうとする力を得ると仮定しよう．反対向きの力が等しい（一方が他方に相殺される）限り，惑星は太陽に近づくことも遠ざかることもできない．釣り合いが取れた惑星が固定された空間の中に現れ，浮遊する

と書いている．フックが遠心力をまったく考えなかったのに対し，ボレッリは遠心力を導入した．太陽の引力と遠心力によって惑星の運動を説明した．したがって，二つの力が拮抗する．太陽の引力と遠心力の釣り合いは，円運動でしか成り立たず，引力が勝ったり，遠心力が勝ったりする，と考えた．惑星の軌道は楕円なので，楕円軌道上の任意のある点で引力と遠心力が釣り合ったとしても，次の瞬間には釣り合わなくなる．遠日点から距離が減っていくと，引力が遠心力より大きいから惑星は内側に引きつけられ，引力と遠心力が釣り合う内側の円まで運動する．近日点から距離が増えていくと，遠心力が引力より大きくなり，引力と遠心力が釣り合う外側の円まで運動する．ボレッリはこれをくりかえすことによって惑星の楕円軌道を定性的に説明した．ボレッリの考えは定性的であっても間違っておらず，2.3 節で触れるように，のちにライプニッツが微分法によって定式化した．フックも，ボレッリも，数学的な定式化はできなかったが，現代力学に生き残っている．

ボレッリは，1608 年 1 月 28 日，スペイン軍兵士とナポリ人の母の息子として，ナポリ海岸にある城塞カステル・ヌオーヴォで生まれた．トンマーゾ・カンパネッラがスペイン総督府所在地，苛政の象徴カステル・サンテルモに収監されていた．ボレッリ一家がこの城に移ってきたのは 1614 年である．カンパネッラは 1616 年，獄中で，科学研究を擁護し，ガリレイを弁護する『ガリレオの弁明』を書いた．ボレッリの父は，カンパネッラの逃亡を助けようとして死刑の判決を受け，減刑されて追放されたが，1617 年に戻ってきた．カンパネッラは 1618 年訪問者を許すカステル・ヌオーヴォに移されたので，ボレッリがカンパネッラから教育を受けた可能性はある．

ボレッリは 1628 年ローマに出て，出自を隠すために，父の姓アロンゾ，母の姓ポッレッロから取ったアルフォンソ・ボレッリを名乗った．ローマで，二十七年間の幽閉から解放されたカンパネッラに会

い，ローマ大学ラ・サピエンツァ数学教授ベネデット・アントニオ・カステッリに紹介された．またカステッリの弟子で秘書エヴァンジェリスタ・トッリチェッリと知り合った．カステッリとトッリチェッリはガリレイの弟子である．ガリレイが異端審問で有罪判決を受けると，カンパネッラは，ボレッリの弟フィリッポを連れて，パリに亡命，1639年5月21日ドメニコ会ジャコバン修道院で亡くなった．ボレッリはカステッリの推薦で1635年シチリア島メッシーナ大学数学教授になった．ガリレイの弟子ヴィンチェンツォ・ヴィヴィアーニやボナヴェントゥーラ・カヴァリエーリと知り合った．トッリチェッリとヴィヴィアーニは臨終までガリレイの看護をした．ガリレイはトッリチェッリに口述して『新科学対話』（12.1節）を完成した．

ボレッリは1650年，ボローニャ大学のカヴァリエーリ後継になれなかった．1656年ピサ大学に移った．『物理的原因から導かれたメディチ星の理論』を出版したのはピサ大学在任中である．1667年にメッシーナに戻ったが，シチリア島におけるスペインの圧政に反対し自由と独立を求める考えは反逆とみなされ，1674年逮捕を逃れてローマに赴いた．すべてを従者に持ち逃げされたが，クリスティナの庇護を受けて，侍医にもなった．クリスティナの父スウェーデン王グスターヴ・アドルフは三十年戦争でプロテスタント軍を率いて，ティリー率いる皇帝軍を大敗させ，形勢を逆転させた．翌年ヴァレンシュタインを敗北させたが，自らは銃弾を受けて戦死した．王位を継いだクリスティナは，デカルトを招聘した知性ある女王だったが，1654年二十七歳で退位し，カトリックに改宗してローマに定住していた．ボレッリは，サン・パンタレロ教会の慈善学校で初等数学を教えながら，1679年12月31日神父の家で貧困のうちに亡くなった．

2.2 クリスティアーン・ハイヘンス

クリスティアーン・ハイヘンスは1656年12月25日に振り子時計を考案した．1660年には著書『振り子時計』の大部分を執筆していた．第1章は振り子時計の理論で，第2章で自由落下や曲線上の落下を論じている．12.1節で紹介するガリレイの『新科学対話』と同じ内容である．

> **命題Ⅰ** 落下する物体に対して，等しい時間間隔に等しい速さの増加があり，等しい時間間隔に対して降下開始から測った距離は連続的に等量増加する．
>
> **命題Ⅱ** 静止から出発し，ある時間間隔落下する物体の距離は，落体が最後に得た速さと等しい速さで同じ時間を運動した距離の半分である．
>
> **命題Ⅲ** 静止から二つの時間間隔で落下する物体の二つの距離は，落下時間の二乗，あるいはそれぞれの最終速度の二乗に比例する．
>
> **命題Ⅳ** 降下の最後に得られた速さで物体を上向きに投げれば，降下と同じ時間で上昇し，同じ距離を横切り，それが降下した同じ高さに上昇する．同様に，同じ時間間隔では，同じ速さが運動から得られる．

命題Ⅰは $\mathrm{d}v = g\mathrm{d}t$，$\mathrm{d}s = gt\mathrm{d}t$ を意味する．命題Ⅱは，ガリレイが『新科学対話』定理Ⅰ（194頁）で与えたのと同じで，距離 s が時間 t によって，$s = \frac{1}{2}gt \cdot t = \frac{1}{2}gt^2$ で与えられることを示している．命題Ⅲは $s = \frac{1}{2g}v^2$ を示している．命題Ⅳはエネルギー保存則を示唆している．また命題Ⅳで，サイクロイド（円が直線上を滑らず回転するとき，円周上の一点が描く曲線．擺線）上の落下が等時性を持つことを証明した．第3章で伸開線（曲線上にゆるみなく這わせたひもをその曲線から引き離すとき，ひもの端が描く曲線）の理論を与えた．1664年に追加した第4章では質量が点ではなく分布している現実の振り子時計を論じた．第5章で等時性を持つサイクロイド振り子時計を説明している．二つのサイクロイドの間で振り子を振動させると，振り子はサイクロイドの伸開線上を運動する．サイクロイドの伸開線はサイクロイドになるので，等時性をもった振り子時計をつくることができるのだ．

この『振り子時計』第5章で証明なしに遠心力を与えている．

円運動から生じる遠心力について，諸定理

I　二つの同じ運動小物体が，等しい時間間隔で異なる円周を通過するならば，それらの遠心力の比は円周あるいは円の直径の比だろう．

II　二つの同じ運動小物体が，異なる円周上を等しい速さで運動するならば，それらの遠心力の比は直径の逆比だろう．

III　二つの同じ運動小物体が，異なる速さで，等しい円周を回転するが，これら定理において理解していただきたいように，一定運動を保持するとすると，速く運動する運動物体の遠心力は，遅く運動する運動物体に比べ，速さの二乗の比になるだろう．

IV　異なる円周上を回転する二つの同じ運動小物体が，等しい遠心力を持つならば，回転周期は直径の平方根に比例するだろう．

V　小物体が，円周上で，直径の四分の一に等しい高さから落下したときに得る速さで運動するならば，それは重さに等しい遠心力を持つだろう．

円の半径を r，速さを v，周期を $T=\frac{2\pi r}{v}$ とすると，命題I–IVは遠心

力が $\frac{v^2}{r}$ で与えられることを示している．命題Vで「重さ」は現代の用語では質量と重力加速度の積のことだ．命題Vで，円周を運動する物体の遠心力を，軌道に留める重力に等値すると，周期が，長さが半径の半分の振り子の周期に等しいことを証明している．

遠心力の証明は1659年に書かれた遺稿「遠心力について」中に発見された（出版は1703年）．ハイヘンスは10月21日かその直後，手稿で次のように記している．

> 物体の重力は，物質自体のコナトゥス〔努力〕と同じであり，それに等しく，急速に中心から飛び去ろうとする．それを支える人は物質が飛び去るのを防いでいるが，それを放し，落下を許す人は，中心の射線から物質が飛び去るのを可能にしている．最初は，一から始まる奇数で中心から飛び去ろうとするが，重力は，同様の加速度運動によって重い物体を中心に向かって近づかせる．それゆえ，最初からこれらの運動，中心から後退する運動と，中心に向かって落下する運動は必然的に等しい．……
>
> 物質の速さは地球の半径によって与えられる．それにより，遠心力は小円に見出す．これが一体なにから成るのか，このコナトゥスの大きさを決めるのはなにかを知らなければならない．与えられた時間での後退の量は回転の速さと円軌道の大きさに依存する．

ハイヘンスは遠心力という用語を最初から使っていた．「一から始まる奇数で」というのは，速度が時間に比例して増加することを表しており，等加速度運動のことである．

「遠心力について」における証明は図しか残っていないが，幾何学的証明を再現するのは容易である．垂直に置いた円で地球を表し，頂点 A から水平に物体を投げたとしよう．微小時間 $\mathrm{d}t$ に物体は放物線を描いて B に到達するとする．微小時間に物体はほとんど円を離れない．円の中心から B に向かう直線が A における接線（重力がないときの物体の軌跡）と交わる点を C とする．CB が重力に比例することは明らかである．B から CA に平行に引いた直線が A を通る円の半径と交わる点を T とする．AT を正矢（円弧の中点から両端点の中点までの距離）と呼ぶ．円の半径 r，回転角 θ，$\mathrm{CA} = v\mathrm{d}t = r\tan\theta = r\theta$ を使うと

$$\mathrm{CB} = \frac{\mathrm{AT}}{\cos\theta} = \frac{r\theta^2}{2} = \frac{v^2}{2r}\mathrm{d}t^2$$

になり正矢に等しくなる．重力を F とすると，微小時間では F を定数とみなしてよいので，ガリレイの落下の法則（ハイヘンスの上記命題 II）によって $\mathrm{CB} = \frac{1}{2}F\mathrm{d}t^2$ になるから重力の大きさは $\frac{v^2}{r}$ である．ハイヘンスは，重力と遠心力は同じ大きさで逆向きとしていたから，$\frac{v^2}{r}$ が遠心力である．

ハイヘンスは 1690 年刊行『重力の原因についての論文』の中で，地球の日周運動による遠心力によって地球が扁球になると考えた．

> この変化は非常に確かな真実であるとつねに考えられてきたことにきわめて反する．つり下げた鉛を支える綱は地球の中心にまっすぐ伸びると考えられてきた．十分の一度のこの角度はかなりの大きさなので，天文観測や水準器でそれに気づくべきだったと思わせるに十分である．そこで，最後の例について語ると，北側を見たとき，水準器の線は，目に見えて地平線から低くする必要があるのではないか？　ところが気づかれたことはないし，そんなことは起こりそうもない．その理由を述べることは，もう一つの逆説になるのだが，地球はまったくの球形ではなく，近似的に短軸のまわりを回転する楕円のようで，二つの極が低くなった球の形をしている

のである.

ニュートンは『プリンキピア』第3編，命題19・問題3「惑星の軸がそれと直交する直径に対する比を求めよ」で，遠心力が地球の形を扁球にすると論じた．ハイヘンスと異なり，逆二乗力を使っている．

ハイヘンスは亡くなる直前，1695年に『コスモテオロス』を完成していた．出版は1698年である．その第2巻で

> プルタルコスは，上述の本『月軌道の面について』の中で，月がその軌道にとどまるのは，円運動から地球を飛び去ろうとする力が，地球に近づこうとする重力の等しい力によって相殺されるからである，と考えた人が古代にすでに存在していたと述べている．そして私たちの時代では，月についてばかりではなく，他の惑星についても，アルフォンソ・ボレッリが主張したことと同じである．第一に，重力は太陽に向かうが，月についてはそれが属する地球，木星，土星に向かう．最近アイザク・ニュートンは，より注意深く，精細に同じことを説明し，その原因が，ケプラーが太陽を焦点に置くことによって考えついた惑星の楕円軌道に由来することを示した

と述べている．ボレッリが後退力と呼んだ力に，遠心力の用語を与えたのがハイヘンスである．ニュートンの間違いについては後述する(5.4節)．

2.3 ライプニッツの遠心力

現代の力学の講義でも使われている用語「遠心力」だが，誤解が多いので，振り返っておく必要がある．与えられた運動方程式を回転座標系に変換して現れる慣性力の一つが現代の遠心力である．固定した

x 方向単位ベクトルと y 方向単位ベクトルへの射影によって表すのがデカルト座標 x，y である．これを極座標 r，θ で表すと $x = r\cos\theta$，$y = r\sin\theta$ になる．オイラーは，初めて「ニュートン方程式」を導いた上記「一般天体運動の研究」で，極座標における運動方程式も与えている．中心力 F のもとで，質量 $m = 1$ の物体の運動方程式は，極座標を使うと，$\omega = \frac{\mathrm{d}\theta}{\mathrm{d}t}$ に注意し，r 方向，θ 方向にそれぞれ

$$\frac{\mathrm{d}^2 r}{\mathrm{d}t^2} - \omega^2 r = F, \qquad r\frac{\mathrm{d}\omega}{\mathrm{d}t} + 2\omega\frac{\mathrm{d}r}{\mathrm{d}t} = 0 \tag{2.1}$$

である．第 1 式の $-\omega^2 r$，第 2 式の $r\frac{\mathrm{d}\omega}{\mathrm{d}t}$ と $2\omega\frac{\mathrm{d}r}{\mathrm{d}t}$，三つの式について符号を逆にしたものを，それぞれ遠心力，オイラー力，コリオリース力と呼んでいる．いずれも回転座標系で現れる慣性力である．

第 1 式の r 方向成分はライブニツが与えた．1689 年論文「テンタメン」で，楕円運動について

$$\frac{\mathrm{d}^2 r}{\mathrm{d}t^2} = \omega^2 r + F$$

を導き，右辺第 1 項を遠心力（円運動でハイヘンスの遠心力 $\frac{v^2}{r}$ に一致），第 2 項を重力とした．フックの考えが革命的だったのは，天体の運動を，引力による動的な描像で理解しようとしたからだが，遠心力がある場合でも正しい．速度の r 方向成分は $\frac{\mathrm{d}r}{\mathrm{d}t}$，$\theta$ 方向成分は $r\omega$ である．(2.1) がフックの考えと一致していることは，それらを

$$\frac{\mathrm{d}}{\mathrm{d}t}\left(\frac{\mathrm{d}r}{\mathrm{d}t}\right) = \omega^2 r + F, \qquad \frac{\mathrm{d}}{\mathrm{d}t}(r\omega) = -\omega\frac{\mathrm{d}r}{\mathrm{d}t}$$

のように書き直せばよく理解できる．第 1 式は，r 方向の速度 $\frac{\mathrm{d}r}{\mathrm{d}t}$ の変化が，遠心力を含めた力 $\omega^2 r + F$ によってもたらされることを表す．第 2 式は，θ 方向の速度 $r\omega$ の変化が，慣性力 $-\omega\frac{\mathrm{d}r}{\mathrm{d}t}$ によってもたらされることを表す．この慣性力のおかげで，速度 $r\omega$ ではなく，角運動量 $r^2\omega$ が定数になる（ケプラーの第 2 法則，等面積則）．フックの考えは力学の本質を捉えているのである．

円運動では，動径が一定なので，動径方向の力はない．したがって質量 M の太陽のまわりで運動する地球上で（回転座標系で），重力と遠心力は釣り合っていなければならない．重力定数を G とすると，$\omega^2 r = \frac{GM}{r^2}$ が成り立っていなければならない．これを解くと角速度と周期は

$$\omega = \frac{\sqrt{GM}}{r^{\frac{3}{2}}}, \qquad T = \frac{2\pi}{\omega} = \frac{2\pi}{\sqrt{GM}} r^{\frac{3}{2}} \tag{2.2}$$

によって与えられる．周期はケプラーの第3法則に従っている．円錐振り子でも同じで，外力と遠心力が釣り合う．

ライブニッツの運動方程式は2.1節のボレッリの定性的な理論を定式化したと考えられる．楕円運動では遠心力と重力が釣り合わず，r は時間変化しなければならない．円運動以外では静的理論にはならないのである．ライブニッツは1706年に「テンタメン解説」を執筆して「テンタメン」の中の数係数2の間違いを訂正し，説明を修正した．

> だが，それ以上に，惑星が中心物体に接近したり，それから離れたりする対心的速度の原因が必要であった．私はそれを，惑星が中心物体に引きつけられる重力と，回転自体から生じ，中心から遠ざかろうとする遠心力に当てはめた．これら活動の競争は，変化する距離の度合を通して絶えず遂行される結果，新たな支配的印加（遠心力と重力の差）が，あるときは中心に，あるときは中心から，逆向きに向かう．降下か上昇以前に得られた運動力が，同じ方向か逆かに応じて，増加したり，減少したりする．その結果運動力は最後には消費され，これが周期的にくりかえされる．だが，振り子の場合のように，降下の運動力から反対側に上昇が起こり，ふたたび降下が起こる．これらはすでに私が適当な場所〔「テンタメン」〕でより明確に説明した．

これで遠心力の正体がわかった．座標の取り方によって現れる加速度の一部で，実体はない．回転座標系の動径成分に現れる項 $\omega^2 r$ が，ライブニッツの主張のように，遠心力である．円運動ではハイヘンスの遠心力に一致する．ライブニッツは，『プリンキピア』の書評に刺激を受けて，1689年に発表した三部作を書いたと言っているが，ニュートンはライブニッツが『プリンキピア』を読んでいたはずだとして，ライブニッツを激しく攻撃した．だが，「テンタメン」をよく読むと，ライブニッツの独自の考えに基づいており，間違いも多いが，『プリンキピア』を書き写したのではない．ライブニッツ方程式は，史上初の微分方程式で，今日でも正しい．ニュートンは，作用反作用の原理によって，向心力を遠心力の反作用として定義していたから，致命的な間違いである．ニュートンはライブニッツを攻撃するのではなく，ライブニッツの意見を取り入れるべきだったのだ．

3 アイザク・ニュートン

Isaac Newton

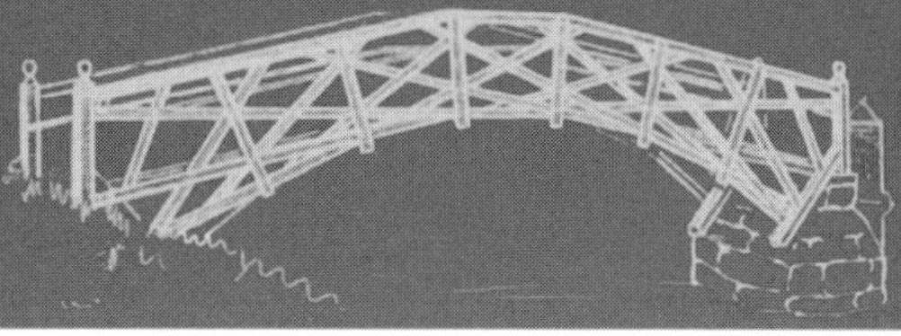

3.1　りんご伝説

ロンドンの地下鉄サークル線とディストリクト線のケンジントン本通り駅周辺はにぎやかな商店街だ．本通り駅からノティングヒルゲイト駅に向かって，ケンジントン教会通りを北に上っていくと，左に入る道シェフィールドテラスに，アガサ・クリスティーが 1934 年から 1941 年まで住んだ家グリーンロッジがあり，青い銘板が取りつけられている．教会通りから右に入ったパレスガーデンズテラスにはマクスウェル旧居があり，やはり青い銘板が取りつけられている．クリスティーやマクスウェル旧居に出るまでに，教会通りを左に入る細い道デュークスレインとピット通りの角に，ニュートンが最晩年の二年間を過ごしたオーベルズ館があったが，1894 年に取り壊された．オーベルズ館は一棟だったが，跡地に建てられた現在のブリンガムマンションは二棟，ブリンガムハウスとニュートンコートに分割され，ニュートンが住んでいた住居はブリンガムハウスの位置にあったようだ．この家を訪れたウィリアム・ステュークリーは『アイザク・ニュートン卿の生涯についての回想録』の中で次のように書いている．

1726 年 4 月 15 日，私はケンジントンのオーベルズ館にあ

る住居にアイザク卿を訪ねました．彼と食事をし，まる一日を彼とだけ過しました．私は田舎に引退するつもりであることを彼に伝えました．グランタムに決めていたのです．そこには商売をしている兄弟がおり，家族を持っていました．彼はそこで，アイザク卿の長い知り合いで級友であるクリチロウ氏の薬局に徒弟奉公をしたことがありました．

アイザク卿は私の意図，ことにグランタムに賛意を表しました．グランタムは，彼の生地に近く，グラマースクールに通った場所でした．彼は，まさにそこで最後の日々を過そうと何度も思っていたと言いました．そして教会の東にあるその家が適切な価格で購入できるなら，彼の名ですぐに購入するよう要請しました．彼は要求に応じるつもりでした．その家はスキプウィズ家のものでした．彼は，昔なじみのヴィンセント夫人や，さらに彼の知っている何人かがその家に住んでいると言っていました．

夕食後，暖かだったので庭に出て，りんごの木々の陰で彼と私だけでお茶を飲み，ほかの会話の最中に，彼は，以前，重力の考えが心に浮かんだときとまったく同じ状況だと私に言ったのです．瞑想的な気分になって座っているとき，りんごの落下に触発され，《りんごはなぜいつも地面に垂直に落ちるのだろう》とひそかに考えたのです．《なぜりんごは横や上にではなく，いつも地球の中心に向かうのだろう？　理由は，間違いなく，地球がりんごを引きつけるからだ．物質には引きつける力があるはずだ．そして，地球の物質の引きつける力の合計は，地球の中心にあるはずで，地球のどの側面にもあるはずはない．だからりんごは垂直に，すなわち中心に向かって落ちるのだ．もし物質が物質を引きつけるなら，それはその量に比例しなければならない．だから地球がりんごを引きつけるだけでなく，りんごも地球を引きつけるのだ.》重力と呼ぶものと同様の，宇宙に広がる力がある．彼は次第に重力のこの性質を地球や天体の運動に適用し始めたのです．距離，大きさ，周期的回転を考えること，この性質が初期に加えられた進行する運動と結合してその円形軌道を完全に解き，惑星が互いの上に落下しないように保つ，あるいは一つの中心に落下しないことを示すこと，こうして彼は宇宙を解き明かしました．これは素晴らしい発見の誕生であり，それによって全ヨーロッパの驚きのもと，堅固な基礎の上に哲学を打ち立てたのです.

「りんご伝説」はニュートンみずからがつくった．ニュートンはウルストープでの経験を語っているのだろうが，ニュートンは正しい力学に到達していないので，3.2 節にも述べるように，万有引力を発見してはいない.

3.2　ウルストープの思い出

ニュートンは 1718 年夏に書いたピエール・デ・メゾー（ルイ十四世によるナントの勅令廃止でロンドンに亡命したユグノー教徒作家）宛の手紙で当時を振り返って自画自賛している.

1665 年初めに近似級数の方法および任意の階数の二項式を級数にする方法を発見しました．同年 5 月，〔ジェイムズ・〕グレゴリーとスルジウス〔ルネ＝フランソア・ド・スリュズ〕の接線の方法を発見，11 月，流率の直接的方法，翌年 1 月，色の理論を見つけ，続く 5 月，流率の逆に入りました.

同年月の天球まで届く重力について考え始め，（球内で回

> 転する球体が球面を押す力を評価する方法を見つけていましたので）惑星の周期が軌道の中心からの距離の二分の三乗に比例するケプラーの法則によって，惑星を軌道に留める力は回転中心からの距離の二乗に逆比例しなければならないことを導き，月を軌道に留めるに要する力を地表の重力と比較，かなり近い値を得ました．
>
> これらはすべて1665年から1666年までの黒死病の二年間のことでした．というのも当時私は発見と数学と哲学において，それ以来ない絶頂期にあったのです．

流率法はライプニッツに対して，重力はフックに対して，先取権を誇示する目的がある．二人ともすでに故人なのだが．

3.3 ニュートンの重力エーテル理論

ニュートンは，1676年1月25日オルデンバーグへの手紙で，エーテル説によって重力を論じている．

> 地球の重引力は天空の液のような，粘液性エーテルの本体ではなく，その中に拡散する非常に希薄で微細なもの，おそらく油か，粘着力があり，弾力がある膠のようなものの連続的凝縮によって引き起こされるようです．永続的運動の中心であろう地球全体は，この液を連続的に凝縮し，それを上部から非常な速さで降下させます．その降下で，液は，それが浸透する物体を，それが作用する全体の表面積に比例する力で押し下げるのです．

「表面積に比例する力」は非常におかしいが，1686年6月20日エドマンド・ハリー宛の手紙では「表面積に比例する力」が逆二乗則になっ

てしまう．またニュートンは，1679年2月28日ボイルへの手紙で重力についての考えを書いている．

> この手紙をしたためているいま，心に浮かんだ仮説を書きます．それは重力の原因についてです．この目的のために，エーテルが微細さにおいて互いに異なる微粒子からなるとします．物体の隙間には，空間におけるよりも，粗いエーテルが少なく，その結果，地球上の大きな物体において，大気の領域よりも粗いエーテルがずっと少ないこと，大気の最上部から地表まで，地表からその中心まで，エーテルが見えないほど細かく細かくなっていき，大気中の粗いエーテルは地球の上部に影響し，地球の細かいエーテルは大気の底部に影響することです．空中につり下げるか地上に横たわる任意の物体を考えてください．仮定によって，物体の底部にあるよりも上部にある隙間でエーテルが粗いとします．粗いエーテルは下の細かいエーテルよりもそれらの隙間にとどまりにくいので外へ出ていこうとし，下の細かいエーテルに道を譲る．それが物体を降下させ，それが出て行くように上に隙間をつくるのです．

エーテルは実在せず，すべてはニュートンの空想の産物である．フックが1666年王立協会で行なった講義で，直線運動を曲線に曲げる二つの可能性のうちで，惑星を取り巻く媒質の密度勾配によって力が生じるとする考えを退けた．ニュートンの考えはこの退けられたものと同工異曲である．フックは，直線運動を曲線に曲げる原因を，中心に置かれた引きつける物体に帰し，力学を発見したのだ．フックがニュートンよりもはるかに透察力に優れていたかがわかる．フックとの文通が始まる直前，ニュートンは，力学に向かうなんのきっかけもつかんでいなかった．

4 フックとニュートンの文通
Hooke-Newton correspondence

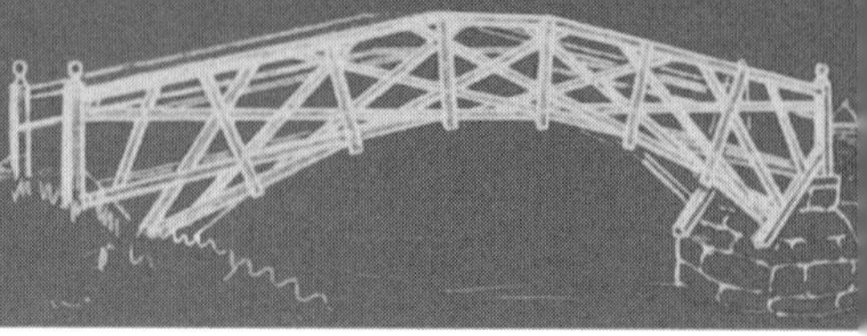

4.1　文通開始

ニュートンは，光学でフックに批判されたので，フックをよく思っていなかった．1676年2月5日，和解を申し出たフックに対する返書の中でニュートンは

> デカルトが行なったことはよき一歩でした．あなたはいくつかの点で，とくに薄膜の色を哲学的に考察したことで多くをつけ加えました．もし私が少しでもより遠くを見たとすれば，巨人の肩に乗っていたからです

と書いているが，ニュートンのわだかまりは消えなかった．1677年9月に王立協会監事オルデンバーグが亡くなり11月30日にフックが後継に選ばれた．フックは1679年11月24日ニュートンに宛てて書いた手紙で

> 私としては，私の仮説あるいは意見に対するあなたの反対意見を手紙でお知らせいただければ，とりわけ，惑星の運動を，接線方向の直線運動と，中心物体に向かう引力運動の合成とすることについてのあなたの考え，あるいはバネの弾性

の法則ないし原因に関する私の仮説に対してあなたがお持ちの反論をお知らせいただければ大変うれしく思います

と書いたが，ニュートンは 11 月 28 日の返事で

私は，帰ってきた昨日までのこの半年間，親類の心配事でリンカンシャーにいましたので，哲学的瞑想を楽しんだり，まして，研究したり，田舎のこと以外に打ち込む時間はありませんでした．そしてそれ以前は私は数年の間，哲学からなにか他の研究に転身しようと努力してきました．それで，ときにはおそらく気晴らしのための暇な時間でもなければ，長い間その研究に費やす時間に不平を言ってきました．そのためロンドンや外国の哲学者が最近なにをしているかほとんど完全に不案内になってしまいました．そして，最近のあなたのお手紙を受け取るまでは，哲学界では疑いなくよく知られているのでしょうが，惑星の天体運動をその曲線の接線方向の直線運動から曲線にするあなたの仮説や，バネの弾性の法則や原因については，私が聞いたことがなかったことを信じていただけるでしょう．……

この宣伝のお礼として，地球の日周運動を見つける私自身の思いつきをあなたにお伝えしましょう．そのために地球の日周運動のみを考慮し，ここで私が提案する実験にほとんど影響がないので年周運動は考えません．……

A を空中につった重い物体とし，地球と共に運動して永続的に同じ点 B にとどまっているとします．次に，この物体 A を落下させるとします．重力は，西から東へのもとの運動を減らすことなく，地球の中心への新しい運動を与えるでしょう．そこで，この物体の西から東への運動は，落下以前は地上の落下地点よりも地球の中心からより離れているという

> 理由によって，落下地点の西から東への運動よりも大きいでしょう．それゆえ物体は垂直線ACを降下せず，地球上の点を追い越し，垂直線の東側に落下し，螺旋ADECを描くでしょう．もし地球が運動するならば，重い落体は地上の点に抜かれて垂直線の西に落下するだろうと思う教養のない人の意見とまったく逆です

と書いている．12月4日，王立協会でフックが紹介した議事録を読むと，

> 　フック氏は，彼宛の11月28日付ニュートン氏の手紙を提出し，読み上げた．それは，天空に関するマルモン〔・ド・メサンジュ〕の新説に対する所感を含んでおり，また，地球が日周運動をしているかどうかを試す実験を提案していた．すなわち，彼は，かなりの高所からの物体の落下によって，地球が運動しているなら，垂直の東方に落ちなければならないと主張した．ニュートン氏のこの提案は王立協会で高く評価され，都合がつけばできるだけ速やかに実行されるべきだと望まれた

と書かれている．マルモン・ド・メサンジュの『世界の新体系』はこの年に出版され王立協会に送られてきた．クリストファー・レンとジョン・フラムスティードがニュートンの提案した実験について意見を述べた．ニュートンの手紙の後半では

> 　もし上述のあなたの仮説を知らなかった（最近哲学でなされた，あるいは試みられたほとんどすべてを知らなかった）ほど私が不幸ではなかったとすれば，なにか考えつくとして，考えつくどんな反対意見もお送りしてあなたのご希望に応えます．一方で，気晴らしのためのちょっとした議論で私

の概念への反対意見には喜んで耳を傾け，返答することができるでしょう．ですがまだ哲学への愛情が擦り切れているので，私はほとんど関心がありません．職人が他の人の仕事について，田舎の人が学問について関心がないように

と書いている．

4.2　楕円みたいなもの？

フックは12月9日の手紙で

一種の螺旋で降下し，数回転で地球の中心に静止するとあなたが考えられた曲線についてですが，私の円運動の理論ではそれが，螺旋に近いものでは決してなく，一種のElleptueidであろうと思われます．……物体が運動する線は例えば楕円に似ているだろうと考えます．……球の落下は垂直の厳密に東側ではなく，南東で，事実東というよりもより南でしょう．……直線運動と中心への引力によって複合される私の円運動理論に一致する他の多くの考察をつけ加えることができました

と述べ，また12月11日の議事録では，

フック氏は，ニュートン氏の手紙とその中で提案された実験に触れて，その課題に対する彼の回答を読み上げた．その中で，落体の描く線は，地球の日周運動によって円形に，重力によって直交して運動すると考えなければならないと説明した．そしてそれはニュートン氏が考えた螺旋ではなく，媒質の抵抗を考慮しないと，偏心elliptoidであるとした．だが抵抗を考慮すると，偏心楕円螺旋で，何回も回転したあと

で，最後に中心で静止するだろう．重い物体は，ニュートン氏が考えたように，直接南に向かうのではなく，南東，東よりもより南に向かうだろう．この実験で可能なことが次の機会に実行されることが望ましい

と書かれている．フックは Elleptueid や偏心 elliptoid が楕円に近い曲線だろうと言っているが，ニュートンは楕円と読み取り，惑星運動の計算を開始したのでフックの示唆は重要である．

4.3 ボレッリの影響

ニュートンは12月13日のフックへの返事で

物体が落下する高さが大きいとするなら，私たちの緯度では物体が東よりもより南に落下するというあなたに同意します．また重力が一様であるとすれば，物体が中心に向かって螺旋で落下するのではなく，遠心力と重力が互いとの釣り合いを失って，上昇と下降をくりかえすでしょう．……

この曲線の種類について私に考えさせてくれたあなたの明敏なお手紙に対し，できるだけ近い点によって記述することについて私はいくらかを加えたでしょう．ですが，それはさして重要ではないので，この二つ目の走り書きであなたを煩わせてしまったことに許しを請いたいと思います．もしあなたがその中で不適切なことや間違ったことを見つけられたら，前者についてはお詫びし，後者についてはあなたの修正にお任せします

と述べている．遠心力と重力が釣り合いを失うという考えは明瞭にボレッリに従っている．この時点でニュートンはまだフックの動的理論

を咀嚼していないように思われる．

フックは翌1680年1月6日の手紙の中で

> 逆さにした円錐体の中で転がる球のように，中心からのすべての距離で等しい力によって引きつけられる物体の曲線について，あなたの計算は正しいものです．そして二つの長軸端はおよそ三分の一回転しないと一致しないでしょう．ですが，私の仮定は，引力がつねに中心からの距離の逆二乗に比例すること，その結果，速度が引力の平方根に比例し，それゆえケプラーが考えたように距離に逆比例するだろうということ，このような引力によって長軸端は円の同じ部分で一致すること，中心への最接近点がもっとも離れている点の逆であろうということです．それらは非常にわかりやすく，理解できることであり，天のすべての様相を真に明らかにすると考えています．
>
> それゆえ（地球の中心に降下する物体が回転する曲線を説明することはまだ使われていない推測であったということはあなたに同意しますが），このような二つの原理によってつくられる曲線の性質を見出すことは人類にとって大いに関心を引くことです．天の黄経を発見することはその必然的結果であり，私が考えるこのような二つの運動の合成は月の黄経を説明するだろうからです．
>
> 地球の物体の中での降下に関して先ほど私が述べたことは，このような引力の仮定に基づくものにすぎず，地球の中心までこのような引力が存在すると私が信じているわけではありません．反対に，振り子に対する重力や，物体が水平運動に向かうにつれて力が連続的に減少する凹面球内で運動する物体のように，私はむしろ，物体が地球の中心に近づくほ

> ど，引力によって引かれることが少なくなると考えています

と書いている．ケプラーの第2法則から速度が距離に逆比例するとし，その結果引力の平方根に比例するとしたのだろう．ボレッリもケプラーの法則より「惑星が得る速度は距離が減少するのと同じ割合で増加するだろう」と言っている．ケプラーは『新天文学』で，第2法則を，距離則（速度が楕円の焦点からの距離に逆比例する）と等面積則としたが，距離則は円でしか成り立たず，等面積則が正しいとしていた（59頁）．

さらに，ニュートンの「遠心力と重力が互いとの釣り合いを失って，上昇と下降をくりかえす」を受けて次のような記述がある．

> 話は変わりますが，できる限りの注意をもって，落体実験を三回試行し，いずれの場合にも球は垂線の南東に向かって落下したこと，また無視できないことですが，〔その距離は〕少なくとも四分の一インチ以上あったことをお知らせしなければなりません．ですが，それらは同じ値ではないのでどれが本当かわかりません．それは貴重な実験なので，非難のない証明をするまでは放置しません．それについてはあなたに報告をお送りするつもりです．それが成功すれば，無視できない他のいくつかの結果が出るでしょう．第一に，すべての物体は，北極線に近づくほどより軽くなり，円運動は速くなり，同じ理由で，物体が中心から離れるほどその重力は，私が長い間考えてきた引力の減少のためばかりでなく，後退力の増加によって，より小さくなるでしょう．

これは，フックが自説とは異なる概念を持っていたためではない．上述したように，フックの動的理論も，遠心力の考えも同等であり，ここではニュートンがボレッリの説を使ったのでフックもそれに合わせ

たものと思われる．「遠心力」ではなく「後退力」としているところがフックの意思を表しているのだろう．

また1月17日の手紙では

> 私は6日の手紙で，扉のない場所であなたの提案した実験を実行し非常に成功したことをお知らせしました．それ以後，扉のない二か所での二つの実験によっても成功したことを断言します．私は，実験が非常に確かであり，あなたが非常に幸運にも示唆されたように地球の日周運動を証明することを確信しています．すべての位置で，降下速度を，接線あるいは直線運動からの距離の逆二乗に比例させる（円でも同心円でもない）曲線の性質を知ることが残されています．あなたのすばらしい方法を使って，あなたがその曲線とその性質を容易に知り，この比例関係の物理的理由を示されることを疑っていません．このことをお考えになる時間がありましたら，あなたのお考えの一言，二言が協会にとって非常な喜びとなるでしょう

と書いている．ニュートンがフックから刺激を受けて計算を始めたのはこの頃と思われるが，計算は残っていない．ニュートンの返事は遅く，その年の12月3日

> 落体に関し私が提案した実験についてあなたが行なわれた試行に感謝します．口頭でお返しすべきと思いましたが，機会がなく，手紙で満足するしかありません

というそっけない返事をしただけだった．七通の往復文通はこうして終わった．

5 『プリンキピア』

Philosophiæ Naturalis Principia Mathematica

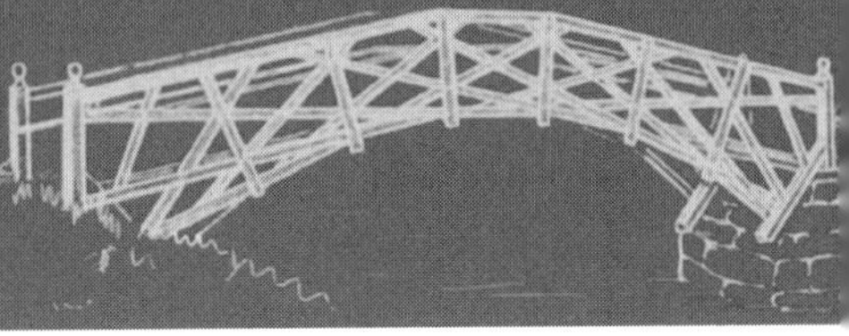

5.1 ニュートン，計算を始める

ニュートンは，フックとの手紙の交換をきっかけとして計算を始めたが，のちに紹介する 1686 年 7 月 14 日ハリー宛の手紙で，「他の研究のためにその計算を投げ出し，五年間そのままにしていました」と書いている．再計算を始めたのは 1684 年ハリーのケンブリッジ訪問がきっかけだった．ニュートンの論文「運動について」は 1684 年 12 月 10 日王立協会に登録された．1686 年 4 月 28 日『自然哲学の数学的原理』，『プリンキピア』が王立協会に提出された．1727 年 11 月アブラム・ド・モアヴルが記録を残している．

> 1684 年 5 月，ハリー博士はケンブリッジにアイザク・ニュートン卿を訪ね，会話の途中で，博士は太陽に向かう引力が距離の逆二乗とすれば惑星の描く曲線はなにかと尋ねた．アイザク卿はすぐに楕円と答えた．博士は喜びと驚きで打たれ，どうしてそれを知っているか訊いた．なぜといって，私は計算したことがあると言った．それを聞いたハリー博士はすぐにもその計算を求めた．アイザク卿は書類の中を探したが見つからなかった．彼は再計算し，送ると約束し

> た．アイザク卿は約束を守るためふたたび仕事にかかった．だが以前に注意深く調べたと思った結論に到達できなかった．最初のものより長い新しい方法を試み，ふたたび以前の結果に達した．

ド・モアヴルはユグノー教徒で，ルイ十四世の迫害を逃れてロンドンにやってきた．1754 年科学アカデミー会誌に掲載されたド・モアヴル追悼文から．

> ナントの勅令の廃止はモアヴル氏に宗教か祖国を変えることを迫った．彼は，躊躇なく後者を選び，退去の場所として選んだ英国に渡った．理由のないことではないが，彼の才能を勘定に入れただけでなく，おそらく少しかるがるしく数学の頂点に達していると信じていたが，この頂点が，一流の数学者に近づけても，〔近づくのは〕容易ではないことに気づいていなかった．彼はまもなく目を覚まし幻滅した．
>
> 偶然にも，ニュートン氏が『プリンキピア』一部を残して去ったデヴォンシャー公爵家にやってきた．若き数学者はその本を開き，その著作の見かけの簡明さに魅せられ，困難なく読もうと決心した．だが，それが彼の知識の限界を超えているとわかって驚き，彼が数学の頂点と思ったことが，彼に残された長く苦痛に満ちた道の始まりにすぎないと認めざるを得なかった．彼はその本を手に入れ，やらなければならない〔家庭教師の〕授業は短く，途切れがなかったので，本を引きちぎってポケットに入れて持ち歩き，仕事の合間にそれを勉強した．

ニュートンは『プリンキピア』について質問されると，「ド・モアヴル氏のところへ行きなさい．こういうことは私よりも彼の方がよく知っている」と言っていた．ド・モアヴルは定職が得られず困窮の生涯を送った．最後に視力，聴力も失った．スローターズ珈琲ハウスでチェスによって生計を立てていた．ポアソン分布の先駆者で，1711年刊行の著書『ソクラテスの測度，偶然が左右する勝負中の確率』に書かれている．大きな数で成り立つ階乗の近似式 $N! \sim \sqrt{N}N^N\mathrm{e}^{-N}$ を最初に与えたのもド・モアヴルで，1730年刊行の『級数と積分の解析的論文集』に書かれている．友人ジェイムズ・スターリングが比例定数 $\sqrt{2\pi}$ を見つけたので今日ではスターリングの公式と呼んでいる．正規分布もド・モアヴルが先駆者で，1733年に小冊子に書かれ，1738年『偶然の原理，勝負中の確率の計算法』第2版に掲載された．

5.2 運動の三法則

今日力学講義で教える『プリンピキア』の運動法則は「公理，または物体の運動の法則」に書かれた次の三つである．

> **法則 I** 物体はすべて，加えられた力によってその状態を変えられない限り，静止する状態，あるいは一様に直線運動する状態を保つ．
>
> **法則 II** 運動の変化は加えられた起動力に比例し，その力が加えられた直線の方向に沿って生じる．
>
> **法則 III** すべての作用に対し，つねに同じ大きさの反作用が逆向きに働く．あるいは，二物体の相互作用はつねに等しく逆向きである．

法則 I，II はフックの主張をほとんどくりかえしただけなので，これを読んだときのフックの困惑がよく理解できる．10頁でも見られるように，法則 III に相当する作用反作用の記述がフックの『彗星』にある．ニュートンはフックの寄与を明示せず，完全に無視した．後述の運動三法則と系の注解で「これまで私は多くの数学者に受け入れられ，多くの実験によって確かめられた原理を述べてきた」と書いているだけである．

ニュートンは，流率法を使うのにこれ以上はない『プリンキピア』さえ，表向きは，旧式の幾何学的方法を用いた．ニュートンは数式を使っていない．今日では，法則 II は「ニュートン方程式」のことであると教えるが，非常に曖昧に書かれているので，その解釈は確定できない．だが，「ニュートン方程式」ではないことは明らかである．ガリレイが「速度の増加は時間の増加に比例する」と明快に述べていたのに対し，ニュートンは時間について触れていない．『プリンキピア』は，幾何学に依存していたので，終始，曲線を多角形で表し，各辺では等速運動で，頂点でのみ力が働くとしていた．法則 II はニュートンの独創ではなく，それまでに二物体の衝突理論で確立していた考えをまとめただけである．したがって，法則 II は

$$\text{運動量の変化} = \text{撃力}$$

と解釈するのがもっともニュートンの考えに沿ったものだろう．逆二乗則の証明を含めて，ケプラーの三法則はすべて「運動量変化は撃力に等しい」を用いて証明している．5.4 節で見るように，円運動する物体が円にぶつかって円に与える撃力として遠心力を導いた．時間間隔を定数としているので，ニュートンが「ニュートン方程式」にも，加速度にも思い至らなかったことがわかる．

ニュートンは『プリンキピア』の運動三法則と系の注解でガリレイの法則を紹介している．初版では

> **注解**　これまで私は多くの数学者に受け入れられ，多くの実験によって確かめられた原理を述べてきた．最初の二つの法則と系によって，ガリレイは，重力の降下が，これらの運動が空気抵抗に妨げられない限り，時間の二乗に比例し，投

> 射体の運動が放物線になることを発見した．時計の日常的経験によって確かめられ，振り子の周期について証明されたことも同じ法則と系によっている

から始まっているが，第3版では大幅に書きかえられた．

> **注解** これまで私は多くの数学者に受け入れられ，多くの実験によって確かめられた原理を述べてきた．最初の二つの法則と二つの系によって，重さのガリレイ落下は，これらの運動が空気抵抗に妨げられない限り，時間の二乗に比例し，投射体の運動は放物線になる．落体の一様重力は，等しい微小時間に等しく作用することによって，物体に等しい力を及ぼし，等しい速度を生成する．そして全時間では力全体を及ぼし，時間に比例する速度全体を生成する．その時間に描かれる距離は，速度と時間の積に比例する．すなわち時間の二乗に比例する．物体が上に向かって投げられると，一様重力が働き，時間に比例する速度を減少させる．最高点まで上昇する時間は，速度として取り除くべき速度に比例し，高さは速度と時間に，あるいは速度の二乗に比例する．曲線に沿う物体の運動は，投射されると，投射から生じる運動と重力から生じる運動からなる．……時計の日常的経験によって確かめられ，振り子の周期について証明されたことも同じ法則と系によっている．

第3版が出版された1726年までには，ライプニッツ (1689) ばかりでなく，12.2節で述べるヴァリニョン (1700) や12.3節で述べるヘルマン (1716) の論文が公表され，「ニュートン方程式」がすでに発見されていた．ニュートンの追加「落体の一様重力は，等しい微小時間に等しく作用することによって，物体に等しい力を及ぼし，等しい速度を生

成する」は，ガリレイの法則を述べたにすぎないとも言えるが，ライブニッツの微分によるライブニッツ，ヴァリニョン，ヘルマンに対抗したとも考えられる．ニュートンは「ニュートン方程式」を完全に無視した．

5.3 ケプラーの第2法則

ケプラーは第2法則を1602年に発見し，1605年に『新天文学』を完成したが，出版は1609年になった．第4部第59章で火星について等面積則を与えた．Aを楕円の遠点，Cを近点，Hを中心，Mを惑星の位置，Nを楕円の焦点（太陽の位置），Mを通って長軸に下ろした垂線をMの外に伸ばしたとき，長軸を直径とする外接円周に交わる点をKとしている．垂線はLKである．

> 長さが面積AKNで測定される楕円の弧は，AMとなるようにLKで終わらなければならない．
>
> 面積AKCが面積AMCに関係しているため，面積AKNも面積AMNに関係していることが示された．それゆえ，等倍数の比率は同じであるため，扇形AKN自体の面積は，AMの直径（KT，TIなど）または楕円距離の合計によって，AKの部分と同じくらい多く測定する必要があると結論づけられる．これより，ACに関する楕円の右側の部分に，AKの等しい弧からくる垂線KLを通して，それらにより近い距離，すなわち，その中で構成するより多くの面積を，私が与えたことは明らかである

と述べているがわかりにくい．楕円の半長軸をa，半短軸をbとすると面積の間に

$$\mathrm{AML} = \frac{b}{a} \times \mathrm{AKL}, \qquad \triangle\mathrm{MLN} = \frac{b}{a} \times \triangle\mathrm{NKL}$$

が成り立つから

$$\mathrm{AMN} = \mathrm{AML} + \triangle\mathrm{MLN} = \frac{b}{a} \times (\mathrm{AKL} + \triangle\mathrm{NKL}) = \frac{b}{a} \times \mathrm{AKN}$$

の関係がある．また円周上の点 k を選び，面積が AHk = AKN になるようにすると，

$$\mathrm{AMN} = \frac{b}{a} \times \mathrm{AHk} = \frac{ab}{2} \times \angle\mathrm{AHk}$$

である．扇形面積 AHk は ∠AHk によって与えられることを使った．面積 AMN はさらに $u = \angle\mathrm{AHK}$ と離心率 e（81 頁）によって

$$\mathrm{AMN} = \frac{b}{a} \times (\mathrm{AHK} + \mathrm{NHK}) = \frac{b}{a}\left(\frac{a^2}{2}u + \frac{a^2 e}{2}\sin u\right)$$

のように変形できるから，遠点 A からの経過時間 t は，T を周期，$n = \frac{2\pi}{T}$ を平均運動，$h = \frac{\pi ab}{T}$ を面積速度として，

$$t = \frac{\mathrm{AMN}}{h}, \qquad nt = u + e\sin u$$

が得られる．ケプラーは『新天文学』第 60 章で，$\angle\mathrm{AHk} = nt$ の満たすケプラー方程式を与えた．A を近点に選んだときはケプラー方程式は $nt = u - e\sin u$ になる．英語では $u = \angle\mathrm{AHK}$ を離心アノマリー，$\angle\mathrm{AHk} = nt$ を平均アノマリーと呼んでいるが，邦語ではそれぞれ離心近点角，平均近点角である．

ニュートンは第 1 編「物体の運動について」，第 2 章「向心力を見つけることについて」でケプラーの第 2 法則，等面積則を証明した．

命題 1・問題 1　回転する物体が，不動の力の中心に引かれた動径によって描く面積は，不動の面上にあり，時間に比例すること．

> 時間を等分し，最初の時間間隔で物体は，固有の力によって，線分ABを描くとしよう．次の時間間隔で，妨げるものがなければ，（法則Iによって）直線でcに達し，ABに等しい線分Bcを描くだろう．その結果，中心に引いた射線AS, BS，cSは等しい面積ASB，BScをつくるだろう．だが，物体がBに達すると，一回の大きな衝撃によって向心力が働き，物体は直線Bcからそれて直線BCを進むだろう．BSに平行にcCを引き，CにおいてBCに交わることによって第二の時間間隔を終え，物体が（系1の法則によって）三角形ASBと同一平面にあるCに達するものとする．SCを結ぶと，三角形SBCは，平行線SB，Ccによって，三角形SBcに等しく，それゆえ三角形SABにも等しいだろう．

このあと次つぎと時間間隔を追い，最後に時間間隔を無限小にすることによって証明を終えている．だが，ここまでで，すべてが述べられており，三角形SBCとASBが等しいことが等面積則を表している．

5.4　ニュートンの遠心力

ニュートンが晩年にメゾー宛に書いた手紙（42頁）にある「球内で回転する球体が球面を押す力」というのはなんだろうか．『プリンキピア』第1編，第2章，円運動についての注解でも説明しているので読み返してみよう．

> **命題4・定理4**　向心力は円の中心に向かう．それらは同じ時間内に描かれる弧の二乗を円の半径で割ったものに比例する．
>
> **系6**　周期が半径の二分の三乗に比例し，それゆえ速度が半径の平方根に逆比例するとすると，向心力は距離の二乗に

逆比例する.

注解 任意の円において,任意の数の辺をもった多角形を描くとしよう.そしてこの多角形の辺に沿って与えられた速度で運動する物体が多角形の頂点で円から跳ね返されるとすると,反撥されるたびに物体が円を打つ力は,物体の速度に比例するだろう.したがって与えられた時間内における力の和は速度と反射数に比例するだろう.すなわち(その多角形の種類が与えられているなら)この与えられた時間内に描かれる長さに比例し,この長さの円半径との比で増えたり減ったりするだろう.すなわちこの長さの二乗を半径で割った量に比例するだろう.それゆえ辺を小さくして多角形を増やし円に一致させると,与えられた時間内に描かれる弧の二乗を半径で割った量に比例することになる.これは,物体が円を押す遠心力で,それは円が絶えず物体を中心の方に押す反対の力に等しい.

ニュートンは比例関係しか与えていないが,比例係数も含めてニュートンの言う通りに計算してみよう.半径 r の円を無数の二等辺三角形に等分し,二等辺三角形の頂角を θ,多角形の外周に沿って運動する物体の速度を v とすると,一回の反射で物体が円に与える運動量は $v\theta$ である.ある時間(1とする)の間に n 回反射するとすると $nr\theta = v$ であるから,その間の運動量変化は $nv\theta = \frac{v^2}{r}$ である.$\frac{v^2}{r}$ がニュートンの遠心力である.「円が物体を中心の方に押す反対の力」,すなわち向心力は $-\frac{v^2}{r}$ になるから,ケプラーの第3法則を代入して逆二乗則を得る.

ニュートンの遠心力と,ボレッリ,ハイヘンス,ライプニッツの遠心力,すなわち現代の遠心力は,向きが同じで,大きさもハイヘンス,ライプニッツと同じだが,まったくの別物であることがわかるだろう.

ニュートンの遠心力は運動物体が「円」を押す力であるのに対し，ボレッリらの遠心力は運動物体を押す力である．ニュートンの「円」とはなんだろう．ニュートンはまったく説明していないが，それは空間に架空の円錐を想定し，惑星がその上に拘束されて円錐曲線上を運動するとしたブリアルドゥス説と同じである．ニュートンの「円」は円錐上の円のことであり，ニュートンの遠心力は物体が円錐を押す力で，向心力は円錐が物体を押す力である．ニュートンは法則 III，作用反作用の原理によって，それらが大きさは同じで逆向きの力であると考えた．1666 年においても，「球内で回転する球体が球面を押す力」を計算しているので，重力と遠心力が釣り合うとは考えず，遠心力は「円」を押す力と一貫して考えていた．遠心力を物体に働く力と考えたボレッリらとはまるで違う．重力と関係ないのである．ニュートンは「フックが逆二乗則をブリアルドゥスから剽窃した」と中傷する（94 頁）が，とんでもない言いがかりで，ブリアルドゥスをまねたのはニュートンであろう．ウォードやボレッリはブリアルドゥスを厳しく批判した．

ニュートンの遠心力は根本的に間違っている．円に沿って運動する物体は運動量を失う．ニュートンは「円」がその運動量を獲得して遠心力になるとしたが，それでは万有引力の考えに反する．地球がりんごを引きつけるとすれば，りんごが地球を引きつける，太陽が地球を引きつけるとすれば，地球が太陽を引きつける．円に沿って運動する地球が失う運動量は太陽が受け取っている．だから地球が重力を受けるとすれば，太陽は大きさが同じで逆向きの力を受けるのだ．作用反作用の原理，法則 III は運動量保存則を表すのである．

ニュートンは，命題 4・定理 4 で，向心力を $-\frac{v^2}{r}$ としているが，それは，円運動によって失う運動量変化で，「円」に拘束された運動であろうと，任意の中心力による運動であろうと同じである．ニュートンは系 6 によって，この向心力にケプラーの第三法則を代入して逆二乗則を得た．それができるのは中心力の場合だけである．ところが注解では遠心力を「円」との衝突によって説明しているのである．それは完全な錯誤，間違いである．運動物体が円運動するのは「円」に衝突するためではない．引力によって曲げられるからである．

$-\frac{v^2}{r}$ はハイヘンスと同じである（34頁）．ハイヘンスは，重力によって軌道が曲げられる距離を計算して重力を評価し，円運動において，重力に釣り合う量として遠心力を導いた．ニュートンとは基本的に違うことがわかるだろう．ニュートンは釣り合いを考えておらず，重力は遠心力の反作用であるとした．

ニュートンは，『プリンキピア』第1編，定義で

> **定義V** 向心力とは，物体が引きよせられるか，あるいはなんらかの形で中心のある点に向かわせるものである

としているが，初版では，遠心力に触れず，簡単な説明だった．第2版では大きく変わった．

> 投石器で振りまわされている石は，それをまわす手から遠ざかろうとし，その努力によって投石器を引き伸ばす．強くまわすほど大きな速度で回転し，放たれるとすぐに飛び去る．この努力と逆向きの，投石器を絶えず手の方に引き戻し，その軌道上にとどめる力を，軌道の中心である手の方に向けさせるゆえに，私は向心力と呼ぶ．そして，軌道上に回転するあらゆる物体について同じである．

驚くべきことに，第1編，命題4・注解をそのままにして，証明なしに，ボレッリの遠心力を取っている．ニュートンは遠心力を正しく理解していなかったことが明白である．第1編，第11章では

> 私はこれまで不動の中心に引かれる物体の運動を説明し

てきたが，それは自然界にほとんど存在しない．というのも引力は普通物体に向けられる．引いたり引かれたりする作用は，法則 III によって，つねに逆で等しい

としている．この言明は現代の古典力学と同じだが，引力が遠心力の反作用としたことを完全に無視している．このあと遠心力は姿を消してしまうが，『プリンキピア』第 3 版では，第 3 編，命題 4・定理 4 に次の注解が追加された．

注解　命題の証明はもっと詳しく次のように説明できる．土星や木星と同じように，地球のまわりに数個の月が回転しているとすると，これらの周期はケプラーが発見した惑星の法則に従うだろう．そして，それらのうちでもっとも低い月は小さく，もっとも高い山の頂上に触れるほどであるとすると，本編命題 1 によって，向心力は地球の中心からの距離の二乗に逆比例するだろう．月を軌道にとどめる向心力は山頂の物体の重力にほぼ等しく，軌道上の運動を奪われると，軌道にとどめる遠心力を失って，地球に落下するだろう．……

運動する月は，遠心力の反作用としての重力を受けるのに，静止する山頂の物体は遠心力なしに重力を受ける．月は，遠心力を失うと，重力はなくなるはずなのに，突然山頂の物体と同じになってしまう．『プリンキピア』にはこのような理解不能の矛盾がある．ニュートンには「ニュートン方程式」がなかったために，力学に対するどのような描像を頭に描いていたかよくわからない．ニュートンは間違いの上に基礎を置いていた．1710 年代の草稿（120 頁）で見られるように，ニュートンは最後まで，「法則 III によって，遠心力はつねに重力に等しく逆向きである」という間違いから抜け出せなかった．

5.5　ケプラーの第1法則・順問題

ケプラーは1603年に第1法則，楕円運動を発見し，『新天文学』第4部第58章で発表した．

> 楕円は惑星の経路である．……次章で明らかなように，同時に，どの惑星も，完全な楕円以外のいかなる軌道の形も残さないことが示される．さまざまな理由，物理の原理，観測の経験，およびこの章で主張されたかわりの仮説から導かれる．

『プリンキピア』の核心はケプラーの楕円則の証明である．第1編，第2章，

> **命題11・問題6**　物体が楕円上を回転している．楕円の焦点に向かう向心力の法則を求めよ．
>
> Sを楕円の焦点とする．楕円の直径DKをEで，縦座標Qvをxで切るSPを引き，平行四辺形QxPRをつくるとする．EPは半長軸ACに等しいことは明らかである．なぜならもう一つの焦点HからECに平行に直線HIを引くと，（CS，CHは等しいからES，EIも等しいので）EPはPSとPIの和の半分に等しい，すなわち（HI，PRは平行であり，角度IPR，HPZは等しいから）PSとPHの和の半分に等しい．それらは併せると長軸2ACに等しいからである．QTはSPに垂直であるとし，楕円の通径を$L = \frac{2\mathrm{BC}^2}{\mathrm{AC}}$とする．

微小時間に物体の位置はPから楕円上のQに移動するとする．Pから引いた接線は力が働いていなければ物体が運動する方向で，Qから動径SPと平行に引いた直線が接線と交わる点をR，QからPRに平行に引いた直線（縦座標）が動径SPと交わる点をxとする．運動

の法則IIによって，QRは，向心力によって中心に引かれた長さなので，向心力に比例する．QRを求めることがニュートンの目的である．続き．

$\frac{L\times\mathrm{QR}}{L\times\mathrm{Pv}}=\frac{\mathrm{QR}}{\mathrm{Pv}}=\frac{\mathrm{PE}}{\mathrm{PC}}=\frac{\mathrm{AC}}{\mathrm{PC}}$，$\frac{L\times\mathrm{Pv}}{\mathrm{Gv}\times\mathrm{Pv}}=\frac{L}{\mathrm{Gv}}$，$\frac{\mathrm{Gv}\times\mathrm{Pv}}{\mathrm{Qv}^2}=\frac{\mathrm{PC}^2}{\mathrm{CD}^2}$ が成り立つ．点QとPを一致させれば（補助定理7・系2によって），$\frac{\mathrm{Qv}^2}{\mathrm{Qx}^2}=1$ になり，$\frac{\mathrm{Qx}^2}{\mathrm{QT}^2}=\frac{\mathrm{Qv}^2}{\mathrm{QT}^2}=\frac{\mathrm{EP}^2}{\mathrm{PF}^2}=\frac{\mathrm{CA}^2}{\mathrm{PF}^2}$（補助定理12によって）$=\frac{\mathrm{CD}^2}{\mathrm{CB}^2}$ である．それゆえ，これらすべての比を掛け合わせると $\frac{L\times\mathrm{QR}}{\mathrm{QT}^2}=\frac{\mathrm{AC}\times L\times\mathrm{PC}^2\times\mathrm{CD}^2}{\mathrm{PC}\times\mathrm{Gv}\times\mathrm{CD}^2\times\mathrm{CB}^2}=\frac{2\mathrm{CB}^2\times\mathrm{PC}^2\times\mathrm{CD}^2}{\mathrm{PC}\times\mathrm{Gv}\times\mathrm{CD}^2\times\mathrm{CB}^2}=\frac{2\mathrm{PC}}{\mathrm{Gv}}$ になる．点QとPを一致させれば $2\mathrm{PC}=\mathrm{Gv}$ になる．それゆえ $L\times\mathrm{QR}=\mathrm{QT}^2$ である．両辺に $\frac{\mathrm{SP}^2}{\mathrm{QT}}$ を掛けると $L\times\mathrm{SP}^2=\frac{\mathrm{SP}^2\times\mathrm{QT}^2}{\mathrm{QR}}$ になる．したがって（命題6・系1および系5により）向心力は $L\times\mathrm{SP}^2$ に逆比例する．すなわち距離SPの二乗に逆比例する．題意が示された

となるのだが，頭に入ってこない．『プリンキピア』には数式が書かれていない．つねに時間を定数としている．ニュートンにとって逆二乗則を証明することが目的だからこれでよいのだろうが，ニュートンが「ニュートン方程式」も，加速度の式も知らなかったことがわかる．ニュートンは，記号もほとんど使っていない．数式で表したニュートンの向心力は7.3節を参照．

ニュートンが向心力を重力と呼び変えたのは第3編，命題5・定理5からである．

命題6・定理6　すべての物体は惑星に向かって重力によって引きつけられる．各惑星の物体の重さは，惑星の中心からの距離が等しいとき，各惑星の物質量に比例するだろう．

> **命題7・定理7** 重力はすべての物体に存在し，それぞれの物質量に比例する．

惑星の質量をM，物体の質量をmとすると重力は$\frac{Mm}{r^2}$に比例する．だが，ニュートンは重力の法則を数式で表しておらず，比例係数をGとするようになったのは19世紀終わりからで，15.2節で紹介するキャヴェンディシュも，G自体ではなく，地球の平均密度を測定した．

5.6 ケプラーの第1法則・逆問題

こうしてニュートンは楕円軌道から逆二乗則を導いたが，逆問題(逆二乗則の下に楕円軌道を導く）の証明を『プリンキピア』初版で与えなかった．第1編，第2章，命題13・問題8では

> **系1** 最後の三つの命題から，任意の物体Pが場所Pから任意の速さで任意の直線PRに沿って，その場所の中心から距離の二乗に逆比例する向心力によって動くとすると，その物体は力の中心に焦点を持つ円錐曲線の一つの上を動くだろう．またその逆

になっている．これは単なる予想であって証明ではない．実際ニュートンは証明を与えなかったことを認めている．草稿で

> 命題11，12，13の最初の系の証明はあまりにも明白なので，初版ではそれを省略し，任意の場所から任意の速度で運動する物体は，すべての場合円錐曲線を描くことを証明した命題17を付け加えることで満足した

と書いている．

ベルヌーリは微積分法の優位を示すため1710年に逆問題を解析的

に解いた．ヤーコプ・ヘルマンの「ヘルマン氏からベルヌーリ氏への手紙の抜粋」，ベルヌーリの「ベルヌーリ氏からヘルマン氏への返書抜粋」，ヴァリニョンの「逆中心力について」が同時に発表された．ベルヌーリの論文はライプニッツの微積分を駆使した非常に明晰な論文である．だがニュートンは，ベルヌーリにいっさい触れず，修正した『プリンキピア』第2版を1713年に出版した．系1に

> **系1追加**　というのは，焦点，接点および接線の位置が与えられたとき，その点で与えられた曲率を持つ円錐曲線を描くことができる．そして曲線は与えられた向心力によって与えられ，互いに接する二つの軌道は同じ向心力によって描かれることはないからである

を加えたが，ベルヌーリの証明をまるでなにもなかったかのように無視するニュートンの狭量には驚かされる．ベルヌーリが得たのは1712年12月1日王立協会会員に選ばれたことだけだった．

『プリンキピア』第2版の証明は解の一意性に基づいており，数学の証明であっても，物理の証明ではない．物理学徒はこれを解だとは思わない．与えられた逆二乗力のもとで，角運動量とエネルギーが与えられたとき，円錐曲線の通経と離心率を与えるのが物理としての逆問題である．角運動量が定数であることは証明されているから，エネルギーが定数であることを証明することが本質的である．命題17（5.8節）にしても，ベルヌーリの解でわかる通り，楕円，放物線，双曲線になる条件は，エネルギー積分が負か，0か，正か，である．ニュートンがエネルギー積分を把握していなかったことは命題39（81頁）で示す．それでは逆問題は解けないのである．円錐曲線とわかっていても，離心率（二焦点間距離）を与えることは自明ではない．ニュートンは命題41によって，任意の向心力に対し，軌道を求める方法を与えているが，逆二乗則を論じていない．これによって今日でも，ニュー

トンが逆問題を解いていたと主張する歴史家が多いが，5.11節で述べるように，間違いである．ニュートンは逆問題を解けなかった．

ベルヌーリは1719年12月10日ニュートンに宛てて

> あなたの比類ない著作『プリンキピア』第1編，命題13・系1への追加について，あなたが言われること，それが論争の始まる前になされたことは喜んで信じますし，逆問題の証明が，著作の初版で単に述べられただけとはいえ，あなたのものであることを疑っていません．私は，その主張の形式に一言言いたかっただけです．誰かが，直接問題がすでに知られていると仮定しないで，逆問題の真理へ論理的に導く解析をやってくれないだろうかと願っています．あなたを不快にするため言うのではありませんが，現在私が知る限りでは，これを最初にやったのは私だったと思います

と書いている．ベルヌーリが遠慮がちなのは，うしろでライプニッツを支えながら，ニュートンと表立ってけんかをしたくなかったからである．ニュートンは，1726年の『プリンキピア』第3版でも，系1への追加において，「向心力」を「向心力と速度」に変更しただけで，ベルヌーリに言及しなかった．今日世界中の力学講義で教えているベルヌーリの証明は7.5節で紹介する．

5.7 ケプラーの第3法則

ケプラーは『世界の調和』(1619)で

> 任意の二つの惑星の周期間にある比率は，正確に，それらの平均距離の二分の三乗の比率であることは絶対的に確かで厳密である

と述べている．このケプラーの第3法則の証明は非常に容易なので，原文のまま理解できるだろう．第1編，第2章，

命題14・定理6　いくつかの物体が共通の中心のまわりに回転し，向心力が中心からの距離の逆二乗で減少するものとすると，軌道の通径は，同一時間に中心に引いた動径が描く面積の二乗に比例すると言える．

なぜなら命題13・系2によって通径Lは，点PとQが一致する極限で，$\frac{\mathrm{QT}^2}{\mathrm{QR}}$に等しい．だが，与えられた時間に極限微小線分QRは，それを引き起こす向心力に比例する．すなわちSPの二乗に逆比例する．それゆえ（仮定によって）Lは面積$\mathrm{QT} \times \mathrm{SP}$の二乗に比例する．証明終わり．

系　それゆえ，楕円の全面積は，両半径がつくる長方形に比例するが，通径の平方根と周期の積に比例する．

命題15・定理7　同じ仮定によって，楕円における周期は半長軸の二分の三乗に比例すると言える．

なぜなら半短軸は半長軸と通径の比例中項で，両半径のつくる長方形は通径の平方根と半長軸の二分の三乗の積に比例する．〔命題14・〕定理6の系によって，この長方形は，通径の平方根と周期の積に比例する．両者を通径の平方根の比で割ると，半長軸の二分の三乗は周期に比例するという結論が得られる．証明終わり．

系　それゆえ楕円における周期は，直径が楕円の長直径に等しい円と同じである．

命題14・定理6により$\sqrt{L}$は面積$\mathrm{QT} \times \mathrm{SP}$に比例する．両辺を一周期について足し合わせると，ケプラーの第2法則によって面積速度が時間に依存しないことを考慮し，楕円の全面積は$\sqrt{L}$と周期の積に比例する（系）．楕円の全面積は半長軸と半短軸の積に比例する．半短

軸は半長軸と通径の比例中項，すなわちそれらの積の平方根で，楕円の全面積は通径の平方根と半長軸の二分の三乗の積に比例する．系の結果と比較し，半長軸の二分の三乗は周期に比例する（命題15・定理7）．楕円の全面積を面積速度で割れば第3法則が得られる．ニュートンが使ったのは第2法則だけである．7.5節で比例係数を含めた厳密な解 (7.9) を与える．

5.8 命題16，17・逆問題

ニュートンは命題17で逆問題を解いた，と言っているので調べてみよう．ここでもニュートンは円錐曲線を前提としている．

> **命題16・問題8** 物体を置いて，そこで軌道に接する直線を物体に引き，共通の焦点からこれら接線に垂直に垂線を下ろすと，物体の速度は垂線の逆数と通径の平方根の複合比になる．
>
> 焦点Sから接線PRに垂線SYを下ろすとしよう．物体Pの速度は量 $\frac{\mathrm{SY}^2}{L}$ の平方根に逆比例する．というのは，速度は（PRはQTおよびSPとSYの比に比例するから）$\frac{\mathrm{SP}\times\mathrm{QT}}{\mathrm{SY}}$ に比例，すなわちSYに逆比例し，$\mathrm{SP}\times\mathrm{QT}$ に比例する．SPQTは与えられた時間に描かれる面積なので，すなわち，定理6〔71頁〕によって，通径の平方根に比例する．証明終わり．

動径が単位時間に掃く面積（面積速度）を h とすると $\mathrm{SPQT}=2h$ である．Pの速度 v は

$$v=\mathrm{PR}=\frac{\mathrm{SP}\times\mathrm{QT}}{\mathrm{SY}}=\frac{2h}{\mathrm{SY}}$$

によって与えられる．

系 3　同様に，中心から最小〔および最大〕距離において，円錐曲線上の速度と，中心から同じ距離における円周上の速度の比は，通経とその距離の二倍の比の平方根である．

系 4　共通の中心からの平均距離〔焦点と短軸の端点の間の距離〕において，楕円上を回転する物体の速度は，同じ距離で円上を運動する物体の速度と同じである．すなわち（定理 4・系 6 によって）距離の平方根に逆比例する．

というのも，垂線は，半短軸に等しく，平均距離と通経の比例中項である．この垂線の逆数に通経の平方根を掛ければ，距離の平方根に逆比例するからである．

系 6　放物線においては，速度は曲線における焦点からの物体の距離の平方根に逆比例する．楕円ではこの割合より少なく，双曲線では大きい．なぜなら，（補助定理 14・系 2 によって）放物線の焦点から接線に下ろした垂線は距離の平方根に比例するからである．

半長軸を a，半短軸を b とする．楕円では，系 4 によって，頂点 B における速度は，$\mathrm{SY} = b$ であるから

$$v = \frac{2h}{\mathrm{SY}} = \frac{2h}{b}$$

によって与えられる．放物線においては，系 6 から，$\mathrm{SY}^2 = a \times \mathrm{SP}$ が成り立つ．したがって

$$v = \frac{2h}{\mathrm{SY}} = \frac{2h}{\sqrt{a \times \mathrm{SP}}}$$

が得られる．命題 16 から読み取れるのはこれだけである．

命題 17・問題 9　向心力が距離の二乗に逆比例するとし，その力の絶対量が知られていると仮定して，与えられた場所から，与えられた速度で，与えられた直線方向に進む物体が描く線を求めよ．

点Sに向かう向心力が，物体pを任意の与えられた軌道pqに回転させるとする．そして場所pで速度が知られているとする．物体Pが与えられた速度で線PRに沿って出発し，そのあとすぐ，向心力のもとに円錐曲線PQの方向に曲がるとする．それゆえ直線PRはPに接するであろう．同様に任意の直線prはpにおいて軌道pqに接し，垂線がSからそれらに接して引かれるとするならば，（定理8・系1によって）円錐曲線の通経と与えられた軌道の通経の比は，垂線の二乗と速度の二乗の複合比になり，与えられたものになる．

Lを通経とする．円錐曲線の焦点をSとする．二本の直線のなす角度RPSは角度RPHの補角であるとし，直線PHの位置は与えられ，もう一つの焦点Hはその上にある．PHに垂線SKを下ろし，共役な半短軸BCを立てるとする．（第2編命題13により）$\mathrm{SP}^2 - 2\mathrm{KP} \times \mathrm{PH} + \mathrm{PH}^2 = \mathrm{SH}^2 = 4\mathrm{CH}^2 = 4\mathrm{BH}^2 - 4\mathrm{BC}^2 = (\mathrm{SP} + \mathrm{PH})^2 - L \times (\mathrm{SP} + \mathrm{PH}) = \mathrm{SP}^2 + 2\mathrm{SP} \times \mathrm{PH} + \mathrm{PH}^2 - L \times (\mathrm{SP} + \mathrm{PH})$ であろう．両辺に $2\mathrm{KP} \times \mathrm{PH} - \mathrm{SP}^2 - \mathrm{PH}^2 + L \times (\mathrm{SP} + \mathrm{PH})$ を加えると $L \times (\mathrm{SP} + \mathrm{PH}) = 2\mathrm{SP} \times \mathrm{PH} + 2\mathrm{KP} \times \mathrm{PH}$ あるいは $\mathrm{SP} + \mathrm{PH}$ と PH の比は $2\mathrm{SP} + 2\mathrm{KP}$ と L の比になる．これよりPHは長さと位置ともに与えられる．

通経 L が $2\mathrm{SP} + 2\mathrm{KP}$ より小さいようなPにおける速度であるとすると，PHは接線PRと直線PSも同じ側にあり，それゆえ図形は楕円であろう．与えられた焦点S，Hと主軸 $\mathrm{SP} + \mathrm{PH}$ からそれは直線PKに平行に与えられるだろう．だが，物体がより大きな速度で場所Pを離れるならば，長さPHは反対側の接線になるだろう．それゆえ，焦点間を接線方向に進み，図形は双曲線であろう．主軸は直線SPとPHの差に等しく，こうして与えられるだろう．題意が示された．

ニュートンは $\frac{\mathrm{SP}+\mathrm{PH}}{\mathrm{PH}} = \frac{2\mathrm{SP}+2\mathrm{KP}}{L}$ を証明し，速度によって，$2(\mathrm{SP} + \mathrm{KP})$ が L より大きいか，等しいか，小さいかによってそれぞれ楕円，放物線，双曲線になるとした．楕円について調べてみると，

$$\frac{2\mathrm{SP} + 2\mathrm{KP}}{L} = \frac{2a}{2a - r} > 1$$

双曲線では

$$\frac{2\mathrm{SP} + 2\mathrm{KP}}{L} = \frac{2a}{2a + r} < 1$$

になる．だがこれらは円錐曲線の性質を表す恒等式にすぎず，物理と関係ない．ニュートンは，楕円から双曲線への変化は，速度によるとしているが，それは間違いで，エネルギーの符号によって変化するのである．ベルヌーリ（7.5 節）が最初に与えた通りだが，ニュートンはそれを無視した．

ニュートンは『プリンキピア』第 3 版には次の追加をした．

> **命題 17・問題 9 追加**　というのも，もし物体が，これらの場合に，そのように見出された円錐曲線を回転するならば，向心力は力の中心 S からの物体の距離の二乗に逆比例するだろうことが命題 11，12，13 において証明された．そしてそれゆえ，ある物体を，与えられた場所 P から与えられた速度で，位置の与えられた直線 PR の方向に運動させ，このような力によって描く線 PQ を正しく決めたからである．

本当に正しく決めたのだろうか．続く系 1，系 2 を見ると，

> **系 1**　すべての円錐曲線において，与えられた主頂点 D，通経 L，焦点 S から，もう一つの焦点 H は DH と DS の比を，通経と，通経と 4DS の差の比に取ることによって与えられる．この系では，SP + PH と PH の比が 2SP と L の比とな

> る比例は，DS + DH と DH の比が 4DS と L の比に等しく，DS 割る DH は 4DS − L と L の比に等しい．
>
> **系2**　これより，主頂点 D における物体の速度が与えられているとすると，通経と距離 DS の二倍の比を，与えられた速度と距離 DS の円周上で回転する速度の比の二乗に取り，（定理8・系3によって）DH と DS の比を，通経と，通経と 4DS の差の比に取ることによって，軌道は困難なく見出されるだろう．

DS が与えられれば系1の自明の恒等式

$$\frac{\mathrm{DS}}{\mathrm{DH}} = \frac{4\mathrm{DS} - L}{L}$$

によって DH が決まるというのがニュートンの筋書きである．ところが，距離 DS の円周上で回転する速度は $v_{\mathrm{circ}} = \sqrt{\frac{2(2h)^2}{L \times \mathrm{DS}}}$ によって与えられるから，系2の式は命題16・系3によって

$$\frac{L}{2\mathrm{DS}} = \left(\frac{v}{v_{\mathrm{circ}}}\right)^2 = \frac{L \times \mathrm{DS}}{2\mathrm{SY}^2}$$

となって，当たり前の SY = DS になり DS が決まらない．ニュートンは実際これ以上は計算していない．ニュートンは SY を与えていないのでこれ以上は進めないのである．ニュートンは最後までエネルギー積分を与えず，離心率を与えず，ベルヌーリの計算を無視した．

スブラマニアン・チャンドラセカールは『一般読者のためのニュートンのプリンキピア』で命題17に続いて次のように書いている．

> ニュートンは実質的に方程式
>
> $$\frac{\mathrm{d}^2\mathbf{r}}{\mathrm{d}t^2} = -\frac{k\mathbf{r}}{r^3}, \qquad (r = |\mathbf{r}|)$$
>
> によって支配される運動の問題を解き，与えられた初期条件を満たす解を見つけ，初期条件によって，描かれる軌道

> が楕円か，放物線か，双曲線であることを示した．そして，ニュートンは命題 13・系 1 において説明しているように，与えられた通経，あるいは同等だが，接点で与えられた曲率を持つとき，《焦点，接点と接線の位置が与えられれば，円錐曲線を記述できる．》そしてさらに命題 13・系 1 において《互いに接する二つの軌道は同じ向心力と同じ速度によって記述できない》と述べている．さらにニュートンは命題 41 においてきわめて一般的に初期値問題の解の一意性を与えている．

あまりにも間違いが多いが，とくに，ニュートン以外の寄与をまったく無視しているのは不公正だ．ニュートンは「ニュートン方程式」を与えていないし，ましてそれを解くという考えはまったくなかった．「ニュートン方程式」を解く，というのはエネルギー積分を与えるのと同値だが，ニュートンは思い至っていない．ニュートンは楕円の性質を調べただけで，運動方程式を解いていない．現代でも正しい形で逆問題を解いたのがヨーハン・ベルヌーリである．ベルヌーリはヴァリニョンが与えた「ニュートン方程式」を正確に解いた．エネルギー積分も離心率も正しく導いている．その解はエネルギーの負，0，正によって楕円，放物線，双曲線になることを明瞭に示している．ニュートンは一般的な中心力を扱った命題 41 ではエネルギー積分を間違ったため，証明になっていない．ベルヌーリは解を円錐曲線に限定せず，積分の結果，自然に円錐曲線になることを示している．一意性による証明など必要ない．チャンドラセカールが引用した命題 13・系 1 は『プリンキピア』第 3 版に書かれているもので，ベルヌーリの証明から十六年経っていた．ベルヌーリの証明を知っているはずなのに，『プリンキピア』を修正せずそのまま放置した．ニュートンもまた自分以外の寄与をまったく無視した．

5.9 SYの計算

ニュートンは幾何学的に容易に計算できるSYの一般式を与えていないが，ここで楕円の場合について計算しておこう．$\angle \mathrm{SPY} = \alpha$とする．もう一つの焦点HからPにおける接線に下ろした垂線をHZとする．Pを接線上で動かすとき，接点でSP＋HPが最小になり，そのとき$\angle \mathrm{SPY} = \angle \mathrm{HPZ} = \alpha$になる（光線の反射を思い出そう）．それゆえ，$\angle \mathrm{PSY} = \angle \mathrm{PHZ}$である．動径SPを$r$とすると，$\mathrm{HP} = 2a - r$で，

$$\mathrm{SY} = r \sin\alpha, \qquad \mathrm{HZ} = (2a - r)\sin\alpha$$

である．SPの延長線とHZの延長線の交点をXとする．$\angle \mathrm{XPZ} = \angle \mathrm{HPZ}$になるから，$\triangle \mathrm{XPZ} \equiv \triangle \mathrm{HPZ}$である．$\mathrm{XP} = \mathrm{HP} = 2a - r$となり，SXの長さは$2a$である．$\triangle \mathrm{SHX}$において，Zと楕円の中心Cは各辺の中点なので，$\mathrm{SX} \parallel \mathrm{CZ}$で，$\mathrm{CZ} = a$であることがわかる．同様にして$\mathrm{CY} = a$である．端点AとD，YとZはCを中心に持つ半径$a$の円周上にある．$\triangle \mathrm{SYC}$と$\triangle \mathrm{HZC}$は，$\mathrm{CY} = \mathrm{CZ} = a$と$\mathrm{CS} = \mathrm{CH} = ae$を二辺に持ち，$\angle \mathrm{SYC} = \angle \mathrm{HZC}$になる．辺長によって$\cos(\angle \mathrm{SYC}) = \cos(\angle \mathrm{HZC})$を与える余弦定理によって得られる

$$\frac{a^2(1-e^2) + \mathrm{SY}^2}{2a \times \mathrm{SY}} = \frac{a^2(1-e^2) + \mathrm{HZ}^2}{2a \times \mathrm{HZ}}$$

を解いて$\mathrm{SY} \times \mathrm{HZ} = a^2(1-e^2)$すなわち

$$r \sin\alpha \times (2a - r)\sin\alpha = La$$

が得られる．本節ではLを半通経とする．したがって

$$\mathrm{SY} = r\sin\alpha = \sqrt{\frac{Lar}{2a - r}}$$

である．

角運動量を定義したのはパトリース・ダルシーで1746年のことだが（13.4.2項），角運動量 l は面積速度の二倍 $2h$ であるから

$$v = \frac{l}{\mathrm{SY}}$$

である．これを使うと

$$v = \frac{l}{\mathrm{SY}} = \sqrt{2\left(-\frac{l^2}{2La} + \frac{l^2}{Lr}\right)} \tag{5.1}$$

になる．

ニュートンがエネルギー積分，運動エネルギーと位置エネルギーの和

$$E = \frac{1}{2}v^2 - \frac{l^2}{L \times \mathrm{SP}}$$

を正しく知っていたら，任意の円錐曲線について成り立つ

$$v = \sqrt{2\left(E + \frac{l^2}{L \times \mathrm{SP}}\right)} \tag{5.2}$$

を発見していただろう．楕円では，系4によって，

$$v = \frac{l}{b} = \sqrt{\frac{l^2}{La}} = \sqrt{2\left(-\frac{l^2}{2La} + \frac{l^2}{La}\right)}$$

と書きかえると，$E = -\frac{l^2}{2La}$ であることがわかる．放物線における

$$v = \frac{l}{\sqrt{a \times \mathrm{SP}}} = \sqrt{\frac{2l^2}{L \times \mathrm{SP}}}$$

は $E = 0$ に対応することがわかる（$L = 2a$ を使った．本節末参照）．だが，ニュートンがエネルギー積分を導けなかったことは命題39（81頁）で示す．

エネルギー積分を用いた(5.2)は楕円の頂点Dにおいて

$$v = \frac{l}{\mathrm{DS}} = \sqrt{2\left(E + \frac{l^2}{L \times \mathrm{DS}}\right)}$$

になる．これを解けば

$$\mathrm{DS} = \frac{L}{1-e}, \qquad e = \sqrt{1 + \frac{2EL^2}{l^2}}$$

が得られ，離心率 e（本節末参照）が決まる．ベルヌーリ（7.5節）が与えた結果と完全に一致する（$\frac{l^2}{L} = GM$ とせよ）．ここまで達して初めて逆問題を解いたと言える．ニュートンは，幾何学的に逆問題を解く筋道を与えたものの，実際には解くことができなかった．ニュートンがなぜ最後までSYを与えなかったか理由はわからないが，たとえ与えたとしても，エネルギー積分がなくては幾何学の結果を正しく解釈できないのである．オイラーは，『力学』で，「『プリンキピア』第1編，命題17は十分な明快さでこのことを示しているように思われる」と述べているが，オイラーはエネルギー積分を知っていた．

ライプニッツは，手稿の断片の書き込みで，「ニュートンはあれこれの楕円や，とくに円がどのように現れるか説明しなかったが，私の証明では明らかである」としている．ライプニッツは動径方向の速度 $\frac{\mathrm{d}r}{\mathrm{d}t}$ を与えている．速度 v は，r 方向成分 $\frac{\mathrm{d}r}{\mathrm{d}t}$ と θ 方向成分 $r\omega$ から成る．すなわち

$$v^2 = \left(\frac{\mathrm{d}r}{\mathrm{d}t}\right)^2 + \frac{l^2}{r^2} \tag{5.3}$$

であるから

$$\frac{\mathrm{d}r}{\mathrm{d}t} = \sqrt{v^2 - \frac{l^2}{r^2}} = \frac{l \times \mathrm{PY}}{\mathrm{SY}} = l \cot\alpha$$

によって $\frac{\mathrm{d}r}{\mathrm{d}t}$ を求めることができる．

$$\frac{\mathrm{d}r}{\mathrm{d}t} = \frac{l\sqrt{a^2e^2 - (r-a)^2}}{\sqrt{L}ar} \tag{5.4}$$

が得られる．これはライプニッツが「テンタメン」で与えた速度 (7.5) にほかならない．$\frac{\mathrm{d}r}{\mathrm{d}t}$ を得れば v は自明なので，ライプニッツはSYを知っていただろう．

オイラーの楕円軌道　極座標における楕円軌道の式を与えたのはオイラーが最初で，1735 年に書かれた「惑星運動と軌道決定について」の中で，楕円の焦点 S から楕円上の点 P までの距離を

$$\mathrm{PS} = \frac{(a+c)(a-c)}{a - c\cos z}$$

とした．半長軸を a，半短軸を b として，$c = \sqrt{a^2 - b^2}$ が離心率，z が角度である．オイラーは離心率を b で表しているが，半短軸と紛らわしいので c とする．現代の定義では $c = ae$ であり，$z = \pi - \theta$ とすると

$$r = \frac{a(1-e^2)}{1 + e\cos\theta} = \frac{L}{1 + e\cos\theta}$$

が得られる．$L = \frac{b^2}{a} = a(1-e^2)$ が半通径である．双曲線では $c = \sqrt{a^2 + b^2}$，$L = \frac{b^2}{a} = a(e^2 - 1)$ が半通径である．放物線では端点から焦点までの距離が a，$L = 2a$ が半通径である．

5.10　命題 39

ニュートンは第 1 編，第 7 章で命題 39・問題 27 を与えている．

命題 39・問題 27　任意の種類の向心力を仮定し，曲線図形の求積法を与えたとして，直線で上昇または下降する物体の速度を，それが通過する各場所おいて見出すこと，また任意の場所で到着する時間を見出すこと．またその逆．

物体 E が任意の場所 A から直線 ADEC 上を落下すると仮定する．その場所 E から垂直に，中心 C に向かう向心力 EG を立てると考え，BFG を点 G の軌跡とする．運動の最初は EG が垂線 AB に一致するとする．任意の場所 E で物体の速度は曲線面積 ABGE の一辺の直線の二乗だろう．題意が示

された．

最後の文は，面積 ABGE を正方形に等値したときの一辺の長さを意味する．命題 41 での応用から，これ以外の解釈はできない．これは明らかな間違いである．高さ s から落下する物体に適用すると $gs = \frac{1}{2}v^2$ に矛盾する．このまま受け取れば，A の位置を r_0，速度を $v_0 = 0$，B の位置を r，速度を v，向心力を $F = \frac{GM}{r^2}$ とすると，

$$\mathrm{ABGE} = \int_r^{r_0} F\mathrm{d}r = -\frac{GM}{r_0} + \frac{GM}{r} = v^2$$

になるから

$$\mathscr{E} = v_0^2 - \frac{GM}{r_0} = v^2 - \frac{GM}{r} = v^2 + \int F\mathrm{d}r$$

が定数であることを意味するが，このような積分定数は存在しない．

ニュートンはいっさい証明していないので推測するしかないが，微小時間では力が変化しないとしてガリレイの等加速運動の法則を使ったと思われる．だがガリレイの等加速運動で得られる $\frac{1}{2}v^2$ は任意の力に対して成り立つ．ニュートンが積分を間違ったことははっきりしている．流率法を発見したというニュートンがなぜこのような初等的な間違いをしたか理解できないが，エネルギー積分を発見できなかったことは明らかである．ニュートンの間違いは重大だが，ヴァリニョン (1700)，ベルヌーリ (1710)，ヘルマン (1716) のあとでもニュートンはいっさい修正しなかった．

5.11 命題 40，41

ニュートンは第1編，第8章「任意の種類の向心力を受けて物体が回転するとき軌道を求めること」，命題 40 および命題 41 において，任意の向心力によって運動する物体を考察している．当時のジョン・

キールなどの取り巻きや，現代の歴史家たちは，ニュートンがベルヌーリよりも前に逆問題の解を与えていた，と得意そうに論じるのが普通だが，ニュートンは逆二乗則は考察しておらず，積分もせず，当然のことに楕円も導いていない．歴史家はそんな積分は誰でもすぐできる，と思っているのだろうが，それはおかしい．初版から四十年近くも放置しておくものだろうか．また，現代でも，必ずライプニッツの微積分を駆使して説明する．それではベルヌーリに失礼である．最初に現代の形で明快な解を与えたベルヌーリに権利がある．

ニュートンは，命題 40 で，曲線運動する物体とは別に，A から別の物体を落下させ，D で最初の物体が I で得る速度と同じになるようにした．

命題 40・定理 13　任意の向心力を受けた物体が任意の仕方で運動し，別の物体が直線を上昇または降下するとする．それらの速度は同じある高さで等しいとすると，それらの速度はすべての高さで等しいだろう．

物体は A から D と E を通って中心 C に降下し，もう一つの物体は V から曲線 VIKk を運動するとしよう．中心 C から任意の半径で二つの同心円 DI，EK を描き，D と E で直線 AC，I と K で曲線 VIK に交わるとする．N において KE と交わる IC を引き，垂線 NT を下ろす．円周の間の間隔 DE あるいは IN は非常に小さいとする．また物体は D と I で等しい速度を持つとする．距離 CD と CI は等しいので，D と I における向心力も等しい．これらの力は DE と IN で表すとする．力 IN を（運動法則系 2 によって）二つの力 NT と IT に分解する．線分 NT の方向に働き，物体の経路 ITK に直交する線分 NT の方向に働く力 NT は，その経路にある物体の速度に影響を与えたり，変化させることはまったくなく，直線経路からそらせるだけで，永続的に軌道の接線から曲げ，曲線経路 ITKk を進んでいく．力全体はこの効果を生み出すために費やされる．だが，物体の進行方向に働く別の力 IT はそれを加速するために使われ，最小の与えられた時間にそれ自身に比例する加速を生むだろう．それゆえ，D と I において等しい時間に生み出される物体の加速は（これから生じる線分 DE，IN，IK，IT，NT の比をとり）線分 DE，IT に比例し，異なる時間ではこれら線分と時間の積に比例する．だが，DE と IK が描かれる時間は，（D と I において）速度が等しいゆえに描かれる距離 DE と IK に比例し，それゆえ，線分 DE と IK を通過する経路における加速は DE と IT，DE と IK の積に比例する．すなわち，DE の二乗と長方形 ITxIK に比例する．だが長方形 ITxIK は IN の二乗に等しく，それゆえ，D と I から F と K への物体の通過において生成される加速は等しい．それゆえ E と K における物体の速度も等しい．そして同じ議論により，以後の任意の距離でつねに等しいことが見出されるだろう．証明終わり．

非常に複雑な証明をしているが，中身は簡単である．向心力を F，$\mathrm{IN} = \mathrm{d}r$，$\mathrm{IK} = \mathrm{d}s$ とすると，進行方向に働く力 IT は

$$\mathrm{IT} = F\frac{\mathrm{IT}}{\mathrm{IN}} = F\frac{\mathrm{IN}}{\mathrm{IK}} = F\frac{\mathrm{d}r}{\mathrm{d}s}$$

である．したがって

$$\int \mathrm{IT}\mathrm{d}s = \int F\frac{\mathrm{d}r}{\mathrm{d}s}\mathrm{d}s = \int F\mathrm{d}r$$

になり，命題 39（81 頁）で与えた直線上を降下する積分と同じである．「物体の進行方向に働く別の力 IT はそれを加速するために使われ，最小の与えられた時間にそれ自身に比例する加速を生むだろう」

というニュートンの言明は，ライプニッツの微分を使えば，「ニュートン方程式」$\mathrm{d}v = F\mathrm{d}t$ にほかならない．これを使うと

$$\int \mathrm{IT}\mathrm{d}s = \int \frac{\mathrm{d}v}{\mathrm{d}t}\mathrm{d}r = \int v\mathrm{d}v$$

が得られる．だが，ニュートンが「ニュートン方程式」を意識した形跡はない．運動法則 II にも触れていない．曲線運動をする物体と直線で落下する物体の運動を比べるという，現代では奇妙なやり方は，ニュートンがガリレイを意識し，ガリレイの加速度の法則を使っただけのように思われる．それにしても積分を間違った．また，円錐曲線運動では $v_0 = 0$ と置けないことに気づいていない．

> **命題 41・問題 28**　任意の種類の向心力を仮定し，曲線図形の求積法を与えたとして，物体が運動する軌跡と軌跡における運動の時間を求めること．

問題の設定は命題 40 をくりかえすだけなので省略するが，

> 点 A を別の物体が落下する場所とする．第一の物体の I における速度に等しい速度を場所 D において得る．そしてあとは命題 39 におけると同じである．最小の与えられた時間で描かれる線分 IK は速度であり，それゆえ面積 ABFD の直線である

と言っている．すなわち命題 39 によって，

$$\sqrt{\mathrm{ABFD}} = v$$

としているが，もちろん正しくない．ニュートンが出発点とした $\frac{\sqrt{\mathrm{ABFD}}}{Z} = \frac{\mathrm{IK}}{\mathrm{KN}}$ は，$Z = \frac{Q}{A}$，Q を角運動量，$A = r$ を動径，$\mathrm{KN} = r\mathrm{d}\theta$ とすれば，

$$\frac{\sqrt{\mathrm{ABFD}}}{Z} = \frac{\mathrm{d}s}{r\mathrm{d}\theta} = \frac{v}{\frac{Q}{r}}$$

になるから $\sqrt{\mathrm{ABFD}}=v$ が成り立つときのみ正しい．ニュートンがエネルギー積分を正しく得ることができなかったのは明瞭である．しばらくこの間違いの上にニュートンの計算を辿ると，$\frac{\mathrm{ABFD}}{ZZ}=\frac{\mathrm{IK}^2}{\mathrm{KN}^2}$，したがって，$\frac{\mathrm{ABFD}-ZZ}{ZZ}=\frac{\mathrm{IN}^2}{\mathrm{KN}^2}$，あるいは，$\frac{\sqrt{\mathrm{ABFD}-ZZ}}{Z}=\frac{\mathrm{IN}}{\mathrm{KN}}$ であるから，$Z=\frac{Q}{A}$ によって，

$$\frac{\mathrm{KN}}{A}=\frac{Q\times\mathrm{IN}}{A^2\sqrt{\mathrm{ABFD}-ZZ}}$$

になる．ニュートンはさらに補助線を使って証明を続けるのだが，これ以上ニュートンにつきあう必要はない．間違っている $\mathrm{ABFD}=v^2$ をニュートンの主張通り認めた上で，

$$\mathrm{d}\theta=\frac{Q\mathrm{d}r}{r^2\sqrt{v^2-\frac{Q^2}{r^2}}}$$

になり，$Q=l$ とすると，ベルヌーリの式 (7.8) と完全に一致している．実は，ニュートンが複雑な方法で導いているこの式は，ベルヌーリの導出からわかる通り，エネルギー積分に関係ない．だが，ニュートンの $v^2=\mathscr{E}-\int F\mathrm{d}r$ を代入し直すと，ベルヌーリの正しい式とは異なってしまう．歴史家は，ここで現代のエネルギー積分 $v^2=2\left(E-\int F\mathrm{d}r\right)$ を使って，ベルヌーリの式と一致するとし，『プリンキピア』にすべてが正しく書いてある，と事実を曲げている．それはずるい．えこひいきも甚だしい．ニュートンはこれ以上進むことができず，逆二乗則への適用も行なわず，したがって楕円軌道を与えず，最後まで逆問題を解くことができなかった．運動方程式を解くということは積分を求めることであり，ベルヌーリは角運動量とエネルギー積分によって逆問題を正確に解いたが，ニュートンは別の物体の直線運動と比較するという不必要な方法で，エネルギー積分を間違った．したがって逆問題を解けるはずがなかった．

6 フックvsニュートン

Hooke versus Newton

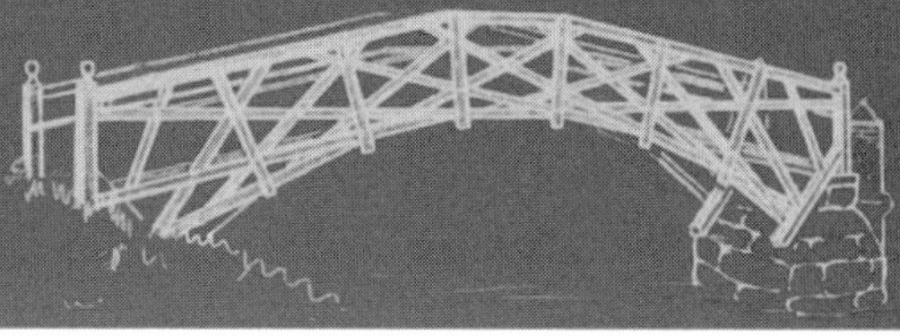

6.1　先取権争い始まる

ニュートンは1686年4月26日『プリンキピア』原稿を王立協会に提出した．5月22日ハリーからニュートンに手紙がきた．

> あなたにお知らせしなければならないことがもう一つあります．重力の減少が中心からの距離の二乗に逆比例するという規則の発見についてフック氏が権利を持っているというのです．それによって生成される曲線の証明は完全にあなたに負っていますが，概念は彼から取ったと言っています．どのくらい本当なのか，あなたが一番よくご存知で，この件であなたがなすべきことも同様です．フック氏は前書きで彼のことに言及することを期待しています．前書きをつけることができることはおわかりでしょう．このことを伝えるのが私であることに許しを請わなければなりません．ですが，それを知らせるのは私の義務であり，あなたはしかるべく振る舞われるでしょう．すべての人たちの中でも名声を借りる必要がまったくない人から，想像できる最大の公平無私を期待されているのですから，私は完全に満足しています．

ニュートンは，フックとの文通で逆二乗則を隠し続けたので，フックが，ニュートンは逆二乗則を知らない，と思い込んだのはフックの罪ではない．いまから振り返ると，文通当時のニュートンの逆二乗則導出は間違いであり，むしろフックは1682年に逆二乗則の普遍的な証明をしていたので，フックに権利があることは明白である．ニュートンは5月27日ハリーにフックとの文通でなにが議論されたかを説明した．

> あなたの手元にある論文においては，彼が自分のものとする命題はありません．そこでは彼について触れる適当な機会がなかったからです．世界体系について述べるあとの部分では彼やその他の人たちに触れます．ですが，私たちは仕事にかかっているのですから，理解してもらうことを望みます．フック氏と私の間に行き来したすべては，私が覚えている限りではこうです．……
>
> およそ九年前ダン博士と私がクリストファー・レン卿の住まいを訪ねたとき，天体運動を哲学的原理で決定する問題について話しました．フック氏から手紙を受け取るおよそ一，二年前です．あなたはクリストファー卿をご存知です．中心からの距離の二乗比で力が減少することを彼がいつどこで最初に知ったか訊いてください．

ニュートンがこの頃執筆したが出版は没後になった『世界体系について』(1728)では

> ケプラーやデカルトのように，のちの哲学者たちはある渦の作用によって，あるいはボレッリ，フックやわが国の他の人たちのように，撃力または引力によってそれを説明しようとした．というのも，運動法則から，これらの効果はなんら

かの力の作用から進行することがもっとも確かだからである

と述べている．フックをボレッリのあとに置くのはニュートンの錯誤である．6月20日ハリー宛の手紙．

フック氏と私の間の問題を知っていただくために，覚えている限り，私たちの間でなにが手紙で行き来したかの説明をしました．それらが書かれてから長く，それ以来読んだかもわかりません．クリストファー・レン卿を訪れたとき，彼が二乗比を知っていたことは状況証拠によりほとんど確かです．またフック氏は（のちに書かれた本『彗星』によって）われわれ三人のうちの最後でしょう．私はこの手紙で問題を完全に理解していただきたいのですが，つまらないことなので，手短に眼目だけをお知らせすることで満足します．

私は二乗比を地表よりも下に拡張したことはありませんし，去年発見したある証明の前にはそれがそれほど低くまで十分正確に達しているとは思っていませんでした．それゆえ，二乗比の原理においてそれを使わなかったし，天空の運動も考えませんでした．その結果，投射体と中心まで降下する領域についての私の手紙から，私が天空の理論について無知であると結論できなかったのです．二乗比について彼が私に言ったことは誤りでした．すなわちそれは地球の中心にまで達するというのです．私がそのとき天空における二乗比を知らなかったということを文字で告白するよう要求するのは公平ではありません．それも，彼が投射体の場合に言ったのに，誤解に基づいて無知を責めただけの理由で．

彼の最初の手紙への返事で，文通を断り，私は哲学を脇に置いてきたと告げ，彼からこれ以上聞くとは期待せず，返事を口あたりよくするお世辞で，（注意深く考えたというより，ちょっと思いついた）投射体の実験だけを書き送りました．彼の二番目の手紙に答える気にはなりませんでした．第三の手紙には返事せず，別のことにかまけて，哲学的なことはそれ以上考えませんでしたが，彼の手紙が私につけ込み，そのときはその種の私の考えを持たないことが許されたのです．同じ理由で彼は私が二乗比も，彼の本で読んだ理論の残りも知らないと思い込んだのです．

私が書いた論文の一つに（何年か言えませんが，オルデンバーグ氏と文通する前のいつかで，およそ十五年前），太陽から惑星への力の比，距離の逆二乗，が述べられており，十分精確ではありませんが，重力と地球からの月の後退力の比が，計算されています．ハイヘンスが『振り子時計』を出版し，一部を私に贈呈されたとき，謝礼の手紙の中で，公式を哲学における有用性においてとくに賞賛しました．そして上述の私の論文からその有用性の例，地球から月，太陽から地球への力を比較すること，月相についての問題を決め，太陽視差に限界を置くこと，をつけ加えました．そのことは，私が円運動から生じる惑星の力を比較することに注目し，理解していたことを示しています．フック氏が『観測によって地球の運動を証明する試み』の最後に問題を厳かに提出したあとしばらくしてからも私が二乗比を知らなかったとするなら，いまそれを見つけられるはずはなかったでしょう．

十年か十一年前，あなたの議事録に登録された私の仮説がありました．その中で私は，地球，太陽，惑星に向かう重力の原因が天体運動の依存性にあると示唆しました．惑星の表面から重力が減少する割合が中心からの距離の逆二乗以外にありえないのです．私自身の明白な数学的条件を理解していなかったと文字で宣言するよう急かされないことを望みます．ですが，のちにフック氏から受け取ったとしても，楕円と同じ大きな権利を持っています．というのも，ケプラーが，軌道は円ではなく長円で楕円と想像したように，フック氏も彼の手紙以来私が発見したことを知らず，比例が中心からの距離の二乗に非常に近いこと以外知ることができませんでした．そしてそれが正確だと想像し，誤って中心までその比例を拡張しました．一方ケプラーは楕円を正しく想像したのです．フック氏は，ケプラーが楕円を発見したよりも少なく比例を発見しました．比例の正確さに強い反対があるので，フック氏が知らない私の証明なしには，賢明な哲学者が正確であると信じられないのです．したがって，この仕事を述べるにあたって，私は，楕円ばかりでなく比例についても多くを成し遂げたと主張し，フック氏や他の人びとすべてから一つ，ケプラーから別の一つの権利までを持っているのです．それゆえ，彼も少なくとも主張を控えめにすべきでしょう．

　第3編は出版しないつもりです．哲学は，礼儀をわきまえない訴訟好きの婦人なので，訴訟に巻き込まれず，彼女に近づかない方がいいでしょう．私は以前にもそう思いましたし，またもや彼女に近づいていますが，彼女は警告を発しています．

ハイヘンス宛の手紙というのは1673年6月23日付と思われる．ハイヘンスが受け取った手紙は冒頭の一部が削除されており，1686年7月27日のハリー宛の手紙で削除された部分を再現しているが，遠心力だけで，逆二乗則には言及していない．「十年か十一年前」というのは，すでに紹介した1676年1月25日オルデンバーグへの手紙（43頁）で述べた仮説だが，「表面積に比例する力」を逆二乗則にすりかえてしまった．ニュートンはフックが「誤って中心までその比例を拡張した」と言っているが，フックの言明「物体が地球の中心に近づくほど，引力によって引かれることが少なくなる」（51頁）と比べると虚偽であることがわかる．ニュートンが心の底から傲慢，自己中心で悪意があることを示す文章だ．知っていても徹底的に隠し，裏で嘲笑している．『プリンキピア』でケプラーの第1法則（楕円法則），第2法則（等面積則）を導いたときケプラーの名を挙げなかった．ケプラーは想像で考えただけで，ニュートンが正しく証明した，ケプラーに権利はない，と言いたいのだろう．この研究の出発点になったフックの「力が直線を曲線に曲げる」も，ニュートンは『プリンキピア』の運動の法則I，IIにしたのに，一言も言及していない．

6.2 ニュートン逆上

この手紙を書き終えたあと，ニュートンは，フックが概念をフックから得たと主張していると知らされた．ニュートンは逆上し，この手紙の追伸で

> この手紙を書いてから，あなた方の会議の一つの出席者から情報を得た人が知らせてくれました．あのフック氏が，私がすべてを彼から盗んだ，彼を公正に扱うよう求める，と大いに騒ぎ立てたというのです．私に対するこの態度は非常に奇妙で不当なので，彼がボレッリの仮説を自分の名前で出版したことをあなたに告げるのを我慢できません．これを自説とし，彼自身のものとして仕上げることが彼の起こしているすべての騒ぎのもとであるようです．ボレッリは何事か成し遂げ，謙虚に執筆しました．彼はなにもしないのに知っているかのように書いて，計算と観察の骨折り仕事によって決め

られるべきもの以外のすべてをほのめかし，ほかの仕事を口実にしてこの労働を逃げたのですが，彼の無能を口実に逃げるべきでした．というのも彼の言葉から彼がどう進むべきか知らないことがきわめて明瞭だからです．なんと素晴らしいじゃありませんか？　発見し，解決し，すべての仕事を成し遂げた数学者は味気ない計算者と労働者であることに満足しなければならず，なにもしないのにすべてを把握していたと触れ込む人が前走者ばかりでなく後続者の発見をさらってしまうのです．

彼が私に書いた手紙もまったく同じやり方でした．地上から地球の中心への落下において重力が垂直距離の二乗に逆比例すること，その領域では投射体の描く形が楕円になること，そして天空のすべての運動はこのように説明できることを伝えてきました．そして彼は，そんなやり方で，まるでなにもかも発見し，確実に知っているかのごとく書いたのです．そしてこの知らせで，私がすべてを彼から奪い，私自身は，計算し，証明し，そしてこの偉大な人物の発見の上に執筆したことをいまや書き物によって認知しなければならないわけです．ですが，結局のところ，彼の言った三件の第一は誤りであり，非常に非哲学的です．第二は誤りです．第三は彼が知っているもの以上であり，彼が無知であることを納得させ，私たちの手紙の中で行き来するどんなことでも金を出しても買うでしょう．

また彼がいかなる権利でそれを彼自分のものと主張するのかわかりません．というのもボレッリは，重力や磁気のように太陽に向かう惑星の性向によって惑星が楕円上を運動することを彼よりもずっと前に書いていたのです．ブリアルドゥスは，太陽を中心とし，物質に依存するすべての力は中心からの距離の二乗に逆比例しなければならないと書き，まさにその議論を楕円運動に使いました．あなたはそれによって最近の『哲学紀要』で重力におけるこの比を証明したのでした．もしフック氏がブリアルドゥスの普遍的命題から重力における比を学んだなら，なぜこの比が彼の発見になるのですか？

上で触れた私のハイヘンスへの手紙は原文を保存していたオルデンバーグ氏に宛てたものでした．彼の書類はフック氏の所有になったので，私の筆跡を知っているフック氏は好奇心でその手紙を覗き見，惑星の円運動から生じる惑星の力を比較するという概念を盗んだのかもしれません．それで，彼がその後重力の割合について書いたことは私自身の庭にあった果実に違いありません．〔逆〕二乗比がその手紙では書かれていなかったことははっきり断言できます．ですが，（彼の著書から集めると）数学者がそれを彼に教えることができるようになってから五年経つまで彼はそれを知りませんでした．というのもハイヘンスが円運動のすべての場合に力を見つける方法を告げたとき，彼はその方法をこの手紙やその他すべての人に告げていたのです．したがって，その名誉はハイヘンスのものです．彼が彼自身のものとして主張してからの五年間は，親方から測量法を学んだ職工が，この土地やあの土地を測量したのは彼自身の発見であると主張し，重要な地区を彼自身のものとして記録に残すべきだというようなものです．ですが，もしこの測量士が下手くそで，間違った測量をしたらどうでしょう？　フック氏は自分のものと触れ込む発見において誤りを犯し，彼のその誤りが大騒ぎの原因なのです．というのも，二乗比を中心まで拡張して（私はしません）私を修正し，彼の理論の残りを新しいこととして私に告げ，いまや彼の手紙から私がすべてを奪ったと主張するのです．彼が以前に全世界に向けて言ったとしても，私は二乗比以外はすべて彼の印刷本で見ていました．そして主張を誤りの上に置き，そのため私に災難を与える男を，なぜ発見のために記録しなければならないのでしょう？　彼は私に彼の理論を告げることによって恩を着せたと思っていますが，私自身は彼自身の間違いの上に偉ぶって修正され，誰もが知っていることを教えられるのは嬉しくありません．私は彼よりも正しい概念を知っているのです．

知っていると思い込んで，修正したものを見せ，教えたがる男が，忙しいあなたのところにきて，あなたが逃げ口上を言っているのに，講義を押しつけ，彼自身の誤りによってあなたを修正し，講義を重ね，それからこのことを使って彼が言ったすべてをあなたに教えたと誇り，それを認めることをあなたに強いて，もしあなたが認めなければ被害と不正を喚き立てるのです．あなたは彼を奇妙な交際嫌いの男と思うと信じています．フック氏の手紙は，いくつかの点で，ヘヴェリウスや他の人たちが不満を言う諧謔に満ちています．それゆえこの新たな挑発のあとで私は印刷で彼の体面を傷つけない（彼が主張する公正を彼に与える）言及をすることを迫られているかどうか考慮することが賢明かもしれません．とくにこれは彼が私にこの種の災難をもたらした三度目ですから．……

これらの言葉，そして上述の言葉で，地球，太陽，すべての惑星に向かう重力の共通の原因，この原因によって惑星が太陽のまわりの軌道に保たれることがおわかりでしょう．そしてこれが，数年後の二乗比だけを除いて，フック氏が私が彼の手紙から得たと触れ込む哲学のすべてです．上述の言葉は中心からの距離に関係なく地球表面で見つける重力現象の

> 原因を含んでいます．当初それ以上を書くつもりはありませんでしたから．そのあと，私の原稿が示すように，あとで天空に関して引用した上の言葉を，二乗比の式は避けてもよいほど非常に短く，一時的な暗示として行間に入れました．ところが，あなたが仮定の性質を考えられるなら，重力が上に向かって減少し，惑星の表面からは中心からの距離の逆二乗しかないが，下方には成り立たないと思われるでしょう．これは仮定にすぎず，信頼できない私の推測の一つとみなさなくてはなりません．ですが，物体の中心への落下を考えるにあたって，なぜ私が二乗比を使わなかったかをあなたに説明するに十分でしょう．地球上の投射体のわずかな上昇下降では重力の変化は考慮する必要がないので数学者は無視します．そこで俗な仮定は一様な重力です．そして天空の哲学を考えることなく，それが哲学的に真実であると信じることなく，一数学者としてそれをいつも使うのです．……

汚い言葉には目をつぶるとしても，事実に反することばかりで驚くほかはない．そっくりそのままニュートンに返上したいものだ．ニュートンは，そのあとに起こした争いでも，根拠なくフラムスティードやライプニッツに悪罵を浴びせているので，被害にあったのはフックだけではない．ニュートンはそういう人格だから諦めるしかない．ただ，この手紙は，『プリンピキア』原稿を提出していたニュートンが力学をどの程度まで理解していたかを知る手がかりにはなるので，少し分析してみよう．

まず，「ボレッリの仮説を自分の名前で出版した」という中傷だが，ボレッリの著書は1666年刊行で，フックの同年の王立協会講演のあとだからあり得ないことである．もっとも，ニュートンは1670年のカトラー講義を意味しているが，王立協会記録を探せばフックの1666

年講義は知り得たはずなのに，ニュートンは調べなかった．フックとボレッリはほとんど同時に重力の概念に辿り着いたが，遠心力を排除したフックと遠心力に基づくボレッリでは方法が根本的に違う．また，ボレッリの理論は，ライプニツの理論までは，それ以上進めない定性的推論だったが，フックの理論は定式化できる段階にあった．この中傷だけでも，ニュートンがフックの考えをまったく理解していなかったことがわかる．フックとボレッリの考えは現代でも正当化できるが，重力を遠心力の反作用とするニュートンの考えは現在では完全な間違いである．

落下についての三件も，一件目，「逆二乗則は誤りで非哲学的」とは，ニュートンの手紙の後半で言っているように，地表近くでは重力が定数であることの方が自然であると言っているのだろうが，フックが逆二乗則を地球内部にまで拡張したことがないことは上で述べた．二件目で，「投射体の楕円軌道は誤り」としているが，フックはニュートンの螺旋を否定し楕円のようなものとした．ニュートンは楕円と読み取り研究の出発点にしたのだから，誤りというのはおかしい．三件目，「天空のすべての運動を説明できるは無知」と決めつけているが，非難するようなことだろうか．ニュートンはフックがブリアルドゥスを剽窃したかのように言っているが，フックはケプラーに触発されたのであって，剽窃などというものではない．ブリアルドゥスは逆二乗則を述べたものの，それを否定し，ケプラー説に基づく楕円運動を否定した（1.7 節および 2.1 節参照）．フックとはまるで違う．またニュートンはフックがハイヘンスを盗んだと言っているが，フックは遠心力を徹底的に避けていたので，盗みようがない．

それにしてもニュートンがフックの「曲線運動は中心運動と接線運動の合成」，「力は直線を曲線に曲げる」についてまったく触れていないのは奇異である．後述する 1690 年王立協会講義（105 頁）でも，フックが先取権を主張したのはこの点であって，逆二乗についてではないのである．今日から振り返ると，フックの主張が力学の要点であり，ニュートンの運動法則Ⅱにほかならない．上述講義でフックがそれを「自然哲学でなされた最大の発見」と正しく認識しているのに対し，ニュートンは法則Ⅱを重要視せず，「ニュートン方程式」を発見していない．ニュートンが論点をそらして逆二乗則の先取権の問題にすり替えたのは，意図的であったとすれば狡猾だし，そうでないとすれば，ニュートンが力学を理解していなかった確かな証拠であろう．

6.3 ニュートンの攻撃さらに続く

ハリーは『プリンキピア』を編集していた1686年6月29日ニュートン宛の手紙でニュートンをなだめた．

> 前のお手紙でお望みだったので，クリストファー・レン卿を訪ね，逆二乗比の最初の概念をフック氏から得たのか訊いてみました．彼の答えは，太陽への降下と加圧運動の合成によって惑星の運動を理解する考えを持って以来何年も彼自身で考えましたが，実行する手段が見つからず結局断念したということでした．それ以来フック氏はしばしば彼にそれを成し遂げたと告げ，彼に説明しようとしましたが，彼はその証明に説得力があるとは納得しませんでした．私はこれが本当だと知っています．
>
> 1月8日ケプラーの二分の三乗則の考察から向心力が距離の逆二乗に比例して減少すると結論しました．ある水曜日街に出てクリストファー・レン卿とフック氏に出会い，それについて議論になったとき，フック氏は，その原理ですべての天体運動は証明できるし，彼自身成し遂げたと断言しました．私は私の試みの成功を宣言しました．クリストファー卿

は，研究を奨励するために，フック氏か私に納得できる証明を持ってくる二か月を与え，成し遂げたどちらかは，名誉の上に，四十シリングの本の贈り物を受け取る，と申し出ました．フック氏は証明を持っているが，しばらく隠しておく，彼が公にしたら試みて失敗した人たちはその方法を知るだろう，と言いました．ですが，クリストファー卿は彼ができたとは納得せず，フック氏はそれを見せると約束したにもかかわらず，彼はこの点で，まだ約束を守っていないと思います．

次の8月あなたを訪問する光栄に浴し，そのとき，あなたがこの証明を完成させたというよい知らせを聞き，その写しを約束され，次の11月に大変な喜びをもってパジェット氏から受け取りました．それで，それについてあなたと相談するためケンブリッジを再訪しました．それ以来それは王立協会に登録されています．けれども，いまや彼はこれが彼の考えた優れた自然体系のごく一部にすぎないが，まだ完成させていないので一部分を発表するのに適さないと考えると言っています．彼が別の証明を与え，世界がそれを判定するのでなければ，私もほかの誰もそれを信じないと言ってやったのです．フック氏がその発見を主張する態度に関しては，そうあるべきよりも悪くとられているのではないかとおそれています．というのも彼は協会に裁判を公的に求めるのでもなかったし，あなたが彼のすべてを取ったと触れ込むのでもなかったからです．

彼の特別の友人ジョン・ホスキンズ卿が司会者で，ヴィンセント博士があなたの本を提出したとき，博士はその課題の斬新さと尊さのいずれにも賛辞を与えました．もう一人の紳士は，あなたが付け加えるべきなにもないまでに成し遂げたと応じました．副会長〔ホスキンズ〕は，それが発見され同

> 時に完成されたことに対してより多く賞賛されるべきであると答えました．それはフック氏を攻撃に向かわせました．そのときジョン卿が彼の発見について触れなかったというのです．それまで親友であった二人はそれ以来ほとんど会わなくなり，完全に不和になっています．
>
> その会合が散会となり，珈琲ハウスに移ったあと，フック氏はそこで，このようなことは彼自身がやったし，この発見の最初のヒントをあなたに与えたと信じさせようとしました．ですが，それについてなにも印刷されておらず，協会の記録にも載っていないので，あなたが最初の発見者と考えるべきだというのが一致した意見でした．そして彼が本当にあなたよりも前にそれを知っていたとするならば，彼は他人ではなく自分自身を責めるべきでした．というのも彼がそのように価値をおく発見を確保するためになにもしなかったのですから．

ハリーはフックを公平には扱っていないので注意する必要がある．レン，ハリー，フックの座談で，フックは1682年の逆二乗則証明を語ったかもしれないが，レンもハリーもそれを理解する能力がなかった．逆二乗則と楕円軌道を結びつける証明は，万有引力の一例題にすぎず，フックの証明の方が比較にならない価値がある．だが当時は楕円軌道を証明することが優先課題だったので，フックもそれに巻き込まれてしまった．もっと強力に先取権を主張すべきだっただろう．エドワード・パジェットは，トリニティコレッジフェロウで，ニュートンの推薦（ニュートンはフラムスティードにも推薦を要請）により，当時ロンドンのクライスツ病院数学学校校長をしていた．酒飲みで仕事をせず，のちに海外に出て帰国後もトリニティコレッジが支払いを拒否した1702年まで給与を受け取り，翌年亡くなった．

この手紙の返事として7月14日ニュートンはハリーに

いまは，いくつかの点で，彼〔フック〕が私に誤り伝えられていたとわかったので，この前の追伸はなかった方がよかったと思います．彼の手紙が軌道を決める方法を発見するきっかけになったのは事実です．私は，楕円について試していたとき，他の研究のためにその計算を投げ出し，五年間そのままにしていました．あなたの求めでその計算を探して見つけられなかったので再計算し，それをパジェット氏があなたに見せた仮説にしたのです．ですが，二乗比例については，二十年前にケプラーの法則から得たと断言することができます．それで，クリストファー・レン卿が楕円の焦点について調べていたことは，加圧運動と降下を合成した軌道についての研究をやめる何年も前に彼がそれを知っていたことを示しています．

私が彼から取ったと考えるだろうもう一点，フック氏の手紙にあります．彼は，落下物体の降下について私が提案した実験は地球の運動を証明する唯一の方法ではないと述べ，重力が赤道で日周運動によって弱められるという議論としてセントヘレナにおけるあなたの振り子時計の実験をつけ加えました．その実験は私には新しいものでしたが，概念はそうではありません．十五年前，私の記憶では十八年か十九年前書いた，あなたに告げたあの論文で，私は，重力の減衰を知るために，地球の日周運動から生じる赤道での上昇力を計算しました．ですがこれを正しく実行することは私が気づいた以上に困難でした．

彼の手紙には，私にとっては新しく，それを使う際は認めるつもりでいる第三点があります．それは落体が緯度で南東に逸れたことです．フック氏と私の間の問題についてあなたに率直に話したいまや，これからは彼の手紙の偏見から解き放たれたことを望みます．今度の論争を調停する最良の方法を考えてきましたが，命題4の注解によってするのがよいと考えています．

と書いている．また7月27日には，1673年6月23日付ハイヘンス宛手紙では削除されていた冒頭部分を再現した上で，

この手紙に（望んだようには）二乗比を見つけられませんが，ここに書き写した一節を，オルデンバーグ氏によってあなた方の記録に登録された私の仮説〔1676年1月25日オルデンバーグ宛手紙．43頁〕と比べると，当時私が二乗比を理解していたことがわかるでしょう．というのも，私はその中で，降下する液が地表にある物体に，その表面積に比例する力で作用すると考えていますが，液が出会う任意の物体の最初の部分に作用するときの速度減少が，その遅れから生じる密度増加によって相殺されない限り，あり得ることです．これが真実かどうかは重要ではありません．それが仮説だったことで十分です．この液が一様速度で上から降下すると，その密度，したがってその力は中心からの距離の二乗に逆比例するでしょう．ですが，それが加速運動で降下するならば，その密度はいたるところで速度が増加するだけ減少するでしょう．そこで力は（仮定によって），中心からの距離の二乗に逆比例することは前と同じでしょう．

要するに，これらの事柄は，フック氏が私の教師だと触れ込むことについて，私の方が先であることを示しています．物体が東ばかりでなく南に落下すること以外，彼の手紙からなにも学びませんでした．それ以外で彼が修正し，私に教え

たことは嘆かわしいものです．彼が私の螺旋を修正したことは，のちに楕円を調べる定理を発見するきっかけになったのです．ですが，この仕事への見識に対してではなく，他の研究からこれらのことを考えるように関心を向けてくれたことに対してだけ恩義があります．あたかも彼が楕円の運動を発見したかのように書く彼の独断に対して，私はどんな方法でそれがなされるべきかを見た上でそれをやってみようと思ったのです

と書いている．かつて力が面積（距離の二乗）に比例する，としていたのに，あっという間に逆二乗則に仕立て上げ，それをもって，フックよりも先だったというのは信じがたい曲論である．ニュートンは，『プリンキピア』を執筆したばかりでも，大混乱に陥っていた．1682年のフックの逆二乗則証明は今日でも正しく，明晰である．

ニュートンはフックから，力が直線を曲げる，という決定的な提案を受けたにもかかわらず，そのことにはいっさい触れず，塔から落とした物体が東南にずれることをフックの唯一の功績にしてしまったのだった．フックは1690年2月19日に行なったハイヘンス著『重力の原因についての論文』に関する王立協会講義で

それは，私自身が最初に発見し，それ以来何年にもわたって本協会に発表した重力の特性についてで，最近ニュートン氏が，ご親切にも，彼自身の発見として印刷，公刊しました．ことに，地球の楕円形状についてで，およそ二十七年前に本協会で私が読み上げました．振り子時計を海に運んだとき〔1663年3月停泊地ザ・ダウンズへの航海実験〕と，別の二回で，私には聞く人がいないという不運がありましたが，よく記憶している数名がおられ，私が読み上げ，それについての実験と証明をこの場所で示し，非難を込めたオクスフォー

ドのウォリス博士の手紙に答えてから数週間後まで，ニュートン氏が彼の本へのその追加を送らなかったことをご存知と思います．ですが，人びとが先入観や偏見をやめれば，真実はいつかは勝つとわかり満足しています．そして，それが世界中で是認者を見つけ，思慮深い人たちをも見つけたように，私がここで最初に行なった他のさまざまな発見（それらが十分に検討，検証されたときに）が，他の人たちが考えるようには不合理でもとっぴでもないことを疑いません．

私はほかになにもやっていませんでしたが，ニュートン氏もほかの誰も主張する権利がない天体運動の原因の発見がこのような表現を妨げるに十分な論拠であったろうと思います．私はそれが自然哲学でなされた最大の発見であると思っています．そしてハイヘンス氏は賢明なので，その発見を賞賛し，かつ，ニュートン氏の本においてそれに出会うまでそれを思いつかなかったことをはっきりと認めています．ですが，彼は『振り子時計』において円錐振り子の等時性を証明するために，振り子運動の重力を考察しており，私も当協会の雑誌と記録にあるように，その七年前に発見し，当協会で発表していました〔1666年5月23日講義〕．

惑星重力の度合いの発見は十五年か十六年前最初にクリストファー・レン卿に伝えました．しばらく前に私は『地球の運動を証明する試み』を出版し，その中で私の仮説を一般的に提示しました．彼はそれが証明可能であるという意見ではありませんでしたが，私が発見したことの証人になることができます．私が伝えたもう一人はケンブリッジのニュートン氏で1679年のことでした．そのとき彼はなにも知らないと断言しました．重力がすべての距離で同じであるという誤った仮定のもとに，円運動の重力の証明の最初の試みをしたあ

> とです．ハイヘンス氏もいままではっきりとした言葉で同じことを信じると断言しています．私は彼にはっきりした言葉で，重力とはなにか，重力によって円運動に引き起こされる効果がすべての天体運動とその理由であること，すなわちそのように作用を受けた物体がその焦点のまわりの楕円であること，同様に，運動平面が重力を受ける物体の中心を通過する理由，などを彼に伝えました．私の手紙とそれについての彼の返信は当協会の会議で提示され読まれました．それが真実であることは当協会の何人かと私が保存している手紙によって疑う余地はないでしょう．彼は彼の本の大部分が印刷されて以来，文通相手の一人〔ハリー〕への手紙で多くを認め，その中で私を認めて正当な扱いをすることを約束しましたが，彼のやったすべては，彼自身が発見者であると主張する以外はまったくなにもありません

と話している．ライプニッツは1714年1月10日ヨーハン・ベルヌーリに宛てて次のように書いた．

> ニュートンは，多くの点で，私に彼の公平無私を疑わせてきました．いまでは彼の命題までも．彼は，誰によって成功したかを認めるべきです．惑星の運動を，重力と結びつけた単純な軌道によって説明する原理はフックによって提案されたと聞いています．

また，物理学者セルゲイ・ヴァヴィロフは，伝記『アイザク・ニュートン』の中で

> フックがほぼ二十年間に発表した惑星運動と重力に関するすべての推測と仮説を一つにまとめると，私たちは，ニュートンの『第一歩〔プリンキピア〕』のほとんどすべての主要

> な結論に出会い，不確かで決定的ではない形で述べられているだけであることに気づく．フックは，問題を解くことなしに答えを見つけていた．同時に，私たちは，いきあたりばったりに投げ出された考えではなく，疑いもなく長年の研究の成果を見るのである．フックは，事実の迷路の中で，自然の真の相互関係と法則を見抜く実験物理学者の素晴らしい直感力を持っていた．私たちは，科学の歴史の中で，実験家のこのような希有の直感をファラデイにも見出すが，フックとファラデイは数学者ではなかった．彼らの研究はニュートンとマクスウェルによって完成された．ニュートンとの無意味な先取権争いはフックの輝かしい名声に影を落としていたが，ほぼ三世紀ののちのいま，それぞれに賛辞を捧げるときである．……
>
> 　ニュートンは明らかに間違っていた．フックの遠慮がちの希望には完全な根拠があった．17世紀において『第一歩』を書くことは，ニュートン以外の誰にもできなかった．だが，『第一歩』のプログラムと計画が，フックによって最初に下書きされたことは議論の余地がない

と述べている．パーヴェル・チェレンコフはレベデェフ物理学研究所所長ヴァヴィロフのもとでヴァヴィロフ－チェレンコフ輻射を発見した（ヴァヴィロフは没後のためノーベル賞を逸した）．ヴァヴィロフは所員をスターリンの迫害から守ったが，兄ニコライ・ヴァヴィロフは，メンデル遺伝学を排斥したルイセンコを批判したため，スターリン大粛清の犠牲になり，1943年1月26日に獄死した．ニュートン生誕三百年を記念してヴァヴィロフの『アイザク・ニュートン』が出版されたのはその頃である．

7 ゴトフリート・ライプニッツ

Gottfried Wilhelm Leibniz

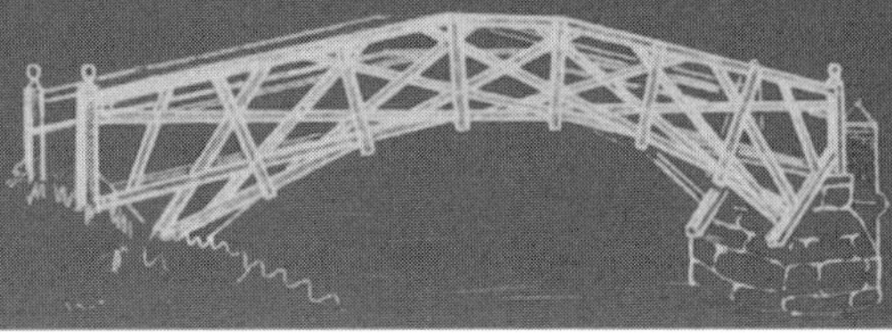

7.1 「テンタメン」

『プリンキピア』を読んだライプニッツは，1689 年 2 月『学術紀要』に発表した論文「天体運動の原因についての試論」，「テンタメン」で，微分法を用いて，動径方向の運動方程式に対して，史上初めてとなる「微分方程式」を与え，「重力の作用は動径の二乗に逆比例する」ことを導いている．ライプニッツは角運動量を保存する渦運動，調和回転を仮定している．原論文では時間微分は θ だが，角度としても使うので，カール・イマーヌエル・ゲルハルト編『ライプニッツ数学著作集』の ϑ を使う．$\odot$ を中心として，微小時間 ϑ の間の，楕円上の $_2$M から $_3$M への運動を考察している．長軸を $\mathrm{A}\Omega = q$，焦点間の距離を $\odot\mathrm{F} = e$，短軸 BE を $b = \sqrt{qq-ee}$ としている．また，$_3$M から動径 $\odot{}_2$M に下ろした垂線の足を $_2$D とした．通径 $\mathrm{WX} = \frac{bb}{q} = \frac{qq-ee}{q}$ と角運動量を同じ a で表している．区別した方がよいが，以下ではなにも修正せずそのまま紹介する．

(19)　私たちが太陽に対して惑星を置くように，運動物体が重力を持っているか，ある中心に引かれるとするなら，それは調和回転によって楕円（および他の円錐曲線）上で運ばれる．そして引力と回転の中心は楕円の焦点にあり，重力の引力あるいは誘引は，直接回転の二乗に，あるいは焦点からの動径あるいは距離の二乗に逆比例するだろう．われわれの微分算，無限小解析の美しいと言えなくもないこの例によって次のように証明する．

$\mathrm{A\Omega}$ を q，$\odot\mathrm{F}$ を e，BE を b（すなわち $\sqrt{qq-ee}$），動径 $\odot{}_2\mathrm{M}$ を r，$\odot\varphi$（あるいは $\odot{}_2\mathrm{M}-\mathrm{F}_2\mathrm{M}$）を $2r-q$，あるいは簡単に p，通径 WX を a とし，これは $\frac{bb}{q}$ に等しい．定数である面積要素，すなわち三角形 ${}_1\mathrm{M}_2\mathrm{M}\odot$ の二倍を，通径を a として ϑa，定数の時間要素を ϑ とする．回転 ${}_2\mathrm{D}_3\mathrm{M}$ は $\frac{\vartheta a}{r}$ になる．さらに動径の差 ${}_2\mathrm{D}_2\mathrm{M}$ を $\mathrm{d}r$，差同士の差を $\mathrm{dd}r$ と呼ぶ．さらに上記項目から $\mathrm{d}r$（あるいは ${}_2\mathrm{D}_2\mathrm{M}$）と $\frac{\vartheta a}{r}$（あるいは ${}_2\mathrm{D}_3\mathrm{M}$）の比は，$\sqrt{ee-pp}$ と b の比に等しい．それゆえ

$$br\mathrm{d}r = \vartheta a\sqrt{ee-pp}$$

が成り立つ．これは微分方程式である．だが（『学術紀要』の他の場所で説明した微分算の法則に従って）微分の微分は

$$b\mathrm{d}r\mathrm{d}r + br\mathrm{dd}r = -\frac{2pa\vartheta\mathrm{d}r}{\sqrt{ee-pp}}$$

になるから，これら二式から $\mathrm{d}r$ を消去すると $\mathrm{dd}r$ のみが残り，

$$\mathrm{dd}r = \frac{bbaa\vartheta\vartheta - 2aaqr\vartheta\vartheta}{bbr^3} \tag{7.1}$$

になる．これから命題が得られる．というのは，対心速度の要素 $\mathrm{dd}r$ は，（項目 12 によって）遠心力の二倍である $\frac{bbaa\vartheta\vartheta}{bbr^3}$ すなわち $\frac{aa\vartheta\vartheta}{r^3}$ と，$\frac{2aaqr\vartheta\vartheta}{bbr^3}$ すなわち（$\frac{bb}{q}=a$ によって）$\frac{2a\vartheta\vartheta}{bbrr}$ との差である．それゆえ，$\frac{2a\vartheta\vartheta}{bbrr}$ は重力の誘引としなければならず，定数 $\frac{a}{2}$ を乗ずれば回転の二乗 $\frac{aa\vartheta\vartheta}{rr}$ を与える．した

がって，重力の誘引は回転の二乗に比例し，動径の二乗に逆比例する．同一の結果は双曲線と放物線，とくにもっとも簡単な円でも成り立つ．だが，円錐曲線の間の違いの理由や，円と楕円が生じる理由は以下に述べる．

英語の微積分 (calculus) はこの論文の微分算 (calculi differentialis) から始まった．微分方程式 (aequatio differentialis) もこの論文に由来する．ライブニッツが与えた微分方程式は現代とは記法がかなり違う．二乗を aa などと書くのは当時の習慣で，$\mathrm{d}r$ の微分は $\mathrm{dd}r$ だが，今日では d^2r と書くのが普通である．

まず現代のやり方で $\mathrm{dd}r$ を求めておこう．極座標 r，θ を用いて楕円軌道の式をオイラーの与えた

$$r = \frac{L}{1 + e\cos\theta} \tag{7.2}$$

とする (7.5 節参照)．L は半通径, e は離心率で, $e = 0$ で円, $0 < e < 1$ で楕円，$e = 1$ で放物線，$e > 1$ で双曲線になる．微分

$$\mathrm{d}r = \frac{er^2 \sin\theta}{L}\mathrm{d}\theta \tag{7.3}$$

をさらに微分すると，

$$\mathrm{dd}r = \frac{2\mathrm{d}r^2}{r} + r\mathrm{d}\theta^2 - \frac{r^2\mathrm{d}\theta^2}{L} + \frac{\mathrm{d}r\mathrm{d}\omega}{\omega}$$

が得られる．単位質量あたりの角運動量 $l = r^2\omega$ は保存するので右辺第 1 項と第 4 項は相殺する．したがって

$$\mathrm{dd}r = \left(\frac{l^2}{r^3} - \frac{l^2}{Lr^2}\right)\mathrm{d}t^2 \tag{7.4}$$

が得られる．ライブニッツの式 (7.1) で，$a = l$，$\frac{b^2}{q} = 2L$，$\vartheta = \mathrm{d}t$ とすれば，両者は完全に一致する．L は半通径である．ライブニッツは第 1 項が遠心力，第 2 項が重力であるとした．間違いは，ライブニッツが項

目12で遠心力を $\frac{aa\vartheta\vartheta}{2r^3}$ とし，右辺第1項を「遠心力の二倍」としてしまったことだ．ピエール・ヴァリニョンの指摘を受けて訂正した「テンタメン解説」を1706年頃執筆している．遠心力によって運動する距離を，ハイヘンスと同じく正矢（34頁）とし，

$$ {}_2\mathrm{D}_2\mathrm{T} = \frac{({}_2\mathrm{D}_3\mathrm{M})^2}{2\odot{}_2\mathrm{M}} = \frac{aa\vartheta\vartheta}{2r^3} $$

としたとき，ガリレイの加速度の法則によって，遠心力を ${}_2\mathrm{D}_2\mathrm{T} = \frac{1}{2} \times$ 遠心力 $\times\ \vartheta\vartheta$ によって読み取るべきだったのだ．したがって，(7.4) 右辺第1項は遠心力そのものである．

(7.3) から動径方向の速度は，長軸 q を使うと

$$ \frac{\mathrm{d}r}{\mathrm{d}t} = \frac{el\sin\theta}{L} = \frac{l\sqrt{q^2e^2-(2r-q)^2}}{\sqrt{2Lqr}} \tag{7.5} $$

になり，ライブニツの速度 (5.4) に一致する．

$$ \frac{\mathrm{d}r}{\vartheta} = \frac{a\sqrt{ee-pp}}{br} $$

において e を qe，$a=l$，通径 $\frac{b^2}{q}=a=2L$ とすることによって対応している．ライブニツの使った

$$ \frac{{}_2\mathrm{D}_2\mathrm{M}}{{}_2\mathrm{D}_3\mathrm{M}} = \frac{\mathrm{d}r}{\frac{\vartheta a}{r}} = \frac{\sqrt{ee-pp}}{b} $$

が正確だったことがわかる．「テンタメン」出版の年から翌年に書かれた改訂版に幾何学的証明もあるが，長文で非常に込み入っているのでここでは取り上げない．

ニュートンの幾何学による逆二乗則の証明と比べて，ライブニツがはるかに進んだ方法で，すなわち現代と同じ方法で，速度と加速度を計算し，運動方程式を導出し，比例関係だけではなく，遠心力と重力をはっきりと同定している．極座標における動径方向運動方程式

$$ \frac{\mathrm{d}^2r}{\mathrm{d}t^2} - \omega^2 r = -\frac{l^2}{Lr^2} $$

から，ライプニッツが動径方向の運動方程式に対する微分方程式を正しく導いたことがわかる．「ニュートン方程式」は，皮肉なことに，主要部分がライプニッツの発見になるのである．右辺を重力 $-\frac{GM}{r^2}$ と同一視すれば半通径

$$L = \frac{l^2}{GM} \tag{7.6}$$

が得られる．

1715年，ニュートン（三人称）が「書評」でライプニッツの「テンタメン」を激しく攻撃した部分では，

> ニュートン氏の『プリンキピア』がハノーファーのライプニッツ氏のもとに送られ，彼が『学術紀要』に掲載されたその書評を読んだ後で，1689年1月と2月に書かれた三つの論文が『往復書簡集』で言及されている．これらの論文では『プリンキピア』の主要な命題が装いを新たにして述べられ，ライプニッツ氏はあたかも『プリンキピア』発行前に自身でそれらを発見していたかのように主張している．だがライプニッツ氏は彼自身の申し立ての証人になれない．ニュートン氏の前にこれらを発見したことを証明するか，主張を撤回するかは彼にかかっている

と書いている．だが，ライプニッツはニュートンの理論に納得せず，異なる理論を提唱した．考え方がまるで違う．ニュートンの執拗な「テンタメン」批判は的外れである．現代の力学は，『プリンキピア』にではなく，「テンタメン」に依存している．また，これに続く文を読むと，ニュートンが自分に甘く，人を許さないことがよくわかる．

> 彼は上部構造において間違い，2階および3階の差における熟練の欠如のゆえに，間違いから脱出することができなかった．このことは第2論文の項目6によってさらに確かめ

> られる．その項目は間違っており，間違いは2階および3階の差の論じ方を知らないことから生じている．それゆえ彼がこれらの論文を書いたとき，彼は初学者にすぎず，彼はこのことを率直に認めるべきである．

公的な学術誌でここまで書くか，と呆然とする．

7.2 エネルギー積分

エネルギー保存則の先駆者はライプニッツである．ライプニッツは，1678年執筆の手稿「物体の衝突について」の中で

> 私にはどこに間違いがあるかわかる．力は，速さと物体の量によってではなく，それが落下する高さによって評価されるべきである．そのうえ，物体が落下する高さはその速さの二乗に等価である．それゆえ物体が等しいとすれば力もそうである．その結果，力は一般に物体と速さの二乗の積から構成される．したがって，二つの物体は，普通人びとが思っているように，速さが物体量に逆比例するときではなく，速さの二乗が物体量に逆比例するとき同じ力を持つ．こうして，運動の同量が保存するのではなく，同じ力のみが保存する

と書いている．すでに，質量 m，速度 v の物体の運動量を mv，力（エネルギー）を mv^2 としていた．また，微積分の第2論文を発表した1686年，『学術紀要』に「自然法則に関するデカルトや他の人たちの顕著な誤りの簡潔な証明，この自然法則によって彼らは神がつねに同一の運動量を保存すると主張するとともに，この法則を力学の問題で濫用している」を公表した．

> 両者の間にどのくらい差があるかを示すために，まず第一に私はある高さから落下する物体は，その進路が許され，外的ななにものに妨害されないとするならば，ふたたび同じ高さに上昇する力を得ると仮定する．例えば，空気抵抗や同様の他の小さな障害物が力を吸収しないとすれば，もちろんそれらはここでは考慮しないのだが，振り子は，落下したもとの高さに正確に戻るだろう．私はまた，第二に，1リブラの物体Aを4ウルナの高さCDに持ちあげるに必要な力は，4リブラの物体Bを1ウルナの高さEFに持ちあげるに必要な力に等しいと仮定する．

ガリレイの『新科学対話』(12.1節) の中の記述，ハイヘンスの『振り子時計』命題Ⅳ (30頁) の同様の記述を参考にしていると思われる．この論文の補遺では mv に「死んだポテンシャル (potentia mortua)」，mv^2 に「生きたポテンシャル (potentia viva)」の用語を与えた．

「テンタメン」でライプニツがエネルギー積分を暗に得ていたことは，80頁で示した通り，ライプニツの速度の式 (7.5) からもわかる．

$$\left(\frac{\mathrm{d}r}{\mathrm{d}t}\right)^2 = -\frac{l^2 q(1-e^2)}{2Lr^2} + \frac{2l^2}{Lr} - \frac{2l^2}{Lq}$$

において $q(1-e^2) = 2L$ に注意すれば，(5.3) を使って，

$$\frac{1}{2}v^2 - \frac{l^2}{Lr} = -\frac{l^2}{Lq}$$

が得られる．右辺の定数 $-\frac{l^2}{Lq} = -\frac{GM}{q}$ はエネルギー積分

$$E = \frac{1}{2}v^2 + \int F\mathrm{d}r = \frac{1}{2}v^2 - \frac{l^2}{Lr}$$

にほかならない．近日点，遠日点では $\frac{\mathrm{d}r}{\mathrm{d}t} = 0$ になるので容易に確かめることができる．ライプニツの速度は非常に正確なので，それを積

分すれば逆問題を容易に解けたはずだが，実際はヨーハン・ベルヌーリに残された．「テンタメン」に先行するライプニッツの手稿「重力運動について」においてもエネルギー積分に近い数式が導かれている．ライプニッツ方程式 (7.4) の両辺を r について積分すると，

$$\int \mathrm{d}r\mathrm{d}\mathrm{d}r = \int \mathrm{d}r \left(\frac{l^2}{r^3} - \frac{l^2}{Lr^2} \right) \mathrm{d}t^2$$

すなわち

$$\frac{1}{2}\mathrm{d}r^2 = \left(-\frac{l^2}{2r^2} + \frac{l^2}{Lr} \right) \mathrm{d}t^2$$

になる（積分定数を記していない）．これを

$$\frac{1}{2}\frac{\mathrm{d}r^2}{\mathrm{d}t^2} + \frac{l^2}{2r^2} = \frac{l^2}{Lr}$$

と書き直せば，(5.3) により左辺は $\frac{1}{2}v^2$ になる．エネルギー保存則はライプニッツの偉大な発見である．

ライプニッツは「テンタメン」で，物体のエネルギーを mv^2 とし，活力 (vis viva) と呼んでいた．運動量 mv が死力 (vis mortua) である．「テンタメン」で，外向きのコナトゥス（努力）を遠心力，重さの誘引を重力と読みかえると，

> **(10)**　すべての遠心力は，性質が同じである重力と同様に，しばらくくりかえされる努力から得られる速度，すなわち運動量より無限に小さい．それにより，それらは同じ原因を持つことが確かめられる．それゆえ，ガリレイが考えたように，衝突は単純な重力，あるいは私の用語では，私が普通死力と呼んでいる単純な努力に比較し，無限に大きいということは驚くべきではない．この力が作用し，くりかえされる加圧から運動量を受けとって，死力は最後に活力になるのである．

ライブニッツは「テンタメン」をローマ滞在中に書いた．同じ年に書いた「物質的自然の力と法則の動力学」は出版されなかった．今日まで使われている用語，ダイナミクス，動力学が初めて現れた論文である．1695年には『学術紀要』に「物体の力と相互作用に関する驚嘆すべき自然法則を発見し，その原因を喚起するための動力学実例」を発表した．

> 物体が互いに作用を与える，あるいは互いに作用を受ける派生的な力は，運動（すなわち局所運動）に付随し，以後さらに局所運動をつくりだすように向かうもの以外のなにものでもないと理解する．私たちは，他の物質の現象が局所運動によって説明できることを認める．運動は位置の連続的変化であり，したがって時間を要する．だが，運動中の動体が，時間において運動を持つと同様に，各瞬間に速度を持ち，それは通過距離が大きいほど，所用時間が短いほど大きくなる．方向を持つ速度は努力と呼ぶ．運動力は，物体の質量と速度の積である．それはデカルト派が運動の量と呼ぶのをつねとするものである．……
>
> これより，二つの要素があることが明白である．一つは，私が誘引と呼ぶ要素的な無限小の力であり，もう一つは，要素的な努力の連続と反復によって形成される努力，すなわち運動量そのものである．だが私は，このような数学的存在が自然の中に発見され得るというのではなく，抽象化によって正確な計算をするのに有用であることだけを望む．
>
> したがって力にも二種類ある．一つは要素的で，運動がまだ存在せず，運動への誘引があるだけなので，私は死力と呼ぶ．もう一つは現実の力と結びついた通常の力で，私は活力と呼ぶ．死力の一例は遠心力で，重力あるいは向心力や，引

> き伸ばされた弾性体がもとに戻ろうとし始める力もそうである．だが，衝突においては，それが，ある時間落下している重い物体から生じるか，ある時間もとに戻ろうとする弓から生じるか，他の原因から生じるか，いずれにせよ，活力が存在し，死力の無数の連続的印加によってもたらされるのである．

ライブニッツはこの論文で数式を使っていないが，p を運動量とすると，$\mathrm{d}p = F\mathrm{d}t$ を意味している．F は重力であり，遠心力であり，弾性力だ．「ニュートン方程式」だ．天体の運動ばかりでなく，一般の運動に成り立つ法則を発見していたのだ．

1698 年，ライブニッツはブルシャルト・デ・フォルダーに宛てて次のように書いている．

> 活力の運動力は無限大から有限まで誘引に，あるいは私の微分算では要素に対する線分として関係しています．したがって，重い物体の落下における各瞬間で速度が等しい，無限小の増加を受ける場合には，死力と活力は同時に計算できます．すなわち，速度は時間とともに一様に増加しますが，絶対力は距離，あるいは時間の二乗，つまりその効果に比例して増加します．それゆえ幾何学の類似，あるいはわれわれの解析学によれば，誘引は $\mathrm{d}x$ に，速度は x に，力は xx あるいは $\int x\mathrm{d}x$ に比例します．

用語が現代と異なるのでわかりにくいが，速度を v とすると，重力は $\mathrm{d}v$ に比例し，エネルギーは $\int v\mathrm{d}v = \frac{1}{2}vv$ に比例すると言っているのである．

ヨーハン・ベルヌーリは 1710 年，7.5 節で紹介する逆問題を解いた論文で，逆二乗則に従う重力を受ける物体のエネルギー保存則を与え

ている．(5.3) 両辺を微分し，途中でライプニツ方程式を代入すると

$$\mathrm{d}v = \left(\frac{\mathrm{d}^2 r}{\mathrm{d}t^2} - \frac{l^2}{r^3}\right)\frac{\mathrm{d}r}{v} = -\frac{l^2}{Lr^2}\frac{\mathrm{d}r}{v} \tag{7.7}$$

になる．ヴァリニョンが1700年に与えた式である（12.2節）．これを積分するとエネルギー保存則 $E = \frac{1}{2}v^2 + \int F\mathrm{d}r$ が得られる．数因子を含めて正しい保存則を導いたのは息子のダーニエル・ベルヌーリで，1738年の論文「天体運動に必要な活力保存原理の修正と拡張についての解説」に書かれている．活力をエネルギーと呼んだのはトマス・ヤングで，1807年に出版した講義録『自然哲学講義』に書いている．現在では $\frac{1}{2}mv^2$ を運動エネルギーと呼んでいる．

次のようなニュートン（三人称）の手稿が残っている．

> ガリレオは投射体への重力の効果を考察し始めた．ニュートン氏は『プリンキピア』でその考えを一つの大きな科学へと発展させた．ライプニツ氏は，まるで彼自身の子であるかのように，その子に新しい名をつけ，動力学と呼んだ．ハイヘンス氏は，回転する物体が運動の中心から後退しようとする力を遠心力と名づけた．ニュートン氏は，著者に敬意を表して，その名を残し，逆の力を向心力と呼んだ．ライプニツ氏はこの名を粉砕し，対心誘引と呼んだが，ニュートン氏のものより不適切である．だが，すべての新しい発見に彼の痕跡が刻まれなければならないのである．彼が発明した新しい名や記号の多さから判断するならば，彼は偉大なる発明者として通ることになろう．

だがニュートンの遠心力はハイヘンスやライプニツの遠心力とはまったく異なる．また，動力学を発見したのはライプニツで，名称だけのことではないのである．ライプニツは最晩年1715年5月7日，友人クリスティアン・ヴォルフに宛てて次のように書いている．

天体運動の論文を読んだ人たちは，そこに誤りはなく，のちに適切に変えた遠心力に関する記述があることを見出すでしょう．私が，ケプラーの楕円は調和回転と重力の組み合わせの結果であると証明したことは，確かに真実ですし，これからもそうでしょう．

7.3　ニュートンの向心力と遠心力

5.5 節で与えたニュートンの向心力を，ニュートンの意志に逆らって，数式で表そう．動径 SP を r，$\mathrm{SQ} = r + \mathrm{d}r + \frac{1}{2}\mathrm{dd}r$，動径 SP と SQ のなす角度を $\beta = \mathrm{d}\theta + \frac{1}{2}\mathrm{dd}\theta$ とする．ニュートンは微小時間を定数としているだけだが，ライプニッツに従って $\mathrm{d}t$ とする．三角形 PQS の高さは

$$\mathrm{QT} = \mathrm{SQ}\sin\beta = r\mathrm{d}\theta = r\omega\mathrm{d}t = \frac{l}{r}\mathrm{d}t$$

になる．$l = r^2\omega$ は単位質量あたりの角運動量である．ニュートンは QR を向心力によって運動する距離と定義している．ニュートンは L を通径としているが，ここでは半通径とする．したがって，

$$\mathrm{QR} = \frac{\mathrm{QT}^2}{2L} = \frac{1}{2}\frac{l^2}{Lr^2}\mathrm{d}t^2$$

となるので，ガリレイの加速度の法則 $\mathrm{QR} = \frac{1}{2} \times \text{向心力} \times \mathrm{d}t^2$ によってニュートンの向心力は $\frac{l^2}{Lr^2} = \frac{r^2\omega^2}{L}$ である．

動径 SP と，P における接線のなす角度を α とする．

$$\mathrm{QR} = r - \mathrm{SQ} \times \cos\beta - \mathrm{SQ} \times \sin\beta\cot\alpha$$

になるから，

$$\mathrm{SQ} \times \cos\beta = \left(r + \mathrm{d}r + \frac{1}{2}\mathrm{dd}r\right)\left(1 - \frac{1}{2}\mathrm{d}\theta^2\right)$$

$$\mathrm{SQ}\times\sin\beta\cot\alpha=\left(r+\mathrm{d}r+\frac{1}{2}\mathrm{dd}r\right)\left(\mathrm{d}\theta+\frac{1}{2}\mathrm{dd}\theta\right)\frac{-\mathrm{d}r}{r\mathrm{d}\theta}$$

により

$$\frac{r^2\omega^2}{L}\mathrm{d}t^2=\frac{2\mathrm{d}r^2}{r}-\mathrm{dd}r+r\mathrm{d}\theta^2+\frac{\mathrm{d}r\mathrm{d}\omega}{\omega}$$

が成り立つ．中心力では $r^2\omega$ が保存するから，右辺第1項と第4項は相殺して消える．残りはライプニッツ方程式とまったく同じである．だが，ニュートンは幾何学の等式を与えただけで，このように書き表すのは現代になってからである．

ニュートンの遠心力は，向心力の反作用

$$\frac{r^2\omega^2}{L}\mathrm{d}t^2=-\mathrm{dd}r+r\mathrm{d}\theta^2$$

である．右辺第2項が物体に働くライプニッツの遠心力で，現代の遠心力に一致するが，ニュートンの遠心力は物体には働かず，しかも $-\mathrm{dd}r$ を含む奇妙なものである．ニュートンは1710年代の草稿で次のように書いている（三人称）．

> 「テンタメン」の命題〔項目〕11はこうである．《遠心力は回転角の正矢によって表わされる．》この命題は，回転が対心運動なしに円で起こるときはいつも正しい．だが，離心軌道において起こるときはこの命題は正しくない．ニュートンの『プリンキピア』における法則IIIによって，遠心力はつねに重力に等しく逆向きである．重力は回転角の正矢によって表すことはできず，動径の二乗に逆比例する．……
>
> 遠心力が太陽に向かう惑星の重力より小さいとする命題〔項目〕21と25は間違いである．惑星の軌道運動は（ライプニッツが信じたように）遠心力を超える重力の過剰には依存せず，重力の作用によってのみ曲げられ，遠心力は，ニュート

ンが提唱した運動の法則 III によって，つねに重力に等しく，
逆向きである．

回転角は $\mathrm{d}\theta$，正矢は $1-\cos\mathrm{d}\theta$ である（34 頁）．

ニュートンの間違いは二重に致命的である．第一に，遠心力を間違って同定した．ライプニッツの遠心力は座標変換に伴う仮想力だが，ニュートンの遠心力は実在の力になってしまう．そんな力は存在しない．第二に，運動方程式の概念に至らなかった．ニュートンには「ニュートン方程式」という概念がまるでなかったことがわかる．ライプニッツの微分方程式はライプニッツの大発見である．

7.4　ベルヌーリ兄弟

ベルヌーリ家はネーデルラントのユグノー教徒の家系で，15 世紀にアントワープに定住していたが，ヤーコプ・ベルヌーリは，1570 年，スペインの圧政から逃れるためフランクフルト・アム・マインに移住した．その孫ヤーコプはさらにラインを遡って，1620 年にバーゼルにやってきた．市民権を得たのは 1622 年．翌年生まれたニーコラウスがヤーコプとヨーハン兄弟の父である．ちなみに日本では誤った表記「ベルヌーイ」が定着しているが，生地のバーゼルだけでなく，ドイツ語圏ではベルヌーリで，フランス語でジャックとジャン・ベルヌーリ，英語でジェイムズとジョン・ベルヌーリである．

ニーコラウスの息子ヤーコプはいやいやながらバーゼル大学で神学の勉強をしたが，親に隠れて数学を独学した．ヤーコプの十二歳下の弟ヨーハンも徒弟奉公に出されたが一年で戻ってきた．父はしぶしぶ大学進学を認め，医学を学ぶよう命じた．ヨーハンは，医学の講義を受ける一方で，1687 年に数学教授になった兄ヤーコプとともに数学の勉強を始めた．ヨーハンは後に自伝で次のように書いている．

> このような始まりのあと，思いがけない偶然によって，兄とともに1684年の『学術紀要』に掲載されたライブニッツ氏の小論文に出会った．わずか5，6頁だが，彼は微分算の考えを与えていた．それは説明というより謎だった．だがそのすべての秘密をただの数日で解き明かし，無限小の問題について発表した論文の質を示すには，私たちにはそれで十分だった．この幸運な発見のあと，無限少量からこれらが要素，すなわち微分である有限量へ移行する方法を発見することを夢想した最初の人になった．私は，それ以上適切な言葉を思いつかず，この方法を積分算と名づけた．

旅行中のライブニッツに宛てたヤーコプの手紙は三年間届かなかったのでベルヌーリ兄弟は二人だけでライブニッツの微積分を発展させた．ニュートンが流率法を秘密にして発展させず，まわりに追従者しか持たなかったのに対し，ライブニッツはベルヌーリ兄弟という独創的な数学者を後継者に得た．ヨーハンの自伝の続き．

> これを兄に伝えたところ，彼は，最初は認めなかったが，熟考のあとそれを気に入り，それを用いていくつかの問題を解いた．活気づけるために私は物理問題，とくに，両端でつり下げた鎖の曲率の性質を調べる鎖の力学問題を提案した．私は完全に解いたが，彼は成功しなかったので，私はこの問題を『学術紀要』において幾何学者たちに提案するよう急かせた．かなりの時間ののち，ライブニッツ氏，ハイヘンス氏そして私の（互いに矛盾のない）三つの解答だけが現れた．1691年の『学術紀要』参照．

ヤーコプ・ベルヌーリは1690年5月『学術紀要』に発表した論文「同一時間に横断する高さが同一であるように，重い物体が一様に横断する降下曲線を見出す，という以前に提案された問題の分析」において，重力のもとで粒子が初期位置によらず同一時間に降下する曲線（等時降下曲線）の問題が非線形微分方程式の問題になることを示し，変数分離法によってその方程式を解いている．この論文でそれまでの「求積 (quadratura)」に代わる「積分 (integralis)」という用語が初めて現れた．「対数螺旋」が書かれている論文だ．

一方，パリに出たヨーハンはギヨーム・ド・ロピタル侯爵の家庭教師になり微積分を教えた．ヨーハンは1695年に，ハイヘンスの推薦で，フローニンゲン大学数学教授に招聘された．その年の2月6日に生まれたばかりのニーコラウスを連れて9月1日にバーゼルを出発し，フローニンゲンに到着したのは10月22日である．フローニンゲンはオランダ最北端の州都でアムステルダムから鉄道で二時間半ほどの距離にある．駅前の運河を渡って旧市街に入り，まっすぐ北に向かって歩いていくとフローニンゲン大学のアカデミーへボウがあるアカデミー広場に出る．

ド・ロピタルは1696年に微積分の最初の教科書『曲線を理解するための無限小解析』を出版した．だがド・ロピタルは「多くのすばらしい着想に対し，二人のベルヌーリ氏，とくに現在フローニンゲン大学教授である若い方のベルヌーリ氏に感謝している」と書いただけである．ヨーハンは，1698年2月8日ライプニッへの手紙で次のように書いている．

> 数頁の例外を除いて，すべて（これはあなただけのお耳に入れるのですが），ある部分は私が書き，ある部分は口述筆記し，ある部分は私がパリを去ったあと手紙で書いたもので，証拠が完全に保存されており，適切なときに刊行できます．多くの友人が刊行前のその著作を見ており，かなりの部分は写しが取られています．とくに，どれだけが私のものかを証

> 明するロピタルからの手紙も持っています．彼の主な功績は，私がある部分はラテン語，ある部分はフランス語でまとまりなく説明したことを，整理し，きちんとフランス語で書いたことです．申し上げたように，彼自身は3，4頁以上はつけ加えませんでした．ですが，あなたの思慮深さを信頼し，私が述べたことを彼には告げないようお願いします．そうでないと彼の私に対する友情が疑いもなく逆になるでしょう．

二百年以上経った1922年にバーゼル大学図書館でヨーハンの1691–92年の講義録の写しが発見された．ド・ロピタルの本の大部分はヨーハンの講義と手紙をもとにしていた．

フローニンゲン，アウデボーテリングゲ通りに入口がある公共図書館の新しい建物の壁に「数学者・自然科学者ダーニエル・ベルヌーリは1700年2月8日にここで生まれた」と書かれた銘板が取りつけてあるが生家は現存しない．ヨーハンがフローニンゲンに滞在した期間は兄ヤーコプとの大げんかの期間でもある．緻密な兄と独創的な弟は口汚い言葉で罵り合ったが，皮肉なことに，けんかの中で変分法が育まれていった．二人は1699年にパリ科学アカデミー会員に選ばれたが，けんかをやめること，という条件をつけられた．1705年8月18日にヨーハンはバーゼルの古代ギリシャ語教授に着任するためフローニンゲンを出発した．旅の途中で，出発の二日前に兄ヤーコプが亡くなったことを知った．バーゼルに着いたのは9月13日で，兄の後任として数学教授になった．一家は「古き信義館」に住んだ．1710年5月28日にダーニエルの弟ヨーハンが生まれた．ダーニエルは十三歳のときバーゼル大学で哲学と論理学を学び始め，兄ニーコラウスからは微積分を習った．

7.5 ヨーハン・ベルヌーリ

ヨーハン・ベルヌーリは,「バーゼル, 1710年10月7日付, ベルヌーリ氏からヘルマン氏への返書抜粋」という形で, パリ科学アカデミーにケプラー第1法則の逆問題の解答を与える論文を送付した. 記号を現代的に書きかえて紹介しよう. この問題は惑星の質量 m に依存しないので, ヨーハンは $m=1$ としている. ヨーハンは

> これより, 曲線ABCがこの仮定〔逆二乗則〕のもとにつねに代数的であることを直ちに見て取れる. だが, そのうえ, それは必然的に円錐曲線であるがゆえに, さらなる研究が必要である. ニュートンが55頁, 系1で誤った推論によって証明なしに無視したからである. 私は次のように証明を完成させよう.

として, ニュートンが逆問題の解を与えなかったことを指摘している.

(5.3) を $\frac{\mathrm{d}r}{\mathrm{d}t}$ について解いた上で,

$$\mathrm{d}\theta = \frac{l}{r^2}\mathrm{d}t = \frac{l\mathrm{d}r}{r^2\sqrt{v^2 - \frac{l^2}{r^2}}} \tag{7.8}$$

にエネルギー積分を代入すると

$$\mathrm{d}\theta = \frac{l\mathrm{d}r}{r^2\sqrt{2(E - \int F\mathrm{d}r) - \frac{l^2}{r^2}}} = \frac{\mathrm{d}u}{\sqrt{h^2 - u^2}}$$

である. ここで

$$h = \frac{GM}{l^2}\sqrt{1 + \frac{2El^2}{G^2M^2}}, \qquad u = \frac{GM}{l^2} - \frac{1}{r}$$

を定義した. 逆三角関数の記号はヨーハンの息子ダーニエルが最初で, 1729年,「固体中の液体の活動と流体中の固体の運動についての

論文」で逆正弦関数を A. S., 1745年の「力学の新しい問題」では逆余弦関数を ARC. COS. としていた．現代表記で

$$\theta = \int \frac{\mathrm{d}u}{\sqrt{h^2 - u^2}} = -\arccos\frac{u}{h}$$

が得られる（ヨーハンは arcsin を使っているが，位相の違いだけで同じである）から，楕円軌道の式 (7.2) になる．ここで

$$L = \frac{l^2}{GM}, \qquad e = \sqrt{1 + \frac{2El^2}{G^2M^2}}$$

となり，半通径 L は (7.6) と一致する．ヨーハンはこの論文ではケプラーの第3法則を与えていないが，計算は簡単で，楕円の面積を面積速度 $\frac{l}{2} = \frac{1}{2}\sqrt{GML}$ で割れば，半長軸 a を用いて，周期

$$T = \frac{\pi\sqrt{L}a^{\frac{3}{2}}}{\frac{1}{2}\sqrt{GML}} = \frac{2\pi}{\sqrt{GM}}a^{\frac{3}{2}} \tag{7.9}$$

が得られる．円運動の周期 (2.2) で，円の半径を半長軸で置きかえただけである．

8 ジョン・フラムスティード

John Flamsteed

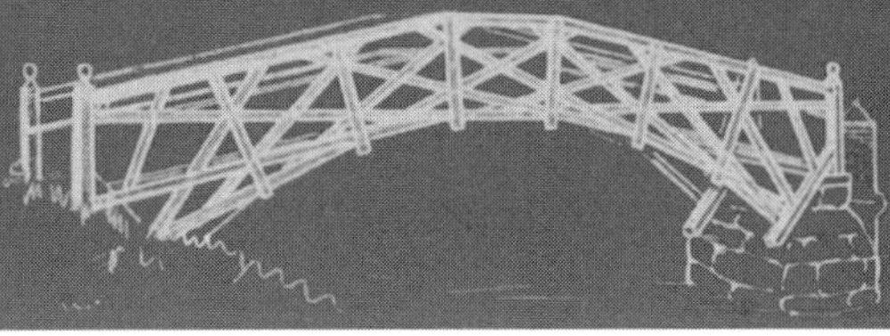

8.1　1680年彗星

ロンドンからテムズを下るとグリニッジに出る．グリニッジ公園の中の坂道を上ると丘の上に王立天文台がある．王室天文学者ジョン・フラムスティードの天文台は1675年にレンとフックが設計した建物で，記念館として公開されている．1680年11月と12月に彗星が続いて現れた．フラムスティードは，太陽の近くでV字型に方向を変える同一の彗星だ，という決定的な発見をした．だがニュートンはこれらが直線運動する二つの彗星と考えて，フラムスティードの考えを否定した．フラムスティードが1710年から11年に三人称で書いた「天文台小史」には

> 1680年末と1681年初めに大彗星が現れ，彼によって熱心に観測された．彼は，それが完全に見えなくなる前に彼によって観測されたすべての位置を小さな表にした．彼は，それに関する考察とともに，長い手紙でケンブリッジの友人〔ジェイムズ・クロンプトン〕に伝えた．その手紙の中で彼は11月と12月の彗星がおそらく一つで同じであることを示した．これが当時ルーカス数学教授だったアイザク・ニュー

トン卿に見せられると，彼はフラムスティード氏に手紙を書き，その中でそれらが二つの異なるものでなければならないことを証明する議論を使い，フラムスティード氏が，説得力があり，争う余地がないと考える反対意見を，高圧的に嘲笑った

と記している．

フラムスティードは，2 月 17 日，ハリー宛ニュートンへの手紙で

　私はそれゆえ，物質の違いと遠近に応じて，太陽がすべての惑星と私たちの渦に入ってくるすべての同様の物体を引きつけると思います．彗星がその領域に入ってきたとき，仮に渦物質の横方向の抵抗がそれに抗して曲線に曲げるのでないとすれば，太陽の引力は直線でそれを引きつけたでしょう．磁石の北極は磁針の一方の端を引きつけ，他方を跳ねつけるので，彗星が太陽の反対の端まで渦運動を横切るとき，彗星を跳ね返します．仮に渦の横切る運動が彗星をもとに曲げることがないとすれば，この反撥の作用は彗星を太陽から直線で運び去ったでしょう

と書いている．ニュートンは，彗星が太陽に近づくときは引力を受け，離れるときは反撥を受けるとするフラムスティードの理論に反対した．1681 年 2 月 28 日，クロンプトン宛フラムスティードへの手紙には

　惑星が，接線において飛び去らないで，太陽のまわりの軌道に保つ引力を容易に認めることができます．ですが，この引力が磁気的性質であるとは信じられません．太陽は強烈に熱い物体で，赤く熱せられた磁気物質はその特性を失うからです

と述べている．熱せられた磁石は磁気力を失うので，引力を磁気力とするフラムスティードに反対し，フック説のように「惑星が，接線において飛び去らないで，太陽のまわりの軌道に保つ引力」を認めている．

> 渦の運動は困難を除くよりもむしろ増やすでしょう．［というのも，渦の回転方向は彗星を近日点から遠ざけるように働くからです．］この困難を除く唯一の方法は，私の判断では，彗星が太陽と地球の間を運動するのではなく，この図のように，太陽のまわりを回ると仮定することです

と書いている．括弧内は図と記号を避けるために簡略化した．太陽は彗星を引きつけるが，渦は，近日点において，彗星をフラムスティードが示唆した方向とは逆に向かわせるように作用する．これを避けるためには太陽のまわりを回ると仮定することだが，ニュートンにはその理由がわからなかった．

> 彗星が太陽に接近する際の太陽の引力が，彗星をもとの方向からますます太陽に向かわせることは容易に許容することができます．ですがどうやって彗星を☉に向かって直接動かすことができるか，まして，太陽の反対方向に向かわせることができるかわかりません．

送付されなかった手紙の草稿（4月16日）では，

> この困難を避けるために，彗星が太陽と私たちの間を通過するとすれば，私がこの前の手紙で触れた困難がその仮定を促します．ですが，これらすべての困難は，彗星が，太陽の引力ばかりでなく磁気によっても導かれ，その結果，太陽に向かって近づくときも，それから離れるときも，運動の全時

> 間で引きつけられ，それによって，近づくとき加速されると同程度に，離れるとき減速され，この連続的な引力によって太陽のまわりをまわってくる，と仮定することによって避けられるでしょう．遠心力が引力を凌駕し，引力にもかかわらず，彗星を太陽から離れさせ始めるのです

と書いている．ここでも，遠心力と引力が釣り合わないボレッリの理論を使っている．近日点における遠心力が引力を凌駕し，彗星を太陽から離れさせる．だがニュートンは，過去に二つの彗星が現れたことはほとんどなく，二つの彗星を同一とするフラムスティードの考えを矛盾するとして退けた．

1685年1月12日フラムスティードへの手紙で，彗星も惑星と同じ法則に支配されることを認めた．9月19日の手紙で

> 私はまだ彗星の軌道を計算していませんが，いま計算をしようとしていて，1680年の彗星を新たに考慮します．11月と12月の彗星が同じものだったことが非常にありそうです

として1680年の二つの彗星がただ一つだったことを認めた．『フラムスティード自伝』には

> ケンブリッジ，ジーザスコレッジのフェロウ，クロンプトン氏宛に手紙を書いた．その中で，（一般に考えられていた）二つの彗星が一つで同じであることを断言した．太陽を通過する前後でそれらの運動の曲線を描いた．このことはニュートン氏に伝えられた．彼はクロンプトン氏宛の長文の手紙でそれらが異なる彗星でなければならないと強く論じた．だが，1685年9月19日私宛の手紙でそれがおそらく同じものであったと譲歩した．私は，計算をくりかえすことによって，私の観測から導き出した彗星の位置を知らせた．彼

は1687年の『プリンキピア』の中でそれらを公表した．だが，骨の折れる仕事にほとんど謝意を表していない

と書かれている．

『プリンキピア』初版では第3編「世界体系について」に

命題41・問題20　与えられた三つの観測値から放物線上を運動する彗星の軌道を決定せよ．

例　1680年の彗星を取り上げよう．次表はフラムスティードによって観測された彗星の運動を示している．フラムスティードは観測中，非常に注意深く，恒星からの彗星の距離を二度観測し，別の恒星からの距離も二度観測したあとで，もとの恒星に戻って同じ場所から距離を二度測定し，もう一つの恒星からの距離が観測されたとき，距離の増大によって，あるいは比例する時間の減少によって，中間の距離を集積した．これらの観測から彗星の距離が急いで計算され，フラムスティードは友人と連絡し，そのあと，より注意深い計算によって修正した．われわれはここで述べるように修正した

と書いているが，第2版では「非常に注意深く」を削除，

例　1680年の彗星を取り上げよう．次表はフラムスティードによって観測され，のちにその測定から彼によって計算され，同じ測定からハリー博士によって修正された彗星の運動を示している

と変えてしまった．また初版「彗星」の項目では

11月に現れた彗星が，続く月の彗星と同じであることを，私宛に書いた手紙において，高名なフラムスティードと何度

か論じた

として，二つの彗星が一つだったことを発見したのがフラムスティードであることを隠しているが，これも第2版で削除されてしまった．フラムスティード没後に出版された第3版では

この彗星の観測は，初めから終わりまで，惑星の運動がそれらの理論と一致するように，すでに述べた軌道上の彗星の運動と一致する．この一致によって，全期間を通じて現れた彗星がただ一つで同じものであること，その軌道がここで正しく決定されたことを証明している

としてフラムスティードの寄与を完全に消去した．死人に口なし，と思ったのか，フラムスティードの功績を最小化し，すべてを自分のものにしてしまうニュートンの精神が理解できない．

8.2　月の理論

ニュートンは，『プリンキピア』第2版のために，月に関するフラムスティードの観測記録を知りたがった．だがニュートンの傲慢な態度はフラムスティードを怒らせた．1695年2月16日ニュートンの手紙．

あなたの観測値が，あなたを世に出し，それによって精密にされる理論とともに公表されることは，それを推奨する理論なしに，あなたが死ぬまで，あるいは公刊するまで非公式のままにしておくよりも，有益性とあなたの名声にとってずっと価値があるというのが私の意見です．このような理論は精密性の証明であり，あなたはこれまで世に現れたもっとも精密な観測者と認められるからです．もしあなたがこのよ

うな理論なしに公表するなら，それまでの天文学者の観測値の山に投げ込まれ，月の理論を完成させるだろう誰かが，あなたの観測値が他よりも精密であると発見するでしょう．けれども，それはいつか神のみぞ知るです．

この押しつけがましいニュートンに対してフラムスティードは次のように書き残している．

彼は，月の理論を私の観測値とともに出版することが彼らの精度の大いなる証である，と私を説得するために，非常に多くの言葉を重ねた．だが，理論は，観測値を推奨することはなく，それらによって試されるものだ．それゆえ，理論は，精密で疑う余地のない観測値と一致するときにのみ確からしくなるのである．

6月29日のニュートンの手紙はもっとひどく脅迫的になる．

私はあなたの計算ではなく，あなたの観測値だけが欲しいのです．……それゆえ，月の正しい上昇，子午線の高度に関するあなたの生の観測値を送ること，それから月の位置を計算することは私に任せることを再度提案します．……ですが，それが嫌なら，観測値を私に与える実際的な方法を提案されるよう望みます．さもなければ，私がこれまで月の理論や大気差にかけた時間と労苦すべてを失うことで満足しなければならない，と私に知らせてください．

7月18日フラムスティードはニュートンに宛てて次のように書き送った．

あなたの最近のお手紙の態度，表現に苦情を言う理由があります．それは好意的ではありませんが，ご存知のように，

> 私は，王立協会書記（ハリー）によって表されたようなけんか好きではありません．この表現以外のすべて，あなたが知らせてくれたものが多くの観測よりも価値があると認めます．金線がそれから引き出された金塊より価値があることを認めます．私は金塊を集め，精製し，ときには洗浄してあなたに渡しました．それらが簡単にあなたのものになったからといって，私の労苦を低く見積もらないでください．あなたのものをお好きなだけ高く評価するのを認めますし，私がときにあなたに提供した助力に報酬を求めません．ですが私には職人の技術があります．……もしあなたが月の平均運動をいかに修正するか解決できないならば，あなたがそう言っても構いません．私はそれ以上急かせません．それでもそれがあなたに協力する私の能力のうちにあるならば，私は自由にやってみるでしょう．ですが，あなたの友人，小生に少しでも価値を見出されるなら，理由なく私のことで他人に苦情を言って，私の頑固な病気からの苦しみや，陰険で恥知らずな人びとの誹謗中傷につけ加えられることはないでしょう．

ジョン・ウォリスは『数学論文集』第3巻のためフラムスティードに論文「地球の年周軌道の視差」を掲載することを要請した．ウォリスは，1699年1月9日ニュートンに宛てた手紙の中で，フラムスティードの手紙を引用している．

> 私は，今日もっとも学識あるケンブリッジ大学教授ニュートン氏と連絡を取りました．私の観測から導いた月の位置百五十か所を教え，同時に私の表から計算した月の位置を教えました．将来同様のものを約束しました．月の〔ジェレマイア・〕ホロクスの理論改善のための私の計算の原理もともに教えました．そのことでは彼が期待するすべての成功を望ん

　でいます．

ウォリスからこれを聞いたデイヴィド・グレゴリーがニュートンに知らせると，怒ったニュートンはウォリスが該当部分を削除するようグレゴリーに要請した．ニュートンの秘密主義は徹底している．理由を説明せず「あなたがニュートン氏に与えた月の観測値について話しているどの部分も印刷するな」というウォリスの手紙に驚いたフラムスティードは1月2日と5日にニュートンに手紙を書き，ニュートンは1699年1月6日フラムスティード宛に

> 印刷する恒星の視差や，その中であなたが月の理論に関して触れられたことについて，あなたがウォリス博士に手紙を送られたことを偶然聞き，おそらく公表に適さないことを公開し，それによって世界が決して望まないことに期待させることをおそれています．私は，いかなる場合も，印刷されることは好まないし，それ以上に数学について外国人にうるさく悩まされることも，いじめられることも，国王の仕事について時間を使うべきときに，同国人によって彼らについて私の時間を浪費していると思われることも好みません

と無礼すぎる手紙を書いている．

8.3　恒星目録

1704年4月11日，グリニッジを訪れたニュートンは，フラムスティードの観測記録を見て，出版をデンマーク公に推薦したいと申し入れた．デンマーク公ジョージはアン女王の夫である．フラムスティード没後出版された『英国星表』に掲載予定だった序文の草稿に次のように記している．

私はこの提案に驚いた．私はこれまで彼の気質を見ており，彼が狡猾で，野心家で，名声をこれ以上なくむやみに欲しがり，反対意見に我慢できない，とつねに思っていた．私が彼の『プリンキピア』第4編にいくつか間違いを見つけたとき，彼は感謝するどころか，悪くとって怒った．彼は非常にずうずうしいので，ときどき私に《どうして黙らないのだ》と言った．もし私が彼の欲するものを与えたら，私は完全に彼の権力あるいは彼の慈悲のもとに身を置き，彼は手に入ったすべてをだめにしてしまうか，私自身の仕事について不必要な労苦や悩みをもたらすかもしれなかった．彼は間違いを直したと言ったが，避けられず，容易に訂正できてそれゆえ言い訳できること以外はなにも直さなかった．さらに私は，すでに印刷されており，よく知られている事実を隠さなかったので，彼を怒らせた．それゆえ私は彼の申し出を丁重に断ったが，彼は，まだ〔デンマーク〕公に推薦したいと言い，その夕方非常に良い助言（《あなたが持つすべての良いことをしなさい》）をして去っていった．それは私の子供の頃からの規則で，彼のものだったかどうか知らないが，彼自身それに従うなら彼にとって非常に幸福になれたであろう．

フラムスティードが完全な恒星目録を出版したかったのに対して，ニュートンは自分に必要な資料だけを出版したかった．ニュートンは，1707年ハリーに『英国天空誌』印刷を開始させたが，1708年，デンマーク公の死去で印刷は中断した．1709年に，フラムスティードが会費を払っていないことを口実にしてフラムスティードの名を王立協会員名簿から削除した．異例の措置だ．ニュートン自身会費を払わなかったことがある．

王立協会は常設の建物を持たなかったが，ニュートンは1710年強引にクレインコートに移転させた．フックの肖像画だけが失われたのはこのときである．「グレシャムコレッジからフリート通りクレインコートへ移転するための王立協会理事会の最近の議事録評」と題する1710年の小冊子が残っている．会議におけるニュートンの不公正，軽挙を告発した文書で，会長に求められる公平無私にふさわしくない態度，語調を咎めている．雑踏するフリート通りから小さな門をくぐると，狭い路地クレインコートに出る．そのつきあたりにあった王立協会の建物は現存しない．

ニュートンは，アン女王の侍医ジョン・アーバスノトを通して，恒星目録出版を命じる勅令を得ようとした．1710年12月14日の王立協会会合で，アーバスノトは王立協会の下に印刷を監督する五人の審査官，ロバーツ，レン，グレゴリー，アーバスノト，ニュートンを任命する勅令を提出した．アーバスノトは，1711年3月14日フラムスティードに宛てて，女王が恒星目録を完成することを命じたことを知らせ，印刷を再開するため最新の恒星目録を提出するよう要求する手紙を送った．ニュートンからも強圧的な手紙がきた．3月24日頃の草稿が残っている．

印刷中のあなたの観測記録に関する著書についてアーバスノト博士と話す中で，陛下の命令で，恒星目録を完成させる観測記録が必要であるということを彼があなたに伝え，あなたは曖昧で時間稼ぎの返事をしたと知りました．ご存知のように，公は，なにが殿下の費用で印刷されるのにふさわしいかを審査し，その印刷の世話をする五人を任命されました．彼らの命は，彼らが公の名誉にふさわしいと判断したものを印刷することでした．あなたが引き受け封印して，それらを引き渡し，それによってあなたの観測記録が印刷に付される

> のです．天文台は，恒星の完全な目録がグリニッジで行なわれる観測によって作成されることを目的に設立されました．あなたの義務は観測記録を供給することです．ところがあなたは不完全な目録を引き渡し，望まれる観測記録を送りませんでした．そのため印刷は中断していると聞いています．それゆえ，目録の残りをアーバスノト博士に送付するか，印刷が進行するように，完成するに欠けている観測記録を彼に送ってください．もしそうしないでなにかほかのことを提案したり，言い訳をしたり，不必要な遅滞を招くならば，陛下の命令に従うことを間接的に拒否したとみなされます．あなたの速やかな直接の返答と服従を求めます．

これは独立した対等の科学者に対する依頼の手紙ではなく，部下に対する命令書，脅迫状である．ニュートンは，国家の論理を振りかざして研究に嘴を入れる国家主義的科学者の元祖だろう．

フラムスティードは4月19日アーバスノトに返事を書いた．

> 私の目録を作成，研究するのに三十五年を費やしました．それはいずれ女王の臣民や世界中の聡明な人たちが使用できるよう出版されるでしょう．夜の観測と昼の労働による長く，苦痛に満ちた不調に耐えてきました．私の目録を完成させるため，また私の手で天文の研究を終えるため，役務を超えて，私自身の財産から多額の金を費やしてきました．このような修正が私を喜ばすためだと言って，悪い冗談で私をいじめるのはやめてください．それ以上に不快で侮辱的であることはないことをあなたはご存知でしょう．
>
> 私の立場になってみてください．そして，あなたが私の境遇にあり，私のすべての労働，重荷，苦労をしたとして，あなたの労作があなたの手から不正に奪われ，公然たる放埒な

敵の手に渡り，あなたの同意なく印刷され，私の場合のようにだめにされている，そんなことをあなたが望むかどうか，よく考えて真面目に答えてください．敵が自分の理解できないことの判事になることを耐えられますか？　あなたの著作がだめにされ，それに耐えていると嘲笑されるよりは，敵の手から原稿を取り戻し，もはや彼らを信用せず，自費であなた自身の著作を刊行したいと思いませんか？

これ以外にハリー博士の邪悪な結果を防ぐ道はありません．ハリー博士がだめにした部分を削除した目録の写本を従者に取ってこさせました．印刷所の指名を許していただけるなら，私自身で校正し，すべての最終校正刷はペニー郵便を使って私の費用でグリニッジに送らせます．誤りのない校正刷を見るまでは印刷させません．その後，私の健康と助力が許す限り，できるだけ早く目録の残りの部分を印刷します．ですが，あなたが同意されないなら，私自身の費用で，より良い紙で，あなたの印刷所が使っているよりもきれいな活字を使って，私一人で印刷します．というのも，私自身の労作が，国，女王，国民の不名誉になるほどだめにされるのを耐えることができないからです．

8.4　査問

10月26日金曜日12時，フラムスティードは喚問され王立協会に赴いた．その日のフラムスティードの日記から．

私の従者は階段で私を助け上げた．そこにアイザク・ニュートン卿，〔ハンス・〕スローン博士，〔リチャード・〕ミード博士に会った．この三人が委員会のすべてだった．そしてあとの二人は，いかなる場合にも，正しかろうと間違っていようと，最初の人を肯定する人たちであることを私はよく知っていた．しばらくしてアイザク・ニュートン卿が開始し，委員会は，私がなにを修理したいか，天文台にどんな機器があるか知りたいと告げた．……機器に関しては，すべて私の所有で，ジョウナス・モア卿にいただいたか，私自身の費用で製作し支払った．彼は知らないふりをしているが，よく知っているのだ．彼は《機器がなければ天文台はないと同じだ》と答えた．……私は，機器，書籍，物品などはジョウナス・モア卿が私に与えたものであると断言した．それで彼は動揺し，前に言ったことをくりかえした．《機器がなければ天文台はないと同じだ．》彼は，もしそれが真実でないとすれば誰が認めるのだとミード博士に尋ねた．私は，私の仕事を奨励するのが協会の任務であり，私を不安にさせることではない，とアイザク卿（激していた）に告げた．彼はスロウン博士に私がなにを言ったか訊いた．スロウン博士は私が奨励とかなんとか言ったと答えた．

そこで，私の著作に対して，女王に献呈するためデンマーク公の肖像画（私についてなんの注意書きもなく）が扉に刻み込まれ，仕事の成果を奪われた，機器と助手に二千ポンドを費やした，と彼に告げた．これを聞いてこの激烈な男は荒れ狂って《それではわれわれがお前の仕事を盗んだというのか？》と怒鳴った．私は彼らがそうだと認めていると答えた．そのあとで彼が言ったことはすべて激昂の中にあった．私を多くの不快な名で呼んだ．餓鬼などはその中でももっとも無邪気なものだった．私は国家の名誉のために陛下の命令には想像できる限りの服従心と尊敬を抱いているが，私をそのように使うのは国家，陛下，（会長にではなく）協会に対する不名誉であるとだけ告げた．ついに彼は機器を天文台から持ち出してはならないという酷い暴言で私を攻撃した（それをくりかえした）．もし私が天文台から追い出されれば，六分儀を持ち出す，と彼に告げていたからである．私は彼が平静を保ち，激怒を抑制することだけを望み，私に不快な名を与えると同じくらい彼に感謝した．

……この手に負えない紳士が言ったすべてを正確に思い出すことはできないし，順序よくすることもできなかった．これから，記憶をもとに，よりよい説明をしてみよう．現在ではもっと覚えている．私が機器と助手に二千ポンド要したと言ったあとで，彼はあらあらしく，私は彼が私に六千ポンドの借りがあると言った，と述べた．彼は無感情に次のように理解しようとした．第一に年三百ポンド以下では天文台でやっていけないが，百ポンド支払われただけで，三十六年間年二百ポンドでその額になると私が言った，というのだ．私はそんな計算はせず，三百ポンド以下ではここでやっていけず，残りは自己負担だと述べただけだった．さらに彼は私が政府から三千六百ポンド受け取ったと言った．私は彼が得た年五百ポンドの給料でなにをしたか尋ねた．これで彼は静かになったが，やがていつものほめ言葉を口にした．私が高慢，横柄で彼を侮辱したというのだ．ミード博士も同調した．私は彼が激怒を抑制し，平静を保つ，などを望んだだけだった（しばしば望んだように）．彼は私が彼を無神論者と呼んだと言った．私はそんなことは言っていない．だが，おそらくこの示唆のきっかけになった彼の『光学』の一節のことを人びとが言っていることは知っている．この非難に応えてなにか言う価値はないと思った．彼がそうではないことを希望する．

フラムスティードは12月22日天文台元助手エイブラハム・シャープにも報告している．それも紹介しよう．シャープはジェイムズ・グレゴリーの逆正接関数の無限級数を用いて円周率を計算した最初の数学者である．

> 私は王立協会会長ともう一つの争いをしたことがあります．彼は私の機器を彼らのものとする謀略をたくらみ，私を委員会に喚問しました．そこには彼と二人の医者（スロウン博士と，彼と同じくらい無知なもう一人）がいました．会長は激怒と見苦しい癇癪を起こしていました．私は前もって決意しており，会話によって私を動かすはずはありません．天文台のすべての機器は私の所有であることを彼に説明しました．壁の弧と回転四分儀は私の負担で製作され，残りは私自身の費用で購入したこと，ただし，六分儀と二個の時計はジョウナス・モア卿にいただき，〔リチャード・〕タウンリー氏の測微計はグリニッジにくる数年前の彼の贈り物であることを．これを聞いた彼は苛立ちました．というのは王立協会が天文台の監察官であるとの国務大臣からの手紙を得ていたからです．彼は《機器がなければ天文台はないと同じだ》と言いました．私は私の星表が知らないうちにレイマーによって印刷されたこと，仕事の成果を奪われたことを抗議しました．彼は激昂し私を餓鬼など，思いつけるあらゆる不快な名で呼びました．私が返したすべては，彼の激怒を思い起こさせ，それを抑制し，我慢するよう望んだことです．これで彼の怒りは悪化し，私が勤務した三十六年間に政府からいくら得たか尋ねました．私は，彼がロンドンにきてから受けとった年五百ポンドでなにをしたか尋ねました．これで彼は静かになりましたが，彼がふたたび叫び出そうとするのを見て，

> 私の星表は半分完成し，彼自身の要望で，封印して彼の手元に渡してあると告げただけです．彼はそれを否定できませんでしたが，アーバスノト博士がそれを開ける女王の命令を得たというのです．私はこれが嘘だと確信しています．あるいは，それを開けてから命令を得たのです．私は返事をしませんでした．

フラムスティードは，ティコ・ブラーエを剽窃したニーコラウス・ライマースの名をハリーのあだ名にして，レイマーと呼んでいた．ニュートンは，フラムスティードの観測値の封印を，ハリーに破らせ盗ませていた．フランシス・ベイリーは『フラムスティード伝』の中で，

> ニュートンはそのとき六十九歳ぐらいだったこと，フラムスティードは六十五歳以上で非常に虚弱だったので階段の上り下りも助けが必要だったことを考えるとき，このひとこまは人間の性質のもろさの悲惨な光景を見せていると告白しなければならない．科学，あるいは人間性のすべての友は，このようなことが起こったということを嘆き悲しまなければならない

と書いている．

ニュートンとハリーは1712年に，フラムスティードを無視し，盗んだフラムスティードの観測値を剽窃本『天空史』として出版した．翌年出版した『プリンキピア』第2版で，ニュートンはフラムスティードの名もフックの名も削除した．1714年にアン女王が崩御，ライブニツの主君，ハノーファー選帝侯ゲオルク・ルートヴィヒが英国王ジョージ一世として即位し，ホイッグ党政権が成立した．フラムスティードは宮内長官，第二代ボルトン公爵にニュートンの不正を訴えた．ボルトン公爵は剽窃本『天空史』初刷四百部のうち三百部をフ

ラムスティードに返却することを命じる勅許に署名した．フラムスティードは，1716年3月28日『天空史』を取り戻し，グリニッジ公園の中に積み上げて焼いた．5月8日，シャープに

> 私は二週間ほど前それらを焼き捨てました．アイザク・ニュートン卿が気づけるなら，私は彼とハリー博士に非常に大きな親切を施したことになります

と書いている．出回ってしまった『天空史』も手を尽くして回収した．1719年没後，1725年妻マーガレット（英国最初の女性天文学者）は助手ジョウゼフ・クロストウェイトとシャープの無償の献身で『英国星表』を自費出版した．ニュートン在世中である．予定した序文は印刷されなかった．草稿から．

> アイザク・ニュートン卿は，私の仕事に対して，友人ではなかったと確信していた．その後彼が取ったすべての行為は，彼が彼の計画であるふりをするすべてが，私のすべての労苦を奪うことか，アーバスノト博士が言っていたように私を彼の支配下に置くことか，あるいは，腐らせ，だめにすることだった．それは，防ぐことが可能なら，私の主要な関心事であり，仕事であった．
>
> アイザク・ニュートン卿はこれらの人びとともに彼の役を演じ，彼の計画を実行し始めた．しばしば彼に書いた手紙の写しでわかるように，私は正直に，率直に彼に接した．公は病弱だったので，できる限り速やかに私の著作がきれいに印刷されること以外になかったが，私はまもなく，彼が遅滞させるか，だめにするか，埋もれさせることによって著作の邪魔をするか，グレゴリー博士やハリー博士のように，彼の気まぐれに迎合し，彼におもねり，彼を褒めたてることを私

に強いることだけを計画していると感じ取った．それゆえ私は，著作の進行を止める理由を彼に与えないように，それまでより注意深く行動するようになった．

ニュートン卿はすることがたくさんあった．陰険で悪意ある行為を隠すために，いつも新たな言い訳や口実をつくり出すことができた．私の心には，正直で高潔なもの以外なにもなかった．私は彼の狡猾な計画に，誠実に正直に答え，それによって彼の悪意ある計画を少なからず挫折させた．

（彼自身の言葉を使うと）正直なアイザク・ニュートン卿はすべてを彼の支配下に置こうとし，それらを腐らせ，だめにした．彼は私が彼の計画を援助し，彼に拍手を送らせたかったが，正直な人間はそんなことはしないし，できない．私は，そうする必要がなかったことで神に感謝する．

ハリーはフラムスティードを継いで王室天文学者になった．フラムスティードハウスの外壁には，皮肉なことに，フラムスティードが憎んだハリーの墓碑が埋め込まれている．墓所はリーのセントマーガレット教会墓地にある．グリニッジから南に歩いて三十分，途中野原ブラックヒースの真ん中を歩いているとき，洪水のような驟雨でずぶ濡れになった．

8.5 スティーヴン・グレイ

フラムスティードに対するニュートンの迫害が公になったのは，シャープが受け取った大量の手紙がシャープの家の屋根裏から見つかり，フランシス・ベイリーが『フラムスティード伝』を公刊した1835年である．ニュートンの迫害を受けたのはフラムスティードだけではない．フラムスティードの友人スティーヴン・グレイも被害を受けた．グレイはグリニッジ天文台でフラムスティードの観測と計算を助け，フラムスティードと文通するようになった．グレイは，さまざまな分野で，十一編の論文を『哲学紀要』に発表していたが，ニュートンが王立協会会長に就任した1703年以降はぴたりと発表をやめてしまった．ニュートンはフラムスティードの論文を『哲学紀要』に掲載することを拒否し続けた．フラムスティードと親しかったグレイはニュートンの敵方に属していたからニュートンによって発表の機会を奪われた．グレイの論文の空白期間がニュートンの陰湿な性格を反映している．

グレイは，ケンブリッジ，コーパス・クリスティコレッジ（通称聖ベネトコレッジ）に在職していた甥（次兄の息子）ジョン・グレイの推薦で，1707年にケンブリッジ，トリニティコレッジに新設予定の天文台に雇われた．『プリンキピア』第2版の編集者ロジャー・コウツが，フラムスティードに対抗して，ケンブリッジに天文台をつくることを目指していた．ステュークリーは1703年にベネトコレッジに入学した．1752年12月の覚書で次のように書いている．

> スティーヴン・グレイは，1708年ケンブリッジに住んでおり，私と一緒にベネトコレッジの彼の甥ジョン・グレイ博士をしばしば訪れた．彼は長いガラス管を使って電気の作用を私たちにたくさん見せてくれた．彼は素手による摩擦によってこの性質を励起する特別のこつを知っていた．彼は少なくとも，電気の最初の伝道者である．

グレイは1708年1月，ニュートンの助手，王立協会実験実演者フランシス・ホークスビーの電気に関する論文に刺激を受けて，みずから実験を行ない，トリニティコレッジから王立協会に論文を提出した．だが論文は印刷公表されなかった．ホークスビーはグレイの実験を自分の発見であるかのようにして王立協会で発表している．論文を印刷するかどうかは王立協会会長の権限なので，ニュートンが握りつぶしたと思われる．というのも，『哲学紀要』の論文は王立協会監事スロウンへの書簡によって行なわれており，ニュートン没後王立協会会長を継いだスロウンはグレイの論文を公刊しているので，ニュートンの介入しか考えられない．

グレイは1708年9月8日，フラムスティードに宛てて，次のように書いている．

> あなたにお手紙を差し上げる機会があってから長い時間が過ぎましたが，ここであなたを煩わせる一通を書かせていただきます．あなたは，ケンブリッジから手紙を受け取ると思っておられなかったと思いますが，私はしばしばあなたのことを思っており，あなたがお知りになるに値することがあったならよかったのですが，あなたの注目に値するなにもなかったと申し上げたら，あなたは容易に私を信じていただけるでしょう．彼らが天文台と呼ぶものがあり，彼らがいつかそれをつくろうとしたことは感じることができました．彼らは一つの機器を得て，彼らの天文台が建設されたときにはそれで観測をするのでしょう．あなたは十分ご存知ですから六分儀について記す必要はありません．彼らはそれで大きなことをすると言っていますが，彼らが期待するものにはとても足りないとあえて言います．彼らは新しい恒星目録をつくることを提案していますが，彼らがこのような機器を扱う困難がわかるようになるとき，このような試みの虚しさを納得することを疑っていません．そのうえ，私が彼らに申したように，あなたの機器の優秀さ，あなたの観測方法，あなたの観測者としての経験と，倦むことを知らない精励を考えても，世の中はあなたの目録より豊かで精密なものを期待して

いません．あなたは非常に優れた基礎を築かれたのですから，彼らはその上に建設すべきです．というのも，彼らが自分自身で築くふりをしても，それが虚偽のものにならないよう望むからです．彼らが私を扱うやり方から，そのような心配をしています．私の友人の勧誘で先約していなかったら，私自身の希望に沿ったあなたの忠告に従っていた方がよかったと思います．私はこのような人たちが欲得ずくであろうとは思いもよらず，疑ってもみませんでした．あなたはすでにご存知と思いますから，私が彼らのもとを去ることについてこれ以上申し上げる必要はありませんが，この手紙の主要な目的，私がここカンタベリーで観測した3日の日蝕のことをあなたに続けて説明いたしましょう．

グレイは1708年9月には生地カンタベリーに戻り，家業の染物屋に復帰したが，1715年からはジャン＝テオフィル・デザギュリエの家に住んでいた．デザギュリエはユグノー教徒で，1694年十一歳のとき家族とともにフランスから亡命してきた．1736年頃のステュークリの回想によると，

カンタベリーのスティーヴン・グレイ氏はそのとき私たちの大学で，天文学教授コウツ氏の助手として在籍していた．トリニティコレッジの天文台はコウツ氏のためにつくられた．グレイ氏は非常に独創的な人で，哲学，天文学，光学，力学などに精通していた．私たちのコレッジのジョン・グレイ氏の叔父である．私の年下で，医学を学び，非常に才能豊かで勤勉であり，彼が医学士となって以来の親友で，いまは故郷のカンタベリーで開業している．わたしたち三人はたくさんの最近手に入れたたばこを吸ったり，哲学のさまざまな実験をしたものだ．それ以来スティーヴン氏はデザギュリエ

> 博士の家に住み，王立協会の講義や実験で彼を助けた．彼はいま寄宿者としてチャーターハウスに住んでいる

と書いている．グレイが救貧施設チャーターハウスの寄宿者に採用されたのは1719年6月24日のことである．ニュートン在世中にグレイが発表した論文は1720年の電気に関する最初の論文だけである．狭い自室では実験ができないので，友人ジョン・ゴドフリーやグランヴィル・ホイーラーの邸宅で電気伝導の実験を続けた．ゴドフリーはフラムスティードの義理の甥である．ホイーラーと知り合ったのはゴドフリーを通じてだろう．グレイがふたたび『哲学紀要』に発表を始めたのは1731年である．第一書簡，1731年2月8日付，「電気に関するいくつかの実験を含む医学博士，王立協会監事クロムウェル・モーティマー宛書簡」として『哲学紀要』に発表された．

> 1729年に私は，私がその頃行なったばかりの発見を，デザギュリエ博士と他の紳士方にお知らせしました．それは，ガラス管を摩擦して励起させたとき，ガラス管の電気が他のどんな物体にも運ばれ，ガラス管と同じように，軽い物体を引きつけたり跳ね返したりする性質を持つようになること，この引力の気はガラス管から何フィートも離れた物体にも運ばれることを示した発見です．デザギュリエ博士は5月1日に実験の報告を王立協会にされました．そのとき私は実験のより詳細な説明を協会に伝えることを約束しました．ところが翌日田舎に行くことになったとき，私がそれまでやったよりさらに実験を進める機会があることがわかりました．私の部屋の広さは私が考えていたいくつかの他の実験を行なうには十分広くなかったからです．……それでは私が行なった実験の説明をいたしましょう．そのいくつかの実験はケント州ファーヴァシャム近くのノートンコート，尊敬すべき

友人ジョン・ゴドフリー氏のもとで，別の実験はオターデンプレイス，王立協会会員で，最近知り合う名誉に浴した尊敬すべき友人グランヴィル・ホイーラー氏のもとで行なわれました．

電気伝導の発見である．亡くなる1736年までに九編の論文を発表した．そのうち八編は電気に関する論文で，六編はチャーターハウス，一編はノートンコート，一編はロンドンで書かれた．1736年2月14日の論文には「死の前日に口述」と書かれている．彼の実験は電気通信の先駆である．グレイは1731年，第一回王立協会コプリーメダル，1732年第二回も受賞した．1733年1月25日王立協会会員に選ばれた．

9 ニュートンの流率法

Newton's method of fluxions

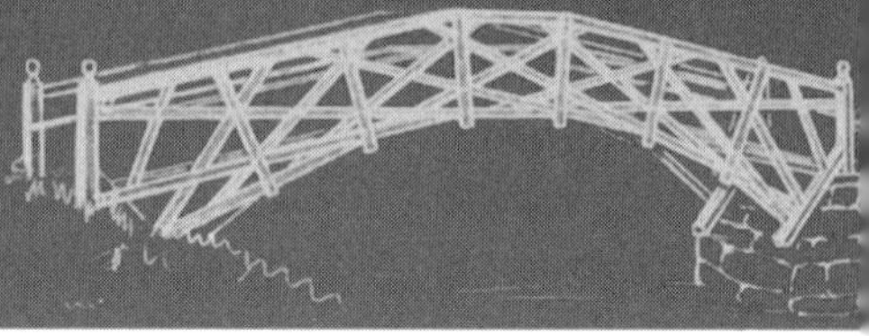

9.1　ウォリス『無限算術』

1692年8月か9月，ニュートンがウォリスに宛てて書いた手紙の草稿が部分的に残っている．

> ケンブリッジにおける疫病は1665年と1666年でしたが，私がケンブリッジを留守にしたのは1666年で，それゆえその年の修正を書き留めることにしました．私は最近，1665年と1666年の冬に収束級数の方法を発見したとあなたに書きました．私の書類の中でそのとき見つけることができた最初の言及だったからです．ですが，それから，1664年〔フランソア・〕ヴィエトの著作，〔フランス・ファン・〕スホーテンの『数学演習』，あなたの『無限算術』を初めて読んだ覚書を見つけ，これらの本を取り出して覚書の中に『無限算術』のあなたの推論から円の級数についての私の推論を見つけました．あなたの推論からこれらの級数を推論したのは1664年だったと思います．そして，これらの覚書の中から，同じ方法と他の方法によって，双曲線の求積のためのメルカトルの級数を見つけました．1665年と1666年の冬以前に割り算

> と根の引き出しによる級数の発見を理解したり，あるいはそれ以上の進展をしたことを見つけられません．ですがその冬と春には割り算と根の引き出しに続いて，その方法を一般的にしました．そして疫病が私をケンブリッジから去らせたのです．

ウォリスは1656年『無限算術：曲線の求積，および他の難しい数学問題を調べる新しい方法』を出版した．命題59には数表があるだけだが，整数mとnが与えられたときの級数

$$\lim_{N\to\infty}\frac{1}{N^{\frac{m}{n}}(N+1)}\sum_{k=0}^{N}k^{\frac{m}{n}}=\frac{n}{m+n}$$

を与えたと読み取れる．無限大の記号∞はウォリスに由来する．xをN等分して$h=\frac{x}{N}$を用いて書き直すと，

$$\lim_{N\to\infty}\frac{1}{x^{\frac{m+n}{n}}(1+\frac{1}{N})}\sum_{k=0}^{N}h(kh)^{\frac{m}{n}}=\frac{1}{x^{\frac{m+n}{n}}}\lim_{h\to 0}\sum_{kh=0}^{x}h(kh)^{\frac{m}{n}}$$

になるから，曲線$x^{\frac{m}{n}}$の面積が$\frac{n}{m+n}x^{\frac{m+n}{n}}$になることが明白である．

ニュートンは，流率法を発見した経緯を，ライプニッツを誹謗した文書「書評」に三人称で書いている．

> ウォリス博士は1655年に『無限算術』を出版し，その本の命題59によって，任意の曲線図形の横座標をx，mとnを整数，直角に立てた縦座標を$x^{\frac{m}{n}}$とすると，図形の面積は$\frac{n}{m+n}x^{\frac{m+n}{n}}$であるとした．そしてこれはニュートン氏によって，彼の曲線の求積法を基礎づける最初の規則にした．ウォリス博士は多くの特殊の命題によって段階的にこの命題を証明し，表にしてすべての命題を一つにまとめた．ニュートン氏は，不定指標を持つ階数によってすべての場合を一つに還

> 元し，概要の最後に彼のモメントの方法によって一挙にそれを証明した．彼は，階数の不定指標を解析の演算に導入した最初の人である．

モメントの方法は次節で紹介する．

当時，接線法（微分法）と求積法（積分法）は十分発展していた．$y=kx^{\frac{m}{n}}$ の求積は，ウォリスよりも前，1646年にトッリチェッリが発見，遺稿「無限放物線について」の中に書かれている．現代の記法で

$$\frac{\int y\mathrm{d}x}{\int x\mathrm{d}y}=\frac{m}{n}$$

も与えられている．またピエール・フェルマーも1647年までに求積を与えていたが，出版は没後の1679年である．

9.2 1666年10月小冊子

ニュートンは1666年10月の小冊子（およそ三百年後，1962年出版）に流率法を記している．その命題7で速度（接線，のちに流率と呼んだ）を計算する方法を与えた．二物体AとBが，それらの速度 p と q によって曲線 x と y を描くとする．時間をモメント o だけずらし，x を $x+po$，y を $y+qo$ として式を書きかえ，o の一次の項から速度を計算する方法である．ニュートンは命題7の証明の最後に，次の命題8が命題7の逆であると述べている．接線法と求積法が互いに逆であることを発見した．現代のライプニッツの用語では，微分と積分が互いに逆であること，すなわち「微積分の基本定理」を発見した．

> **命題8** もし二物体AとBが，それらの速度 p と q によって曲線 x と y を描き，一方の曲線 x とこれら運動 p と q の比 $\frac{q}{p}$ の間の関係を表す方程式が与えられたとする．もう一方の

> 曲線 y を求めること.
>
> これがなされれば，どのような問題もすべて解かれる．次の規則によってしばしば実行される．($\pm m$ と $\pm n$ は x の次元を表す対数であることに注意.)
>
> 最初に $\frac{q}{p}$ の値を得よ．それが有理式でその分母が一項だけからなるならば，x の値を乗じ，その各項を x の対数で割れ．その項の商が y の値である．もし $ax^{\frac{m}{n}} = \frac{q}{p}$ ならば $\frac{na}{m+n}x^{\frac{m+n}{n}} = y$ である.

関数を級数展開して項別求積するのがニュートンの手法なので，求積公式はこれで十分である．ニュートンの功績は求積法と接線法が互いに逆であることを発見したことに尽きる.

9.3 「解析について」

ニュートンは1669年6月「無限級数の方程式による解析について」を執筆，7月31日バロウがコリンズに送った．出版は1711年で，ライプニッツとの先取権争いたけなわの頃である．第1章は次のように始まっている.

> 任意の曲線ADの底線をAB，垂直な線をBDとする．AB $= x$，BD $= y$ と呼ぶことにする．a，b，c，$\cdots$ を与えられた量，m，n を整数とする.
>
> **規則I**
>
> $ax^{\frac{m}{n}} = y$ ならば $\frac{na}{m+n}x^{\frac{m+n}{n}} =$ ABDの面積であろう

として1666年10月小冊子を出発点にしている．「ニュートンの逐次近似法」は第4章に書かれている．規則Iの証明は論文の最後，第10章に与えられている.

> あるいは一般に，$\frac{n}{m+n}\times ax^{\frac{m+n}{n}}=z$ あるいは $\frac{na}{m+n}=c$ および $m+n=p$ と置いて，もし $cx^{\frac{p}{n}}=z$ あるいは $c^nx^p=z^n$ ならば，x のかわりに $x+o$，z のかわりに $z+ov$（同じことだが $z+oy$）を代入すると，$c^n(x^p+pox^{p-1}\cdots)=z^n+noyz^{n-1}\cdots$ になる．等しい c^nx^p と z^n を取り去り，残りを o で割ると，$c^npx^{p-1}=nyz^{n-1}(=\frac{nyz^n}{z})=\frac{nyc^nx^p}{cx^{\frac{p}{n}}}$ が残る．c^nx^p で割ると $px^{-1}=\frac{ny}{cx^{\frac{p}{n}}}$ あるいは $pcx^{\frac{p-n}{n}}=ny$ になるだろう．c のかわりに n，p のかわりに $m+n$，すなわち $p-n$ のかわりに m，pc のかわりに na に戻ると，$ax^{\frac{m}{n}}=y$ になるだろう．それゆえ，逆に $ax^{\frac{m}{n}}=y$ ならば $\frac{n}{m+n}ax^{\frac{m+n}{n}}=z$ になるだろう．証明終わり．

証明といっても，実際に求積したのではなく，ウォリスの求積公式の接線をスリュズの方法によって計算しただけである．ニュートンは，1670–71年には流率法をもっとも発展させた「流率法と無限級数」を執筆したが，なぜか，生前には出版しなかった．流量や流率という用語はこの原稿に現れた．

ルーイス・トレンチャード・モアは1934年に出版した『アイザク・ニュートン伝』で「解析について」に関して次のように書いている．

> ニュートンの数学的着想の筋道を注意深く研究した〔ジェイムズ・マーク・〕チャイルド教授は，1669年に彼の論文「解析について」がバロウによってコリンズに送られ，コリンズによって他の学者たちに送られたとき，《成し遂げられた論文は素晴らしいが，使われた方法は，デカルト，ウォリス，バロウから学んだものを彼自身の無限級数と反転の方法に結びつけて，単に関係づけただけである．言葉の真の意味で，彼は微分や積分をすることができなかった》という意見

である．……この著作が流率や微積分についてなにかを含んでいたかに関して意見が大いに異なる．ニュートンの狂信的支持者は，含んでいた，有能な数学者はそこから秘密を引き出すことができた，と主張する．十分偏見を持っていたブルースターは疑い深く，デ・モーガン，チャイルド教授，大陸の数学者たちは含んでいなかったと主張する．

9.4 流率法

のちに先取権争いが生じたとき，「書評」で，ライプニッツを攻撃するだけでなく，自分の流率法がいかに普遍的で優れているかを自賛している．ニュートンの間違いを括弧内に訂正しておく．

ライプニッツ氏は彼の方法で流率の記号を持っていない〔$\frac{\mathrm{d}y}{\mathrm{d}x}$〕．それゆえニュートン氏の流率の記号がこの種でもっとも古い．ライプニッツ氏は1677年〔1675年〕モメントの記号，差 $\mathrm{d}x$，$\mathrm{d}y$，$\mathrm{d}z$ を使い始めた．ニュートン氏は少なくとも四十六年前「解析について」を書いたとき，モメントを流率の下の直角とモメント o で表した．ライプニッツ氏は1686年〔1675年〕以来座標の和の記号 $\int x$，$\int y$，$\int z$ を使ってきた．ニュートン氏は「解析について」において同じものを四角か直角の中に縦座標を記すことによって表した．ニュートン氏の記号がいくつかの種類でもっとも古い．

文字 o を使うことは俗悪だと批判されてきたし，微分法の利点を破壊すると言われてきたが，反対に，ニュートン氏が使う流率法は微分や他の方法の利点を持っている．彼の算法では一つの記号，記号 o によって表されるただ一つの無限少量があるだけなのでより優雅である．われわれには無限少量

> の概念がない．それゆえ，ニュートン氏は彼の方法に流率を導入し，できる限り有限量で進めるようにした．幾何学において存在する根本量の比に基礎を持っているゆえに自然で幾何学的である．一方，微分法が基礎を置く不可分量は幾何学にも自然にも存在しないのである．

ライプニッツは微分 (differential) を曲線上の一点を原点とする新たな座標 dx, dy と考えていた．今日でもそうである．ところが，ニュートンは，微分 dt はモメント o，微分 dx は $\dot{x}o$ となり普遍性がない．ライプニッツは当初から d を演算子とし，微分に生命を吹き込んだ．

10 ライプニッツの微積分

Leibniz's calculus

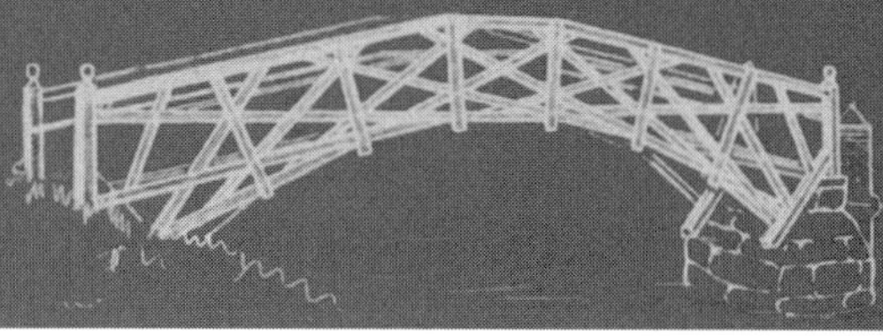

10.1 「解析的求積第2部」

ライプニッツは1672年秋，パリ科学アカデミー会員として活躍していたハイヘンスを訪問し，以後ハイヘンスに師事した．ライプニッツは，パスカルが歯痛を紛らわすためにサイクロイドの研究をしているときに書いた論文（デトンヴィル書簡）にヒントを得た．1703年4月ライプニッツはヤーコプ・ベルヌーリに宛てた手紙の追伸に，微積分発見の経緯を書いている．

> 1672年にパリに着いたとき，私は幾何学に関して独学で，それについてほとんど知識がなく，長く続く証明を読み通す忍耐心などありませんでした．
>
> この頃ハイヘンスが，私を買いかぶってだと思いますが，親切にも最近出版した振り子の本を一部送ってくれました．私にとってこれが幾何学をもっと注意深く勉強する始めともきっかけともなりました．会話中彼は私が重心の正しい概念を持っていないことを知って，手短に説明してくれました．同時に，デトンヴィル（すなわちパスカル）がこの種のことを輝かしくやり遂げているとつけ加えました．この上なくす

> なおであるという特徴をつねに持ち，偉大な人からのわずかな言葉によって光があてられると，まだ熟していない私の無数の考えなどはしばしば脇に置いてしまうという私は，ただちに最上級の数学者の助言に，むさぼるように，飛びつきました．というのもハイヘンスがいかに偉大かただちにわかったからです．それに，私がこのようなことに無知であったように見えたことが恥ずかしかったせいもありました．そこで私はブオティウスからデトンヴィルを，グレゴアール・サン・ヴァンサンを王立図書館から求め，熱心に幾何学の勉強を始めました．
>
> これらを勉強しているとき，私は，アルキメデスが球の表面積を証明した命題を，この上なくかるがるとした形のデトンヴィルの証明に出会いました．……私はこの論証の新鮮さに強く打たれました．カヴァリエーリの著作では見られませんでした．ですが，パスカルがなにか運命によって目を曇らされていた事実ほど私を驚かしたことはありませんでした．というのもその定理がいかなる種類の曲線に対しても成り立つ一般的なものであることを一眼で見て取ったからです．

パスカルは，円の面積を求めるために，円上のある点で $\mathrm{d}x$，$\mathrm{d}y$，接線がつくる直角三角形が，その点から下ろした垂線，x 軸，半径がつくる直角三角形と相似であることを使っていた．ライプニッツは，半径を法線に置きかえれば，パスカルの方法を任意の曲線に適用できることに気づいた．

ライプニッツは1674年10月ハイヘンスへの手紙でパスカルの方法を用いて円の求積を与えた．四分単位円の面積を与える無限級数

$$\frac{\pi}{4}=1-\frac{1}{3}+\frac{1}{5}-\frac{1}{7}+\frac{1}{9}-\frac{1}{11}+\cdots$$

はライブニッツ級数と呼ばれている．創刊されたばかりの『学術紀要』1682 年 2 月号に「有理数で表した円と外接正方形の真の関係」として発表した．微積分の発見は 1675 年 10 月から 11 月に書かれた手稿である．

10 月 29 日の手稿「解析的求積第 2 部」に初めて積分記号 $\int$ と微分記号 d が現れ，$\int$ と d が逆関係にある，すなわち「微積分の基本定理」が記されている．だが，記号法はまだ過渡期で，微分 $\mathrm{d}x$ は $\frac{x}{\mathrm{d}}$，積分 $\int \mathrm{d}x$ は $\mathrm{d}x = 1$ としている．また等号は $=$ ではなく $\sqcap$ を使っている．ここでは非歴史的だが，現代の記法に直しておく．omn. はカヴァリエーリの記号で「線全体」を表す．

> omn. を $\int$ と書くと便利であろう．$\int \mathrm{d}y = \mathrm{omn.d}y$ すなわち $\mathrm{d}y$ の和である．したがって
>
> $$\frac{\left(\int \mathrm{d}y\right)^2}{2} = \int \left(\int \mathrm{d}y\right) \frac{\mathrm{d}y}{\mathrm{d}x} \mathrm{d}x,$$
>
> $$\int xl\mathrm{d}x = x\int l\mathrm{d}x - \int \left(\int l\mathrm{d}x\right) \mathrm{d}x$$
>
> である．計算間違いを回避するのに有用なので斉次の法則につねに注意するべきであろう．
>
> $\int l\mathrm{d}x$ が解析的に与えられていれば l も与えられる．それゆえ $\int \left(\int l\mathrm{d}x\right) \mathrm{d}x$ が与えられれば，l も与えられる．だがもし l が与えられても，$\int l\mathrm{d}x$ は与えられるとは限らない．すべての場合に
>
> $$\int x\mathrm{d}x = \frac{x^2}{2}$$
>
> である．これらすべての定理は，項差と項自身との比が任意の指定可能な量よりも小さい級数において成り立つ．
>
> $$\int x^2\mathrm{d}x = \frac{x^3}{3}$$

である．

……求積方程式において一個の文字，例えば l が変化するときはそれを定数項とみなすことができ，$\int \mathrm{d}x$ は x に等しい．またこれを基に定理

$$\frac{\left(\int \mathrm{d}y\right)^2}{2} = \int \left(\int \mathrm{d}y\right) \mathrm{d}y, \qquad \frac{x^2}{2} = \int x\mathrm{d}x$$

が成り立つ．それゆえこのような無数のものをただちに解くことができる．

ニュートンがウォリスの求積公式の流率を計算したのに対し，ライプニッツは部分積分の公式によって証明している．第2式で $l = x$ として，

$$\int x^2\mathrm{d}x = \frac{x^2}{2} - \int \frac{x^2}{2}\mathrm{d}x, \qquad \int x^2\mathrm{d}x = \frac{x^3}{3}$$

が得られる．同様に，$I_n = \int x^n\mathrm{d}x = \frac{x^{n+1}}{n+1}$ とすると，第2式によって

$$I_{n+1} = xI_n - \int I_n\mathrm{d}x = \frac{x^{n+2}}{n+1} - \frac{I_{n+1}}{n+1}$$

から $I_{n+1} = \frac{x^{n+2}}{n+2}$ が得られるから，積分はライプニッツにとってほとんど自明だっただろう．

10.2 微積分の基本定理

ライプニッツは同じ手稿「解析的求積第2部」で「微積分の基本定理」も与えている．

以前の考察に戻ることを提案する．l とその x に対する関係が与えられたとき，$\int l$ を見出すこと．これは逆の算法によって得られる．すなわち，$\int l = y$ とすると，$l = \mathrm{d}y$ であ

> る．$\int$ が次元を増やすように，d はそれを減らす．$\int$ は和を，d は差を意味する

と書いている．

11 月 1 日の「解析的求積第 3 部」では積分記号は omn. に戻り，微分記号 d は使われていないが，

> カヴァリエーリ，ヴァンサン，ウォリス，グレゴリー，そしてバロウの論文に見出される不可分量幾何学のほとんどの定理は計算からただちに明らかである

として発想の源泉を明示している．11 月 11 日の「逆接線法例題」では最初は微分を $\frac{x}{\mathrm{d}}$ と $\frac{y}{\mathrm{d}}$ にしていたが，突然途中で $\mathrm{d}x$ と $\mathrm{d}y$ に変更された．

日付はないが，1677 年 7 月頃と思われる「和と差，接線と求積，最大と最小，曲線，曲面，体積の次元，その他のための，他の計算方法よりすぐれた新しい微積分の原理」においても「微積分の基本定理」を証明した．

> **微積分の基本原理**
>
> 差と和は互いに逆，すなわち，ある級数の差の和は級数の一項であり，級数の和の差は級数の一項である．私は前者を $\int \mathrm{d}x = x$ とし，$\mathrm{d}\int x = x$ とした．

「微積分の基本定理」は，$x = \int \mathrm{d}x = \int \frac{\mathrm{d}x}{\mathrm{d}y}\mathrm{d}y$ で，ライプニッツ記法がいかに強力かわかる．この手稿には見慣れた公式が書かれている．

$$\mathrm{d}xy = x\mathrm{d}y + y\mathrm{d}x, \qquad \mathrm{d}\frac{y}{x} = \frac{x\mathrm{d}y - y\mathrm{d}x}{x^2}$$

11 ニュートン vs ライプニッツ

Newton versus Leibniz

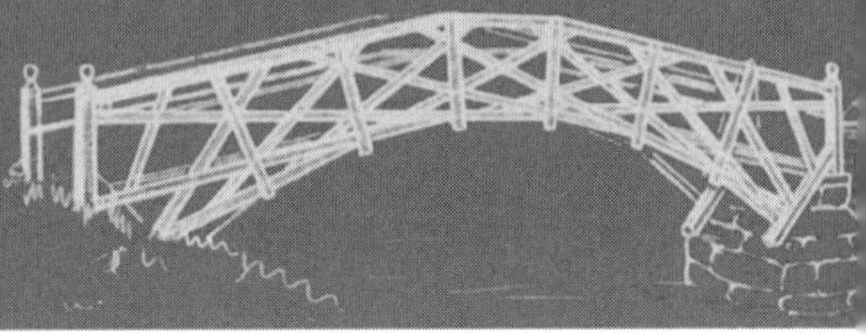

11.1　暗号

微積分を完成させたライプニッツは英国の数学の最新事情を知りたかった．オルデンバーグはジョン・コリンズに，英国の数学の成果を収集するよう依頼した．コリンズが収集した「史料」は詳しすぎるのでその要約を作成するよう依頼した．この要約は，ニュートンのオルデンバーグ宛，ライプニッツへの1676年6月13日付手紙（ニュートンは「第一書簡」と呼んだ）とともに，8月5日に発送された．ハノーファー王立図書館に保存された要約は印刷されている．ライプニッツは24日に受け取り，27日に急いで返書を送った．三日間で書いた返書の中で

> 7月26日のあなたのお手紙は，出版された多くの分厚い書籍よりも，解析に関して，より多く，より注目すべき着想を含んでいます．多くの卓越した瞑想に参加を望まれることに対して，非常に名高いニュートンとコリンズに感謝いたします．光学実験と反射屈折管によって多くを明らかにされたニュートン氏の発見は彼の天才にふさわしいものです．方程式の根と図形の面積を無限級数によって得る彼の方法は，私

> 自身のものとは非常に違うので，同じ結論に至る道の多様さに人は驚くでしょう

と言っている．ライブニッツがすでに微積分を発見していたことがわかる．

ライブニッツは1669年以降ハノーファーのブラウンシュヴァイク＝リューネブルク公ヨーハン・フリードリヒから顧問官に就任するよう要請されていた．1676年10月4日にパリを発ち，10月18日ロンドンに着いた．29日までの滞在中，ニュートンに会うことはなかった．コリンズは「史料」や「解析について」を見せてくれた．ニュートンは10月24日ライブニッツに宛てた「第二書簡」で

> 同じことは最大と最小の問題や私が話している他の問題でも真実です．これら演算の基礎はきわめて明らかで，いまは説明を続けることができないので，6accdæ13eff7i3l9n4o4qrr4s8t12vx のように隠します

と書いている．また同じ手紙で，もっと長い暗号を記している．

> それにもかかわらず，話しすぎるといけませんが，逆接線法は私たちの能力の範囲にあり，これらよりもっと難しい他の問題を，私は一方は巧妙で，他方は一般的な二重の方法を用いて解きました．他の人が同じ結果を得るかもしれませんが，いくつかの点で計画の変更を余儀なくされないように，いまのところ，並べかえた文字で登録するのが適当だと思いました．5accdæ10effh11i4l3m9n6oqqr8s11t9y3x: 11ab3cdd10eæg10ill4m7n6o3p3q6r5s11t8vx, 3acæ4egh5i4l4m5n8oq4r3s6t4vaaddæcecceiijmmnnooprrrsssssttuu.

これも解読は不可能だが，『往復書簡集』を読むと

> 一つの方法は，同時に流率を含む方程式から流量を引き出すことにあります．もう一つは，任意の未知の量を級数に仮定し，それにより残りを都合よく導いて，仮定した級数の項を引き出すために結果の方程式の斉次の項を集めることにあります

を意味するので，解読するより自分で解いた方が早い．ニュートンは同じ10月24日オルデンバーグへの手紙で

> この問題について私がこれ以上書く必要がないとライプニッツ氏に満足してもらうことを願っています．というのも，頭の中には他のことがあるので，いまこれらのことを考え続けることは私にとって望ましくない中断であるからです

と述べているが，二日後10月26日には気を取り直してオルデンバーグへの手紙を書いた．

> 筆者の善意と独創性を考えると，私がライプニッツ氏の手紙で見落としに気づいたことに，少し厳しすぎたのではないか心配しています．急いで書いて見落としをしてしまうことは私自身の運命でもあったでしょう．ですがそれは本当の見落としなので，彼はそれで感情を害さなかったと思います．もしあなたが厳しすぎる表現と思われたときは私に注意してください．あなたご自身の一言，二言をもって和らげていただくのでなければ，私が努力してみましょう．私の手紙の末尾の，曲線を幾何学的に求積する私の定理を，ライプニッツ氏は嫌がらなかったと思います．いつか私に時間があるとき，もっと完全な説明を彼に送ることは可能です．曲線図形を互いに比較するため並べる方法，提起された曲線と比較するもっとも簡単な曲線を見出す方法を説明するためです．

ライプニッツはロンドンを去って，デンハーフにスピノザを訪問し，12月半ばにハノーファーに着いた．ライネ河畔にある宮殿ライネシュロスの中にライプニッツが司書をし居住した図書館があった．ニュートンの10月24日付「第二書簡」の発送は翌1677年5月22日で，ライプニッツが受け取ったのは7月1日である．ライプニッツはその日のうちに返事を書いた．微分法を丁寧に説明した．無理式や級数についても論じている．署名がないので紛失した頁があると思われる．

> 待ちに待ったお手紙を今日拝受しました．ニュートンのもっとも美しい文が含まれており，注意と瞑想をもって一度ならず読むつもりです．……もっとも高名なスルジウス〔スリュズ〕の接線法はまだ絶対ではないという高名なニュートンに同意します．私は長い間接線の問題をより一般的に，すなわち座標の差によって扱ってきました．それゆえ y の最近傍の二点の差を $\mathrm{d}y$ と呼ぼうと思います．……接線を見つけることは，横座標の差に対して縦座標の差を見つけることで，そうしたいなら，等差に対する差を見つけることです．それゆえ y の最近傍の二点の差を $\mathrm{d}y$ と呼ぼうと思います．そして $\mathrm{d}x$ を x の近接二点の差とします．$\mathrm{d}y^2$ は $2y\mathrm{d}y$ そして $\mathrm{d}y^3$ は $3y^2\mathrm{d}y$ などです．というのも，互いに最近接（すなわち無限に小さな差），すなわち y と $y+\mathrm{d}y$ があり，$\mathrm{d}y^2$ は二つの差の二乗の差でその値は $y^2+2y\mathrm{d}y+\mathrm{d}y^2-y^2$ で，相殺する y^2-y^2 を除き，無限小の二乗を除くと，最高でもっとも知られていない $\mathrm{d}y^2=2y\mathrm{d}y$ が他のべき乗と同じになります．これから，異なる数の変数についても $\mathrm{d}yx=y\mathrm{d}x+x\mathrm{d}y$ および $\mathrm{d}y^2x=2xy\mathrm{d}y+y^2\mathrm{d}x$ のように得られます．

いずれも1675年に得られていた結果を述べたにすぎない．ニュートンは返事をしなかった．

1682年にオットー・メンケが学術誌『学術紀要』を創刊した．ライブニツは1684年10月同誌に微積分の最初の論文「分数式にも無理式にも妨げられない最大および最小，接線に対する新しい方法，およびそれらに対する注目すべき計算法」を発表した．なにも発表したくないニュートンを考えると，ニュートンにまったく言及しないのは当然である．出版物はおろか，手紙にも流率法についていっさい秘密になっているのである．1686年7月には微積分の第2論文「深奥な幾何学ならびに不可分量と無限の解析について」を発表した．その中で

> 同じ発見に独力で到達したのみならず，ある普遍的な方法で完成したのが，まことに深い才能を持つ幾何学者，アイザク・ニュートンである．もし彼が，いまなお隠していると私が理解する知見の数かずを公にしたならば，疑いもなく，私たちに対して学問の大きな進歩と単純化をもたらしてくれるであろう

と書いている．

ニュートンは『プリンキピア』初版，第2編，第2章，命題7・定理5で，

> **注解**　十年前に，私と，あのもっとも熟達した幾何学者G・W・ライブニツとの間で取りかわした手紙の中で，私が，最大と最小を決定したり，接線をひいたり，同様の操作を行なう方法を知っており，それは有理式にも無理式にも同様に適用できることを知らせ，《任意の個数の流量を含む方程式が与えられたとき，その流率を見いだすこと，またその逆》という文章の文字を並べかえてその方法を隠したとき，この高名な人物もまた同種の方法に到達したという返事があり，用語と記号を除いて私のものとほとんど違わない彼の方法を

伝えてきた

と書いている（初版，第2版にあるが，1726年第3版で削除）が，暗号文「任意の個数の流量を含む方程式が与えられたとき，その流率を見いだすこと，またその逆」ではなんのことかわからない．

ニュートンは，フックをおそれて出版を引き延ばしていた『光学，すなわち光の反射，屈折，回折，色についての論考』を1704年2月に刊行した．ケンブリッジ大学を退職し，造幣局長官になっていた．その補遺に数学論文「曲線の求積について」および「三次曲線の計算」を加え，前者で初めて流率法を説明した．記号ドットが現れたのもこの論文である．これら二編は第2版以降削除された．ニュートンは『光学』の前書きに

> 1679〔6〕年ライプニツに宛てて書かれ，ウォリスによって出版された手紙において，私は，円錐曲線，あるいは比較するべきもっとも簡単な図形と比較することによって，曲線図形を求積する一般的定理を見つけた方法に触れた．そして数年前このような定理を含む原稿を貸し出し，それ以来そこから写したものに出会ったので，これを機会に，それに前書きを付し，その方法に関する注解を併せて公表した．そして何年も昔に書かれ，何人かの友人に知られ，それを公表するよう要請されて，第2種の曲線図形に関する小論文をそれにつけ加えた

と記している．

『学術紀要』1705年1月号に匿名の書評「曲線図形の型と量に関するアイザク・ニュートンの二論文」が掲載された．

> もっとも独創的な著者は，曲線の求積（むしろ曲線図形）に入る前に短い序論を付している．それをよりよく理解する

> ためには，ある量が連続的に増加するとき，（例えば）ある線が，点を運ぶ流れとともに伸びるとき，この瞬間的増加を微分と呼び，もとの大きさと，瞬間的変化によってもたらされた大きさの差である，ということを知っているべきである．そこから微分算とその逆である求和算が生まれた．創始者ゴトフリート・ヴィルヘルム・ライプニッツ氏によって本『紀要』に提出されており，さまざまな応用については彼自身とベルヌーリ兄弟やロピタル侯爵（すべての人びとは，より深い学説の追求を愛する故人の早世を非常に悲しまねばならない）諸氏によって示されてきた．
>
> ニュートン氏は，ライプニッツ流の微分に従って，流率を用いており，つねに流率を用いてきた．それは，均一の最小時間間隔に生成される流量の増加分とほとんど同じものである．彼はオノレ・ファブリがその著書『幾何学概要』で，カヴァリエーリ流の方法を運動の進行に置きかえたのと同様に，『プリンキピア』や以後の他の出版物でそれをみごとに使ってきた．

ライプニッツの最初の微積分の論文が公表されてから二十年も経っていた．初めて流率法の内容を知って，このように書くしかなかっただろう．

11.2 身の毛もよだつ不正

ライプニッツの微積分が普及するようになると，史上悪名高い先取権争いが起った．その主原因はニュートンがその研究内容を公表しないことにあった．きっかけはヨーハン・ベルヌーリが「ニュートンの猿」と呼んだジョン・キールだった．蘭学者志筑忠雄は，キールの没後1725年にラテン語で出版された『真の物理学と真の天文学入門』のオランダ語訳を『暦象新書』として邦訳した．重力，引力，遠心力などの訳語はこの翻訳に由来する．そのキールが1708年『哲学紀要』で発表した論文「向心力の法則について」の最後に

> これらすべては，今日では非常に有名な流率算術から導かれる．それは，ウォリスによって出版された手紙を読む人にはわかるように，疑いなくニュートン氏が最初に発見したが，同じ算術が，異なる名前のもとに異なる記号を用いて，のちにライプニッツ氏によって『学術紀要』に発表された

としてライプニッツを剽窃者に仕立てた．キールの論文に怒ったライプニッツは1711年3月11日王立協会にキールを訴えた．12月29日付ライプニッツの第二の手紙は1712年1月31日に読み上げられた．このとき，『学術紀要』に掲載された上記書評をキールから知らされたニュートンは本気で怒り出した．王立協会会長の地位を利用して1712年3月6日キールの行為の正当性を判定する委員会を組織した．だが委員はニュートンが選んだ人たちであり（ド・モアヴルも評決の一週間前，4月17日に追加で選ばれたが，正しい判断をできたとは思われない），信じられない不正行為だが，わずか一か月半の短期間で4月24日に評決し，ニュートンみずからが報告書を作成した．報告書は

> **I**　コリンズ氏はニュートン氏やグレゴリー氏から得たことを有能な数学者たちに非常に自由に知らせていた．
>
> **II**　1672年12月10日ニュートン氏の手紙がパリの彼に送られた四年以上あとで，コリンズ氏はその手紙を文通相手に知らせ始めた．その中で，流率法は知性ある誰にでもわかるように書かれている．

III 1669年7月バロウ氏とコリンズ氏に伝えた「解析について」によって，それ以前に彼が流率法を発見していたことがわかる．

IV 微分法は，名前と記号を除いて，流率法と同一である．これらの理由により，われわれはニュートン氏が第一発見者であると考える．そして，同じことを断言したキール氏はライブニツ氏に不当であったのではないという意見である

で終わっている．委員の名も署名もない．ニュートン以外に考えられない文体である（手稿が見つかっている）．この中でライブニツを剽窃者にする理由は皆無である．

ヨーハン・ベルヌーリは1713年6月7日ライブニツ宛の手紙冒頭で次のように書いている．

まず不快だったのはその野蛮な手続きです．おそらく共同者と証人自身からなる法廷の前で，まるであなたが剽窃者であるかのようにただちに起訴され，あなたを告発する文書が作成されたあと判決が下され，あなたは負けて有罪になったのです．

ライブニツも負けてはいない．7月29日，匿名でチラシを執筆して配布した．その中で引用したベルヌーリの手紙の後半（少し手直しがあるのでチラシを引用）を訳す．

彼の流率法を使うあれほど多くの機会があった『プリンキピア』においてさえ，この種のことについて一言も，なんの痕跡もなく，ほとんどすべては，彼によってのみならず，ハイヘンスや，ずっと前のトッリチェッリ，ロベルヴァル，カヴァリエーリらによる解析を使わず，図の線によって行なっているのです．このドットのついた文字が最初に現れたのは

> ウォリスの『数学論文集』第3巻においてで，微分算がすでにいたるところに広がって何年も経ってからです．流率算が微分算よりも前に生まれたのではないと推測できるもう一つの証拠は，流量を採用する真の理由，すなわち，微分を微分する方法をニュートンが知らなかったことは『プリンキピア』そのものから明らかです．その中で彼は，いまでは一個のドットつき x で表す x の，定数増分を o（微分算の利点を壊す俗悪なやり方）で表すばかりでなく，（ある卓越した数学者によって指摘された通り）さらなる高階で間違った規則を与えました．……少なくとも，ニュートンが，私たちの方法を知ったあとも長い間，微分を微分する正しい方法を知らなかったと思われます．

ライブニッツはこのあとに次のように続けた．

> 　これらによってニュートンは，線についての無限小，あるいは（かつての不正確な呼び方）不可分量幾何学の総合を推し進めた名声に満足しなかったことがわかる．ライブニッツが最初，数において発見し，（無限小解析を案出して）幾何学に書きかえた微分算の発見さえ，他の人に属する名誉を熱望した．彼は，これまでの経過を知らない追従者と名声欲にあまりにも影響されすぎている．彼は，他の人の寛大さのおかげで，ふさわしくない分前を得て，独り占めにすることを望んだ．公正でもなく正直でもない心を象徴している．フックもまた惑星の仮説に関して，フラムスティードも彼の観測値盗用のゆえに苦情を申し立てた．……イングランドでは多くの卓越した人たちがニュートンの弟子たちの虚栄心と不正を嘆いている．少数の不品行を国全体のせいにしてはならない．

オーガスタス・デ・モーガンは1852年『有用知識普及協会年鑑』に「流率法発見の論争に関する英国とドイツにおける最近の発見の短評」の中で

> 私たちは，ずさんな文献から生じる間違いや困難を見つけることなしに，数学史のある点を調べることは決してできない．そして，当時のニュートン一派の身の毛もよだつ不正の新証拠を発見することなしに，ニュートンとライプニッツの論争への新たな気持ちになることは決してない

と書いている．デ・モーガンはケンブリッジ，トリニティコレッジで改革派ジョージ・ピーコックとウィリアム・ヒューエルから教えを受け，二人と生涯の友人になった．数学トライポスで第四ラングラーだった．非国教派のため修士号を取らず，新設のロンドン大学（現ユニヴァシティコレッジロンドン）数学教授になった．

11.3 1672年の手紙

王立協会委員会の評決，項目IIのニュートンの手紙についてデ・モーガンは次のように述べている．

> 委員会は，スリュズが接線を引くために与え，1673年には『哲学紀要』に印刷された方法に言及している．彼らは，ニュートンの手紙に関するスリュズ宛オルデンバーグの手紙を出している．スリュズは，ニュートンの手紙の中で，彼が書き送っていたことをニュートンにはすでに伝えられていたことを知った．彼らは，スリュズが発見の実際の先取権を持っているばかりでなく，最初の宣伝者であるというニュートンの承認を与えている．

> 知性ある誰にでもわかるように流率法が書かれていた手紙をコリンズが四年間回覧していた，と彼らが述べるとき，彼らは二つの事実を隠している．第一に，手紙自体はスリュズの接線法をニュートンが学んだ結果であり，第二は，スリュズが得ていたもの以外のなにものでもないことである．ウォリス著作集第3巻(1699)にコリンズからニュートンへの1673年6月18日付手紙の断片があり，その中で，スリュズの発見の事実を知らせ，スリュズへ転送するために返信を受け取っていたことを，どのような目的で表に出さないのかニュートンに注意している．
>
> 1676年6月にライプニッツに送られていたとされる大いなる情報は，印刷されたもので見られたかもしれないし，過去数年間にスリュズから学んだかもしれないのである．そのためそれは文献の下に埋もれてしまった．ニュートンの例題が，知性ある誰にでもわかる流率法の十分な記述であったという委員会の断定に何度も戻らざるを得ない．これは，数学の課題でかつてなされたもっとも無責任な断定である．ライプニッツはアムステルダムでフッデに会い，フッデがスリュズよりも多くを持っていることを知った．彼は公表されたスリュズの方法に言及してこれを述べている．

スリュズの論文は「リエージュ大聖堂会員，ケルン選帝侯顧問，レナートゥス・フランチスクス・スルジウス閣下からの手紙の抜粋．計算の苦労なしにすべての幾何学曲線に接線を引く短く，簡単な方法に関して王立協会に伝えるべく印刷者に書かれた」という長い題名で，スリュズはオルデンバーグからニュートンの方法を知らされたとき，

> 有名なニュートンの方法は，私が長年使っていた私自身のものにほかならないというしかありません

と返事した．ライプニッツがアムステルダムでヨハネス・フッデに会ったのは1676年11月，ハノーファーに赴任する途中である．フッデの著作の多くは失われたが，恩師スホーテンがラテン語に訳したデカルトの『幾何学』にフッデの1657年7月14日と1658年1月20日付手紙が収録されている．重根の理論，最大，最小の方法からなり，接線を求める応用は，1713年『デンハーフ文芸雑誌』に掲載された「故フッデ氏のリエージュ数学教授ファン・スホーテン氏への1659年11月21日付手紙からの抜粋」に書かれている．

ニュートンは，ライプニッツが独立の発見者であることを認めた『プリンキピア』の注解を，ライプニッツ没後の1726年第3版で削除し，次のようにした．

> 私たちの会員，英国人J・コリンズ氏に宛てて1672年12月10日に書いたある手紙で接線法を述べたとき，当時は公表されていなかったスリュズの方法と同じではないかと気づき，次のように付言した．《これは，幾何学であろうと，力学であろうと，直線や曲線にどのように関係しようと，すべての曲線に接線を引くことばかりでなく，曲率，面積，長さ，重心などに関するより難解な種類の問題を解くことに，面倒な計算なしに拡張される一般的方法の，特殊な例，あるいはむしろ系です．（フッデの最大，最小の方法とは異なり）無理量を含まない方程式に限られることはありません．私はこの方法を，方程式を無限級数に帰着させることによってそれを解釈した他の方法と織り交ぜていたのです．》この手紙については以上である．そして最後の言葉は1671年にこの話題について書いた論文のことを言っている．この一般的方法の基礎は上述の系に含まれている．

言い訳めいているが,「知性ある誰にでもわかるように流率法が書かれている」と主張する手紙がスリュズを写したものであることは明らかで, これがなぜライブニッツの剽窃の根拠になるか理解できない.

デ・モーガンは, 友人ベイリーの『フラムスティード伝』が出版されたあと, 1846 年にニュートンを告発する最初の論文「ニュートン」を『英国名士肖像画内閣美術館』に公表し, 次のように述べている.

> 彼が若く, 比較的無名だったときは, この病的な気質は, 反対を恐れることに現れた. 彼が全科学界の帝王になったとき, それは彼に専制王国を望ませた. 王国には媚びへつらう臣民しかいなかった. ライブニッツ, フラムスティード,（おそらく）ホイストンの遇し方は, 彼の追憶の汚点である. ライブニッツに関しては,『往復書簡集』のでっち上げの間に, ニュートンがどこまで裏にいたかはもちろん意見のあるところだが, 表に現れた瞬間から彼の行動は不正になった. 彼自身の発見を披露し, ニュートンの abc に答えるなど, ライブニッツの高貴な率直さは, 当時は刺すような叱責と感じられたに違いない. ライブニッツは, 傲慢さ（もったいぶった苛烈さが別名）をもって返事を返され, 不正をもって遇された. ニュートンが彼の返事を友人たちに手紙で回覧し, ライブニッツの死を聞いてそれを印刷したことはいかなる言い訳もできない. この行為は, 争う余地のない言葉で, その物語を語っている. そして, それがニュートン自身の行為と行動であるならば, 第 3 版からの注解の削除, あるいはむしろ, その主旨において前のものに似るように変更したことはいかなる言い訳もできない

と書いている. ウィリアム・ホイストンはニュートンの後継ルーカス数学教授になったが, 異端者として 1710 年に追放された. ニュート

ンは，自身が異端者であるにもかかわらず，ホイストンを助けなかった．1753年刊行のホイストン著『ウィリアム・ホイストン氏の生涯と著作回想録』には

　アイザク・ニュートン卿が私を〔王立協会〕会員に望まなかった理由を読者が知りたいとすれば，彼が私を最初の彼の代理にし，私にそこでのすべての恩恵を与え，ケンブリッジにおけるコレッジの長として私を推薦して候補者にし，私を彼の後継者にして，私が二十年間彼の厚意の大部分を享受したことを彼は認めなければならない．ところが私が彼のお気に入りの連中のようにできない，すなわち，彼と意見が違うとき，彼に反対することなく彼から学ぶことができないとわかると，年老いた彼は反対意見に我慢できなかった．彼の生涯の最後の十三年間，彼は私をこわがっていた．彼は，私がこれまで見たことがない，きわめて臆病で，用心深く，疑い深い性質の人だった

と書かれている．

11.4 死者を鞭打つ

ニュートンの悪魔のような言葉が忘れられない．

　彼〔ジョン・ジャクソン〕は，かつて，アイザク・ニュートン卿が気持ちよさそうに，〔クラーク〕博士に向かってこういうのを聞いた．《私は，ライプニッツへの応酬で，あいつの心を引き裂いてやったよ．》

ウィリアム・ホイストンが1730年『サミュエル・クラーク博士の歴史的回顧録』の中で書いている．ジャクソン在世中の出版なので，信

頼できる情報である．ルーカス教授だったスティーヴン・ホーキングは，『時間の短い歴史』(1988) の中で，「ライプニッツが亡くなったあと，ニュートンは《ライプニッツの心を引き裂いたこと》に非常に満足した，と報告されている」と書いている．

『新しい解析学についてのコリンズその他の往復書簡集』は 1713 年 1 月に印刷配布された．ニュートンは 1715 年『往復書簡集』の「書評」を三人称で執筆，『哲学紀要』に発表し，ライプニッツ没後の 1722 年，ニュートンが加筆訂正した『往復書簡集』第 2 版に収録した．弁明できない死者を鞭打つ卑劣な行為で，グラマースクールの級友アーサー・ストーラーを叩きのめすだけでは飽き足らず，アーサーの顔を教会の壁にこすりつけたニュートンのすさまじい復讐心を思い知らされる．ニュートンはアーサーの養父の家に寄宿していた．

ジャン＝バティスト・ビオーはフェリクス・サヴァールとともに，電流がつくる磁場を与えるビオー・サヴァールの法則を導いた．これも逆二乗則に従う．ビオーとフランシスク・ルフォールは 1856 年，『往復書簡集』フランス版を刊行したとき，初版と第 2 版を丹念に比較した．コリンズの「史料」に，「この収集は 1676 年 6 月 26 日ライプニッツ氏に送付された」という注が加えられていた．「史料」がライプニッツに送られた事実はない．ところがニュートンは『往復書簡集』第 2 版の加筆に合わせ，「書評」でも 6 月 26 日収集を発送したとしている．ルフォールの注意書きを見てみよう．

> オルデンバーグがライプニッツにコリンズの収集の要約を送ることに限定していたことを，『往復書簡集』の編集者〔ニュートン〕が，気づかなかったとはありえない．『往復書簡集』第 2 版に言及された発送の日付，1676 年 6 月 26 日は，どの文献によっても正当化できないし，ライプニッツの手紙によって誤りであることさえわかる．《7 月 26 日のあなたのお

> 手紙は…….》それはオルデンバーグの手紙の控えから取られたと思われる．7月のかわりに6月と読み違えただけだろう．《1676年6月14日ライプニツへ，グレゴリーズ氏について残る》と記載されたコリンズの収集の要約は，当時は王立協会の保管所にあったし，今日でも現存する．この要約はオルデンバーグの手紙にほかならず，接線を引く手順の例を与えているが，方法については単にほのめかすだけである．

ニュートンの「書評」では第2版で加筆に対応する誤りが書かれている．

> この手紙は，1676年6月26日，ジェイムズ・グレゴリー氏の手紙の抜粋を含むコリンズ氏によって作成された原稿とともにパリに送付された．……コリンズ氏は，ライプニツ氏や科学アカデミーの他の人たちの要請で，彼の手紙の抜粋と，《ライプニツ氏が閲読するため貸し出され，返却されるべきグレゴリー氏の手紙の抜粋》と題する，コリンズ氏の手になる現存する収集を作成した．そしてそれが送られたことはコリンズ氏が確認した．……ライプニツ氏の返事は1676年8月27日オルデンバーグ氏宛で，次のように始まる．《7月26日のあなたのお手紙は…….》

前節で紹介したこの後に続く引用で，ライプニツが「私自身のものとは非常に違う」と言っている部分をニュートンは省略している．このライプニツの言明は，彼がすでに微積分を手中にしていたことを証拠づける．ニュートンの一か月の日付の間違いは，ライプニツがコリンズの収集，すなわち「史料」を研究する十分な時間があったと読者に思わせるのに都合がよかったが，「史料」は送られていないのである．

「書評」は，書評とは名ばかりで，同じ言いがかりのくりかえし，陰湿，執拗で読むに耐えない不快な文書である．上記の例のように，明らかな虚偽も書かれている．ニュートンが『プリンキピア』で流率法を発展させたという段落は

> ニュートン氏は，新しい解析を使って，『プリンキピア』のほとんどすべての命題を見出した．ただ，昔の人たちは，物事を確実にするために，総合的に証明されるまでは幾何学になにも入れることを許さなかったので，彼は，天空の系がよき幾何学に基礎を置くとする命題を証明した．そしてこのことが，未熟な人びとにとって，命題を発見した解析を理解することを困難にしている

になっているが，流率法を使った手稿は見つかっておらず，事実ではない．流率法を使っていれば基本方程式 $\dot{p} = F$ を発見していたはずで，その動径方向の微分方程式を発見したライプニッツの足元にも及ばない．

また，ニュートンは微分を微分する方法を知らなかった，というベルヌーリの批判に答えたのだろうが，「書評」では

> ニュートン氏は，「曲線の求積について」の最後の注解で，収束級数の第3項，4項，5項それぞれが2階，3階，4階の差に等しいと説かれているので，それゆえそのときは2階，3階，4階の差の方法を理解していなかった．だが「曲線の求積について」の命題1で1階，2階，3階など無限階まで流率を見つける方法を示しているので，1676年以前に彼が「曲線の求積について」を書いたときには，すべての流率の方法，したがってすべての差の方法を理解していた．彼が，1704年に出版した「曲線の求積について」の最後の注解をつ

け加えたとき，理解していなかったとすれば，彼はそれを忘れていたに違いない

と弁解している．1704年刊行『光学』の補遺に加えた1691年執筆「曲線の求積について」を1676年以前に執筆したことにしてしまった．十五年は記憶違いでは済まない．ドット記号はライプニッツの論文以前にあったことになってしまう．それ以上に問題なのは，ピエール・デ・メゾー宛の手紙草稿で

私は1677年流率の逆方法によって，「曲線の求積について」命題11であるケプラーの命題を証明しました

となっているのである．それによってケプラー問題を1677年に解いた，と思わせている．まったくの虚偽である．すでに紹介した1718年のデ・メゾー宛の手紙（42頁）の続きを読んでみよう．

ハイヘンス氏が遠心力について公表したことは私より前だったと思います．1676年と1677年の間の冬，私は距離の二乗に逆比例する遠心力によって，惑星が楕円の下臍点〔焦点〕に置かれた力の中心のまわりに楕円で回転しなければならない，その中心に引いた動径は時間に比例する面積を描く，という命題を見つけました．1683年と1684年の間の冬，証明を付したこの命題は王立協会の記録に登録されました．そしてこれが論争中の方法〔流率法〕によって発見された高等幾何学における命題の，記録上最初の例です．1689年にライプニッツ氏は，私に対抗して，別の仮定によって同じ命題の証明を公表しましたが，彼の証明は，この方法における熟練の欠如のゆえに間違いとわかりました．

「1676年と1677年の間の，楕円運動と等面積則の証明」はまったく根拠がないつくり話である．「曲線の求積について」を1676年以前に執筆したことにした虚偽に合わせている．また「1683年と1684年の間の冬」に書いたとする論文は，『プリンキピア』の原型になった「物体の運動について」で，1684年5月以降の執筆であるが，『プリンキピア』と同じく流率法をまったく使っていない（草稿，手紙を含めて生涯一度も使わなかった）．文末はライブニッツの「テンタメン」批判だが，「熟練の欠如のゆえに間違い」はニュートン独特の誹謗で，間違っているのはニュートンである．

また，あの暗号を含む1676年10月24日付「第二書簡」は「曲線の求積について」から多くを引用したと言っている．「第二書簡」は二十一回も出てくる．

> ニュートン氏はこの頃彼の流率法を現在のライブニッツ氏の微分法よりもはるかに普遍的なものにしていた．1676年10月24日付ニュートン氏の手紙は，翌年冬の終わりか，春の初めに，ライブニッツ氏の手元に届いた．ライブニッツ氏はすぐあと，1677年6月21日に返信した．《もっとも高名なスルジウスの接線法はまだ絶対ではないという高名なニュートンに同意します．私は長い間接線の問題をより一般的に，すなわち座標の差によって扱ってきました．それゆえ y の最近傍の二点の差を dy と呼ぼうと思います．》ここでライブニッツ氏は彼の微分法の提案を始め，彼がニュートン氏の最後の手紙を受け取る前にそれを知っていたという証拠はなにもない．彼は《私は長い間接線の問題をより一般的に，すなわち差を順序づけることによって扱ってきました》と言っている．彼は，別の手紙で，いくつかの直接および逆の収束級数を，発見の方法を得る前に発見していたと断言し，そのために使う

> べきものを知る前に逆級数法を忘れていた．だが誰も彼自身の申し立ての証人になれない．誰もが自分の申し立ての証人であると認める裁判官は非常に不公正であり，あらゆる国の法律に反している．それゆえ，ニュートン氏の手紙を受け取るずっと前にこの方法を発見したことを証明することはライプニッツ氏にかかっている．もし彼がこれを証明できなければ，誰がこの方法の第一発見者かが決まる

といった調子である．ニュートンは自分の申し立ての証人になっているではないか．委員会の数学者は子分や身内ばかりではないか．「彼がニュートン氏の最後の手紙を受け取る前にそれを知っていたという証拠はなにもない」と言っているが，ライプニッツは一日のうちに返事を書いている．ニュートンは，ライプニッツが一日で暗号を解読，微積分を発見，完成して返事を書いてしまう超人と思っているのか．さらに

> 同じ手紙で彼は出版の九年以上前にこの方法を得たとわれわれに告げている．そうすると彼は1675年かその前にそれを得ていたことになる．1676年8月27日付オルデンバーグ宛の手紙で，逆接線法や他の問題が無限級数，方程式あるいは求積に還元できない，と彼が断言したときには，それを得ていなかったことは確かである．それゆえ，率直さという点で，この方法をその前に得ていたふりをすることによってなにを意味するのかわれわれに告げることが彼の責任である

と書いている．10.1節で見たように，ライプニッツは1675年11月までには記号を含めて微積分を完成していたから，ライプニッツはきわめて正直に微積分発見の時期を知らせていたことがわかる．ライプニッツの発見を，ニュートンの1676年10月24日付「第二書簡」を受け取った

あと，1677年以降にしたいニュートンは邪推でものを言っているのだ．あの暗号文を読める人はこの世にいない．ライプニッツの1675年の手稿を読むことができる現在から振り返ると，憶測に基づく誣告，弁明を許さない一方的裁判は不正きわまりない．異なる発想のもとでの独立の発見なので先取権主張はあさましい．

1676年10月ライプニッツはロンドンで「解析について」を見せてもらったが，ニュートンはこの論文で，ウォリスの求積公式の流率を計算して証明したことを記しただけで，あとは無限級数だけである．微積分についてライプニッツがニュートンから着想を得ることは不可能だ．第一，「解析について」を読んで記した覚書では，前年に創始した記号dや∫を使っているのである．ライプニッツは，1714年から書き始め遺作となった『微積分の歴史と起源』で，

> 彼らが，ライプニッツの名誉に疑いを向ける目的で，1712年にジョン・コリンズの『往復書簡集』という書名で出版した文書において，微分算についてほとんどなにも言っていない．ほとんどの頁は彼らが言うところの無限級数から成り立っている．ホルシュタインのニコラウス・メルカトルが割り算の方法でこの発見を最初に公表したが，ニュートンは根を引き出すことによってより一般的な形にした．これは確かに有用な発見で，解析的計算を代数的近似に移行させるが，微分算に移行させるものはなにもない．……
>
> 結局のところ，かつては驚異的だったことが児戯のようになった．私たちの計算法が公表される以前には，競争相手の書いたものの中に計算法のいかなる痕跡もなかったし，この計算法の規則もまるで存在しなかった．ハイヘンスやバロウが同じことを扱ったとしても，彼らが同じやり方で行なわなかったという証拠はなにもない．ハイヘンスは彼の方法がい

かに有用かを率直に認めたが，彼の競争相手はできる限りそれを隠して，まったく別のことを持ち出した．彼の微分算についての全著作には触れず，無限級数に固執したが，彼の方法が同等なものにほかならないことを否定するものはいない．競争相手が暗号によって語り，説明したことは，流率と流量のことで，有限量と無限小要素について語っているが，一方から他方にいかにして導くか，まったく説明していない．そして，彼が生じつつある，あるいは消えつつある量の比を考えるとき，彼は微分算から完全に離れて汲み尽くし法に走ったが，それは，無限小ではなく通常の量によって進むという点で，最後には前者で終わるとはいうものの，（それなりの有益さはあるが）きわめて異なるものなのである．

それゆえ，相手は，刊行した『往復書簡集』からも，他の刊行物からも，私たちが公表する前に，そのような計算法を用いたことを示す最低限の情報さえ示さなかった．彼らが持ち出したすべては無関係なものとして退けることができる．彼らは放蕩児の手口を教え込まれ，問題を判断するかわりに他のこと，すなわち無限級数に転じた．その中に私たちの潔白が疑われる証拠をなにも持ち出すことができなかった．というのも彼は，どのようにして前進したかを率直に明言し，そこでもより高度で一般的な水準に到達したからである

と書いている．ライプニッツが論文を初めて公表してから二十七年，四十二年前の古証文を公表するとはみっともない．流率法が微積分より普遍的で優れているというなら，なぜ公表してすべての人たちに恩恵を与えなかったのか．有能な後継者が現れなかったのは当然である．それどころか，英国の数学の進歩を止めてしまった．

ニュートンの「流率法と無限級数」が公刊されたのはニュートン没後の1736年になってからである．ニュートンは「第二発見者にはなんの権利もない」と言っているが，「発表しない第一発見者にはなんの権利もない」と言いたいところだ．ピエール・レモン・ド・モンモールの1718年12月7日付ブルク・テイラーへの手紙．

> 私はここで，微積分の最初の発見者について，ニュートンとライプニツ両氏の曲直を論じるつもりはありません．長く，真面目な考察が私に与えた省察の詳細をあなたに報告したいと思います．あなたがそれに不満を抱かないことを望みます．ライプニツとベルヌーリ兄弟が真の，無二の微積分法の推進者ではないと主張することは擁護できないことに気づいていただきたいのです．私の意見は次の通りで，あなたが裁判官です．微分と積分の規則，この微積分によって曲線の接線，転換点，変曲点，最大および最小座標，縮開線，反射と屈折の火線，曲線の求積，重心，振動の中心，逆接線法の問題（1693年にハイヘンスを感嘆させた），例えば接線が与えられた比で軸上に切り取られる曲線を求める問題，これらを私たちに教えてくれたのは彼らで，彼らだけです．力学曲線を方程式に表したのも，微分方程式で変数を分離して次元を減らし，対数または，可能なとき求長法によってそれらを構成することを教えてくれたのも，力学のもっとも難しい問題，例えば，懸垂線，帆，弾性，最速降下曲線，対心曲線に対するこれら微積分の巧妙で多数の応用によって，私たちや私たちの後継者にもっとも深遠な発見への道に導いてくれたのも彼らです．これらは反駁できない事実です．確信するためにはライプニツの雑誌（『学術紀要』）を開いてみるだけで十分です．

12 ガリレオ・ガリレイ
Galileo Galilei

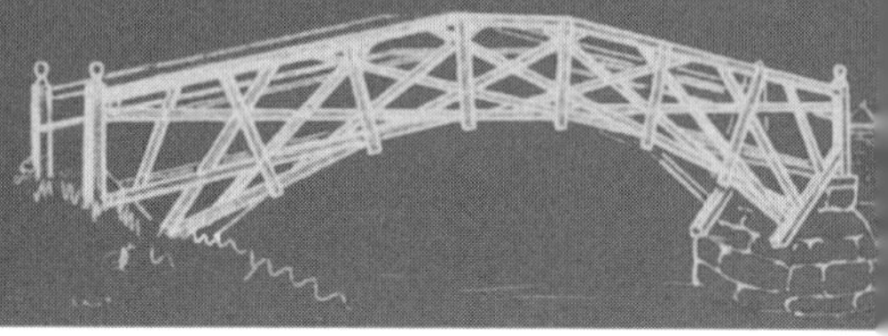

12.1 『新科学対話』

ガリレイは軟禁状態にあり，失明していた1638年，トッリチェッリに口述し，『二つの新科学についての対話と数学的証明』（『新科学対話』）を刊行した．その中で等加速度運動を詳述している．サルヴィアーティ，サグレード，シンプリーチョの鼎談で，抜き書きしておく．

サルヴィアーティ　重い物体には，一定で一様な加速運動によって，重力の中心，すなわち，私たちの地球の中心に向かって運動する内在的な傾向があります．したがって，等しい時間間隔では運動量と速度の等しい増加を得るのです．

サルヴィアーティ　上記は私たちの著者〔ガリレイ〕が一様運動について書いたことです．ここで，重い落体が一般に経験するような，自然の加速運動の新しく，より分析的な考察に移りましょう．表題と前書きは次の通りです．

自然の加速運動　一様運動に属する性質は前節で論じました．加速運動はまだ考察していません．

まず第一に，自然現象にもっとも適切な定義を見出し，説明することが望ましいでしょう．というのも，誰でも勝手な運動の型を発明し，その性質を論じることが可能だからです．例えば，自然には存在しない運動によって記述される螺旋や螺子線を想像し，これら曲線が定義によって持つ性質を自在に決めた人がいました．けれども私たちは，自然に，実際に起こる加速落下運動の現象を考え，この加速運動の定義が観測される加速運動の本質的な面を示すようにしました．そしてたび重なる努力のあと，私たちは成功したと思います．この信念のもとに，私たちは実験結果がつぎつぎと私たちによって証明された性質と一致し，厳密に対応するとの考察によって確かめられたのです．最後に，自然加速運動の研究において，自然自体の性質と習慣に従い，さまざまの過程においてもっとも普通で，単純で容易な手段のみを使いました．

というのも，泳いだり飛んだりすることが，魚や鳥が本能的に用いるよりも単純で簡単な方法でなされるとは誰も信じないと思うからです．

それゆえ，最初は静止した石が高い位置から落下し，連続的に速さの増加を得るのを観察するとき，このような増加が誰にも明白な，きわめて単純で簡単な仕方で起こると信じない理由はありません．これを注意深く検討すると，つねに同じやり方でくりかえすより単純で簡単な追加あるいは増加はありません．時間と運動の密接な関係を考慮すると，このことを容易に理解できます．というのも，運動の一様性を，等しい時間，等しい距離によって定義し，理解する（等しい距離を等しい時間間隔で横切るとき運動は一様であると呼ぶ）のとちょうど同じように，等しい時間間隔で，単純に速さの追加を考えることができます．そこで，任意の等しい時間間隔で等しい速さの増加が与えられるとき，一様で，加速される運動を思い描くことができます．任意の等しい時間間隔が経過したとき，運動物体が静止位置を離れ降下を始めると，最初の二つの時間間隔の間に得られる速さの量は最初の時間間隔の間に得られる量の二倍でしょう．したがって三つの時間間隔の間に加わる量は三倍，四つでは四倍でしょう．もっとはっきり言えば，物体が最初の時間間隔の間に得た同じ速さで運動を続け，同じ一様な速さを保つならば，速度が二つの時間間隔の間に得られたとするのに比べ二倍遅くなります．

こうして，速さの増加は時間の増加に比例するとして，大きく間違ってはいないように思われます．これより，私たちが議論しようとする運動の定義は，次のように言えるでしょう．静止から始まり，等しい時間間隔の間に等しい速さの増加を得るとき，運動は一様に加速されていると言います．

サルヴィアーティ　いまは，あまたの哲学者によってあまたの意見が表明されている自然運動の原因を調べる適切なときではないでしょう．ある哲学者は中心に向かう引力，別の哲学者は物体の非常に小さい部分の間の反撥によって説明し，さらに別の哲学者は，落体の陰にあり，ある位置から他の位置へ駆り立てる周囲の媒質における圧力に帰しています．これらすべての想像は検証が必要ですが，真にその価値はありません．いまは，（加速度の原因はなんであれ）加速運動の性質を調べ，証明することが著者〔ガリレイ〕の目的です．それによって，静止から出発後，速度の運動量が増加し続け，時間に比例すること，すなわち，同じ時間間隔で物体は等しい速度の増加を受けることを意味します．そして，もし証明される加速運動の性質が自由落下と加速物体において実現されるならば，仮定した定義は落体運動を含み，その速さは時間と運動の持続の間増え続けると結論してよいでしょう．

サグレード　私たちの会話を続けると，私たちは，一様加速運動の定義を次のように確立したように思えます．

静止から出発し，その運動量が同じ時間に同じ増加を受けるとき，運動は等しく，あるいは一様に加速されると言える．

サルヴィアーティ　この定義は確立しました．著者はただ一つの仮定をしています．すなわち

異なる傾斜の面を運動する一つの同じ物体が得る速さは，これらの面の高さが等しいとき等しい．

定理 I・命題 I　静止から出発し，一様に加速される物体が任意の距離を横切る時間は，最大の速さと，加速が始まる前の速さの平均値である一様な速さで運動する同物体が，同じ距離を横切る時間に等しい．

定理 II・命題 II　静止から一様加速度運動で落下する物体が描く距離は，この距離を横切るのに要する時間の二乗に比例する．

定理は，距離 s が時間 t によって，$s = \frac{1}{2}gt \cdot t = \frac{1}{2}gt^2$ で与えられることを示している．のちのハイヘンス『振り子時計』命題 II（30 頁）参照．ガリレイは，速さ $v = gt$ の式からすぐ得られる $gs = \frac{v^2}{2}$ は与えていない．

ハイヘンスは，物体の落下距離が経過時間の二乗に比例すること，投射物体の軌跡が放物線になることを発見したが，『新科学対話』を入手し，論文執筆を取りやめた．「ホメーロスの後で『イーリアス』を書きたいと思わない」という理由で．ハイヘンスは『重力の原因につ

いての論文』で次のように述べている．

> ガリレイが落体の加速度の比率，すなわちその速さも同一時間に増加することを証明した原理に対する理由がここでわかる．というのは，物質の部分を継続的に押される物体は，その場所で上昇しようとし，私たちがちょうど見たように，少なくとも落下において，同じ力を受けて，経験通り落下する．速さにおける増加が時間に比例することは必然的な結果である．

12.2　ピエール・ヴァリニョン

ガリレイの法則「速さの増加は時間の増加に比例する」は革命的な意味を持つ．ガリレイの法則は，ライブニッツの微分でそのまま表せる．速さを v，物体の距離を x，時間を t，比例係数を g とすれば，

$$\mathrm{d}v = g\mathrm{d}t, \qquad \mathrm{dd}x = g\mathrm{d}t^2$$

である．ニュートンは『プリンキピア』で加速度を数式で表すことはなかった．このため運動方程式を発見できるはずがなかった．運動法則 II から「ニュートン方程式」を導くようになったのは 19 世紀後半からで，「ニュートン方程式」をニュートンに帰すのは曲論である．加速度を史上初めて数式で表したのはライブニッツである．

$$p = \frac{l^2}{r^3} - \frac{l^2}{Lr^2}$$

を単位質量あたりの力とすると「テンタメン」の式 (7.4) は

$$\mathrm{dd}r = p\mathrm{d}t^2$$

になる．

ライプニッツの数因子を訂正したヴァリニョンも，1700年1月30日論文「力，速度，距離，時間を決定する一般的方法」において次のように書いている．

> 通過距離を $\mathrm{AH} = x$，通過に要する時間を $\mathrm{HT} = \mathrm{AG} = t$，H（最終射線と呼ぶ）における速度を $\mathrm{HV} = \mathrm{AE} = \mathrm{GV} = v$，対応する中心力を $\mathrm{HF} = \mathrm{EF} = \mathrm{GF} = y$ とする．
>
> これらから，各瞬間に一様な速さ v で通過する距離 $\mathrm{d}x$，そこで生じる速さの増加 $\mathrm{d}v$，この速さのこの増加によって横切る距離 $\mathrm{dd}x$，そしてこの時間 $\mathrm{d}t$ を得るだろう．
>
> このため，速さは一様運動によって通過する距離とそれを通過する時間の比になるから，規則第一 $v = \frac{\mathrm{d}x}{\mathrm{d}t}$ を得るだろう．それは，$\mathrm{d}t$ を定数とすれば，$\mathrm{d}v = \frac{\mathrm{dd}x}{\mathrm{d}t}$ を与えるだろう．
>
> さらに，重力のような，一定の連続的に加えられる力によって動かされる物体が横切る距離は，この力と，その距離を横切るに要する時間の二乗に比例する．
>
> $$\mathrm{dd}x = y\mathrm{d}t^2, \quad \text{すなわち} \quad y = \frac{\mathrm{dd}x}{\mathrm{d}t^2} = \frac{\mathrm{d}v}{\mathrm{d}t}$$
>
> が成り立つ．この規則 $y = \frac{\mathrm{d}v}{\mathrm{d}t}$ と先の $v = \frac{\mathrm{d}x}{\mathrm{d}t}$ とともにここで解くことを提案するすべてを満たす．

質量がないのは重力を念頭においているからだろう．ヴァリニョンはガリレイの法則をみごとに普遍化している．

ヴァリニョンは1700年3月31日「あらゆる種類の曲線による一般運動と，それらを記述する物体に必要な中心力，遠心力と向心力について」で，中心力を受けて運動する物体の運動方向（接線方向）の運動方程式を与えた．Cを中心とし，微小時間 $\mathrm{d}t$ で，動径 $\mathrm{CL} = x$ が近接する $\mathrm{Cl} = x - \mathrm{d}x$ に運動するとする．すなわち，点Lがlに運動し，その距離を $\mathrm{Ll} = \mathrm{d}s$ とする．CL上のLからRまでの距離が $\mathrm{LR} = \mathrm{d}x$

で，R から l までの距離が Rl $=$ dz である．CL と Cl のなす角度を dθ とする．

AH $= x$，時間を HT $=$ AG $= t$，速度を HV $=$ AE $=$ GV $= v$，絶対中心力を HF $=$ EF $=$ GF $= y$ とする．また，横切る距離を QL $= s$，AC $= a$，CH $= r$，Rl $=$ dz とする．

さらに，無限に接近した動径 CL，Cl を持つ二つの弧 HL，hl を考え，CL が R において hl に交わるとする．この点 R から Ll に垂直に引いた RP を考える．C に向かう L において，絶対力 HF(y) は，物体が Ll $=$ LR $\times \frac{\mathrm{LR}}{\mathrm{LP}} =$ LR $\times \frac{\mathrm{Ll}(\mathrm{d}s)}{\mathrm{LR}(\mathrm{d}x)}$ に従ったものである．Ll に続く力は $= \frac{y\mathrm{d}x}{\mathrm{d}s}$ である．重力のような，一定の連続的に加えられる力によって動かされる物体が横切る距離は，この力と，その距離を横切るに要する時間の二乗に比例する．$\mathrm{dd}s = \frac{y\mathrm{d}x}{\mathrm{d}s}\mathrm{d}t^2$，$y = \frac{\mathrm{d}s\mathrm{dd}s}{\mathrm{d}x\mathrm{d}t^2}\left(\frac{v\mathrm{d}v}{\mathrm{d}x}\right)$ が成り立つ．

曲線運動の一般規則

$$1.\quad v = \frac{\mathrm{d}s}{\mathrm{d}t}$$

$$2.\quad y = \frac{\mathrm{d}s\mathrm{dd}s}{\mathrm{d}x\mathrm{d}t^2}\left(\frac{v\mathrm{d}v}{\mathrm{d}x}\right)$$

$\frac{y\mathrm{d}x}{\mathrm{d}s}$ が中心力 y の運動方向成分である．ヴァリニョンが括弧内に書いた $y = \frac{v\mathrm{d}v}{\mathrm{d}x}$ は，ヨーハン・ベルヌーリが 1710 年に重力から楕円運動を導く逆問題を解いた論文で用いた (7.7) である．ヴァリニョンも 1710 年 12 月 13 日「逆中心力について」で逆問題を解いている．また，ヴァリニョンは 1700 年 11 月 13 日，「中心力について，あるいは，現在まで仮定されてきた惑星が軌道を描くのに必要な重力について」の中で

注意 上記すべての中心力を決定するため用いられる規則のほかに，$r\mathrm{d}z$ 定数の仮定は，同様の規則に対して，

$$y = \frac{\mathrm{d}z^2 + r\mathrm{dd}r}{r\mathrm{d}t^2}, \quad \text{または} \quad y = \frac{\mathrm{d}z^2 - r\mathrm{dd}r}{r\mathrm{d}t^2}$$

を与える

と述べている．後者が引力の場合で，$\mathrm{d}z = r\mathrm{d}\theta = \frac{l}{r}\mathrm{d}t$ を使えば

$$\mathrm{dd}r = \left(\frac{l^2}{r^3} - y\right)\mathrm{d}t^2$$

となり，ライプニッツ方程式にほかならないが，斥力では $\mathrm{d}z^2$ の符号が違う．ヴァリニョンは $\mathrm{d}z^2$ を遠心力とは解釈していない．

ピエール・ヴァリニョンは，貧しい石工の息子としてカーンに生まれ，イエズス会コレージュを経て，1682年にカーン大学で学位を得た．翌年サントゥアン教会で聖職者になったが，1686年パリに出て，1688年コレージュ・マザランの数学教授になった．1692年，パリにやってきたヨーハン・ベルヌーリから，また，ド・ロピタルが1696年に出版した『無限小解析』からライプニッツの微積分を学んだ．ライプニッツの微分によって運動方程式を導いたのは1700年である．ヘルマン，ヨーハンおよびダーニエル・ベルヌーリ，オイラーと続く解析力学発展の基礎をつくった．1706年にはコレージュ・ド・フランスの数学教授になっている．

12.3 ヤーコプ・ヘルマン

ヤーコプ・ヘルマンは「パードヴァ，1710年7月12日付，ヘルマン氏からベルヌーリ氏への手紙抜粋」において，デカルト座標 x，y における運動方程式を与えた．

> SI $= x$，IC $= y$ とする．SC $= \sqrt{xx+yy}$，BH あるいは CG $= \mathrm{d}x$，CH あるいは HG $= \mathrm{d}y$，したがって KG あるいは DF $= -\mathrm{dd}x$，EF $= -\mathrm{dd}y$ が得られる．それらは三角形 BSC あるいは CSD の二倍 $y\mathrm{d}x - x\mathrm{d}y$ を与え，定数であると考える．同様の三角形 EDF，CSI は ED $= \frac{-\mathrm{dd}x\sqrt{xx+yy}}{x}$ を与える．
>
> 三角形 BSC は定数であるから，DE は点 C における向心力，すなわち $\frac{1}{xx+yy}$，あるいは $\frac{(y\mathrm{d}x-x\mathrm{d}y)^2}{xx+yy}$ に比例する．これから微分の微分 $-a\mathrm{dd}x = \frac{x\times(y\mathrm{d}x-x\mathrm{d}y)^2}{(xx+yy)\times\sqrt{xx+yy}} = (y\mathrm{d}x - x\mathrm{d}y) \times \frac{xy\mathrm{d}x-xx\mathrm{d}y}{(xx+yy)\times\sqrt{xx+yy}}$ が得られる．その積分は $-a\mathrm{d}x = \frac{-y}{\sqrt{xx+yy}} \times (y\mathrm{d}x - x\mathrm{d}y) = \frac{xy\mathrm{d}y-yy\mathrm{d}x}{\sqrt{xx+yy}}$ あるいは $-\frac{ab\mathrm{d}x}{xx} = \frac{bxy\mathrm{d}y-byy\mathrm{d}x}{xx\sqrt{xx+yy}}$ であるから積分は，$\frac{ab}{x}$ あるいはより一般的に $\frac{ab}{x} \pm c = \frac{b\sqrt{xx+yy}}{x}$ あるいは $a \pm \frac{cx}{b} = \sqrt{xx+yy}$ である．これは三つの円錐曲線の方程式である．$b = c$ ならば放物線，$b > c$ ならば楕円，$b < c$ ならば双曲線である．

ヘルマンが与えた微分方程式において a は半通径 L である．現代の記法に直すと，$\mathrm{dd}y$ も同様なので，動径 $r = \sqrt{xx+yy}$ を使えば，$x\mathrm{d}y - y\mathrm{d}x = l\mathrm{d}t$ によって「ニュートン方程式」

$$\mathrm{dd}x = -\frac{l^2 x}{Lr^3}\mathrm{d}t^2, \qquad \mathrm{dd}y = -\frac{l^2 y}{Lr^3}\mathrm{d}t^2$$

が得られる．だがヘルマンは，偏微分を微分と間違ったために，エネルギー積分を与えることができず，逆問題を解くことができなかった．現代の偏微分記号を使うと

$$\mathrm{d}x\mathrm{dd}x = \mathrm{d}x\frac{\partial}{\partial x}\left(\frac{l^2}{Lr}\right)\mathrm{d}t^2, \qquad \mathrm{d}y\mathrm{dd}y = \mathrm{d}y\frac{\partial}{\partial y}\left(\frac{l^2}{Lr}\right)\mathrm{d}t^2$$

になるので積分できないが，

$$\frac{1}{2}\mathrm{d}(\mathrm{d}s^2) = \mathrm{d}x\mathrm{dd}x + \mathrm{d}y\mathrm{dd}y = \mathrm{d}\left(\frac{l^2}{Lr}\right)\mathrm{d}t^2$$

はエネルギー積分を与える.

ヘルマンは，1716年刊行『運動学，固体および流体の力と運動についての小論』において，質量をあらわに書いて，「質量×加速度＝力」を発見した．それまで，ニュートンも含めて，誰も気づかなかった法則である.

命題16・系・注解 物質は一般的に考察できるだろう．命題は，速度が有限時間に得られるか，無限小時間かを示しているが，作用Gは全時間一様に働いている．だが，異なるやり方で理解すれば，命題は任意の時間では成り立たず，時間を，無限に短い時間$\mathrm{d}t$として取り扱うことによってのみ，運動物体は無限小の速さ$\mathrm{d}V$を獲得する．何故ならば，変数Gの作用によって，無限小時間を通してのみ無限小の速さ$\mathrm{d}V$が一様とみなせるからである．それゆえ，この場合に

$$G = M\frac{\mathrm{d}V}{\mathrm{d}T}, \qquad \mathrm{d}T = \frac{M\mathrm{d}V}{G}$$

が成り立つ．ここでGは質量Mに働く重さ，変数重力である.

命題16・定理 各力のモメントは物体の速さのモメントと物体の質量の積である.

証明 $\mathrm{tNn} = \frac{M\times\mathrm{af}}{\mathrm{ES}}$が成り立つ．tNn，afおよびESまたはN$\beta$はそれぞれ$\mathrm{d}T$, $\mathrm{d}V$, Gとする．それゆえ，$\mathrm{ES}\times\mathrm{tNn} = M\times\mathrm{af}$あるいは$\mathrm{ES}\times\mathrm{EF}\times\mathrm{tNn} = M\times\mathrm{EF}\times\mathrm{af}$である．そして$\mathrm{EF}\times\mathrm{tNn} = \mathrm{Nn}$である．それゆえ，$\mathrm{ES}\times\mathrm{Nn} = \mathrm{ES}\times\mathrm{Em} = M\times\mathrm{EF}\times\mathrm{af} = M\times\mathrm{HGg}$である．証明終わり.

幾何学を用いているのでわかりにくい．物体が$\mathrm{Nn} = \mathrm{d}s$を通過する時間tNnを$\mathrm{d}T$としている．このとき，$G = M\frac{\mathrm{d}V}{\mathrm{d}T}$が成り立つから，$\mathrm{d}T = \frac{M\mathrm{d}V}{G}$である．そこで$\mathrm{Nn} = V\mathrm{d}T$になる．したがって,

$$G\mathrm{d}s = M\frac{\mathrm{d}V}{\mathrm{d}T}V\mathrm{d}T = MV\mathrm{d}V$$

が得られる．現代の用語では仕事 $G\mathrm{d}s$ が運動エネルギー $\frac{1}{2}MV^2$ の増加をもたらすことを表している．ヘルマンは運動エネルギーと位置エネルギーの和が保存することを知っていた．

命題 19・定理・系 6　中心力のあらゆる仮定のもとに，ある高さまで運ばれるか，任意の曲線に沿って上昇し，真空中で同じ高さまで達する物体は，降下するときに，上向きの初期の速さに等しい速さを得る．

仮定 2　ガリレイの仮定のように，物体の重さが同じならば，速さの軌跡は放物線で，その横軸は運動物体が横切るに要する距離で，縦軸は得られる速さである．それゆえ，速さは距離の平方根である．

重引力の図形で，この場合，軸 AC に平行する右の線分 βC であろう．それゆえ

$$\frac{2\mathrm{A}\beta \times \mathrm{AE}}{M} = \mathrm{EF}^2$$

である．M は物体の質量，Aβ は重力，AE は落下距離，EF は得られた速さを表す．

$\mathrm{A}\beta = Mg$, $\mathrm{AE} = h$, $\mathrm{EF} = v$ とすれば，$v^2 = 2gh$ すなわち $\frac{1}{2}Mv^2 = Mgh$ を意味する．ヘルマンがガリレイの法則から運動方程式に至ったことは命題 19・定理からわかる．

注解 2　自由に変化する重力を g と名づけ，垂直に落下する物体の距離を x によって記述し，それを通過する時間を t，時間の終わりに得られる速度を u，距離，時間，速度の要素を $\mathrm{d}x$, $\mathrm{d}t$, $\mathrm{d}u$ とする．それによって，最初の公式は $g\mathrm{d}x = u\mathrm{d}u$

であり，$\mathrm{d}t = \frac{m\mathrm{d}u}{g}$ が得られる．m は物体の質量，g はその重力を表す．物体は他のなにものにも比較されず，運動だけが調べられるから，m を変えて，第二公式 $\mathrm{d}t = \frac{\mathrm{d}u}{g}$ になる．

ヘルマンは物体の運動を，接線方向とそれに直行する法線方向に分解して論じた．上記，命題16・系・注解で与えられているように，接線方向の力は

$$G = M\frac{\mathrm{d}V}{\mathrm{d}T}, \qquad G\mathrm{d}s = MV\mathrm{d}V$$

である．法線方向については，命題21・定理に与えられている．

命題21・定理　FEは曲線上のある点Nにおける運動物体の速さで，力はこの点における曲率半径Nzのもとでの長方形に等しく，$\beta\alpha$ は，中心力の曲線に直交して得られる $\mathrm{N}\alpha$ あるいはBEを表す．すなわち $\mathrm{EF}^2 = \mathrm{nZ} \times \beta\alpha$ である．

$\mathrm{EF} = v$，Nzはほぼ $\mathrm{nZ} = r$ で，ヘルマンの結果は

$$\beta\alpha = \frac{\mathrm{EF}^2}{\mathrm{nZ}} = \frac{v^2}{r}$$

となりハイヘンスの遠心力である．いずれもオイラーが受け継いでいる．

驚嘆すべきことに，ヘルマンはこの『運動学』の第24章「流体の内部運動について」で，ダーニエル・ベルヌーリに先駆けて，気体分子運動論を論じている．

命題85・定理　他のすべてが同じとすると，熱は，熱い物体の密度と粒子の振動の二乗に比例する．

粒子の振動とは，熱い物体の粒子が振動する速さの平均である．平均の速さを V，物体の密度を D としよう．熱は粒子の激しい運動からなるから，その量は，熱を受ける他の物

体に与える熱い物体の粒子の力に従って変化する．これら力は速度の二乗と密度の一乗に，したがって $D \times V^2$ に比例する．熱が $D \times V^2$ のように変化する．証明終わり．

ヘルマンもバーゼル生まれで，オイラーの母のまた従弟にあたる．ヤーコプ・ベルヌーリから数学の教育を受けた．オイラーの父パウル・オイラーやニーコラウス・ベルヌーリもヤーコプから数学を学んでいる．ヘルマンはヤーコプのもとで1695年に修士号を得た．1700年に「微分計算の原理についての高名な〔ベルナルト・〕ニーウエンテイト第二考察への解答」を書いてライプニッツの微積分を擁護した．ヘルマンはヤーコプを通してライプニッツと親しくなった．ライプニッツの強い推薦でヘルマンは1707年4月28日，パードヴァ大学数学教授になった．『運動学』を書き始めたのは1709年で，1710年に，ヨーハン，ヴァリニョンに並んで，「ヘルマン氏からベルヌーリ氏への手紙の抜粋」を発表し，デカルト座標の「ニュートン方程式」を与えたがケプラーの第1法則の「逆問題」を解くことができなかった．1713年4月28日パードヴァを去り，ふたたびライプニッツの推薦でフランクフルト・アン・デア・オーダー大学に赴任した．『運動学』を出版したのは1716年である．1717年にはケプラーの第2法則を微分によって解いた「ヘルマン氏の手紙」を発表している．ロシア皇帝ピョートル一世の招きで1725年末に創設されたアカデミー数学教授になった．ニーコラウスとダーニエルが物理学教授と生理学教授になった．ニーコラウスが亡くなり，オイラーがやってきたのは1727年，ヘルマンはロシアの不寛容政策に怒って1730年にバーゼルに帰り，バーゼル大学倫理学教授になった．ダーニエルはアカデミー数学教授に，オイラーは物理学教授に任命された．ヘルマンがバーゼルで亡くなったのは1733年である．

12.4　ガリレイの原理

ヨーハン・ベルヌーリは1727年の「運動伝達の法則についての論考」で

> それゆえ，球が受け取る力と死力は相等しい．私はこの力をpと名づける．Hにおける速さの増加要素，TOの微分，すなわち$\mathrm{d}v$は，知られている加速度の法則によって，駆動力，すなわち力pと，運動体がHPすなわち微分$\mathrm{d}x$を通りすぎるに要する微小時間，$\frac{\mathrm{HP}}{\mathrm{HN}} = \frac{\mathrm{d}x}{v}$，との積である．それゆえ$\mathrm{d}v = \frac{p\mathrm{d}x}{v}$より$v\mathrm{d}v = p\mathrm{d}x$であり，積分によって$\frac{1}{2}vv = \int p\mathrm{d}x$を与える

と書いている．

ダーニエル・ベルヌーリは1728年の論文「力学原理の検証と，力の合成と分解についての幾何学的証明」で

> 運動する物体の速さの増分は，時間要素と力の任意の関数の積，力pと速度vが$\mathrm{d}v = p\mathrm{d}t$ではなく，例えば$\mathrm{d}v = pp\mathrm{d}t$あるいは$\mathrm{d}v = p^3\mathrm{d}t$に比例し，それぞれの方程式は別の運動法則を与えるかもしれない．自然はそのようにつくられていることもあり得るだろう．……
>
> 要素の活力が$v\mathrm{d}v$によって表されること，あるいは同じことだが，物体の活力の測度は速度の二乗に比例することの証明が残されている．私にとって，活力の測度は，物体が静止する前にそれを引き延ばすことができるバネの数である．この定義が与えられると，二倍の速さを持つ物体は四つの同様のバネを持つことができ，同じ程度に向かうことが証明されるだろう．同じ単体は単一の速さに向かうからだ．これは私

の父〔ヨーハン〕が最初に示したものだが，少し動かすことができた運動の組み合わせによってだった．私は同じこと，すなわち，ガリレイの時代からすべての国の幾何学者が受け入れてきたが私としては偶然と思われる $\mathrm{d}v = p\mathrm{d}t$ を直接的に証明するだろう．

証明　固定点Lに向かって圧縮することができる弾性体があるとしよう．曲線BEFは，圧縮されたバネの長さを表す横座標LHが弾性体を圧縮された状態に保つに要する加圧HDを示すようになっているものとする．この種の四つのバネo, o, o, oがあるとし，加圧hdは他の曲線で横座標に加える力の四倍であるとする．長さLIの圧縮された弾性体を置き，それとは独立に球Aを押すものとする．弾性状態LHを得たとき，球Aの速度を求めるだろう．$\mathrm{LH} = x$，$\mathrm{HD} = p$，球の速度を $= v$，バネの端がIからHに達するときの時間を $= t$ とすると

$$\mathrm{d}v = p\mathrm{d}t = \frac{p\mathrm{d}x}{v}$$

あるいは

$$v\mathrm{d}v = p\mathrm{d}x, \text{あるいは}\, vv = 2\int p\mathrm{d}x, \text{および}\, v = \sqrt{2\int p\mathrm{d}x}$$

である

と書いている．ニュートンの運動法則IIにはいっさい触れず，「ガリレイの原理」を出発点としている．

1738年『新学術紀要』に掲載されたオイラー著『力学』書評（匿名だがヨーハン・ベルヌーリ執筆）で，力学の原理については次のようにしている．

> これら前文によって，静止点における絶対力の効果が与えられたとして，運動している同じ点における同じ力の効果を求めよ，という問題を解いている．当を得た事実は，質量の一様加速運動の研究において，ガリレイがすでに使っていた力学の基本原理を厳密に証明したことである．明らかに瞬間的速度の増加は時間要素における絶対力からの作用によって分析しなければならない．記号で表せば，力を $= p$，時間要素を $= \mathrm{d}t$，速さの要素を $= \mathrm{d}c$ とすれば，つねに，必然的に $\mathrm{d}c = p\mathrm{d}t$ である．それゆえ $\mathrm{d}c = p^2\mathrm{d}t$，あるいは $\mathrm{d}c = p^3\mathrm{d}t$，あるいは，$p$ の任意の関数を q として，$\mathrm{d}c = q\mathrm{d}t$ を仮定することは矛盾を意味する．ダーニエル・ベルヌーリの『帝国科学アカデミー解説』第1巻127頁に現れたのと同じである．

ここでも，力学の基本原理，「ニュートン方程式」が，ガリレイを出発点とし，オイラーに引き継がれたことが語られている．ライプニッツ，ヴァリニョン，ヘルマン，ヨーハン，ダーニエル，オイラーと続く考え方 $\mathrm{d}v = p\mathrm{d}t$ は，ニュートンの運動法則Ⅱではなく，ガリレイ以来の重力加速度の法則を一般化したものである．ガリレイの落下運動は，力が一定の等加速度運動だが，微小時間では任意の力は一定とみなせるからである．ダーニエルは「ガリレイの原理」とし，ヨーハンは「加速度の法則」と呼んでいる．

13 レオンハルト・オイラー I

Leonhard Euler I

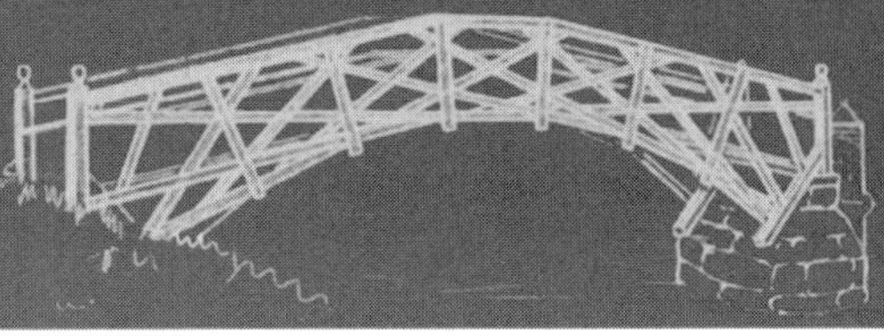

13.1 ペテルブルクからベルリンへ

バーゼル，ラインにかかる中ライン橋のたもとから，マルティーン教会の下を通り，ライン沿いのラインシュプルングの急坂を上っていくと，バーゼル大学旧館があり，銘板に「1460 年教皇の特権によって創立されたスイス最古の大学．ラインへの拱廊を持つ中世後期建築群」と書いてある．さらに坂道を上ると数学研究室があり，その先に大聖堂がある．オイラーは，1720 年 10 月 20 日，十三歳でバーゼル大学哲学部に入学し，1722 年 5 月 9 日，学士に相当するプリマラウレアを得た．1723 年秋，修士試験を受けて哲学部を卒業し，牧師だった父の希望で，10 月 29 日神学部に入学したが，もっぱら数学を勉強し，ヤーコプ・ベルヌーリを継いだ弟ヨーハン・ベルヌーリの講義を聴いた．1724 年 6 月 8 日，デカルトとニュートンの哲学を比較する公開講義を行なって修士号を得た．ヨーハン・ベルヌーリの息子で友人のヨーハン二世も同時に修士号を得た．

オイラーは略伝でこう書いている．

> 私は，1720 年に公費生として大学に入学し，間もなく有名な教授ヨーハン・ベルヌーリと知り合う機会を得ました．

> 彼は，数理科学において，非常に喜んで私を助けてくれました．けれども彼は，多忙のため，個人教授をするつもりはありませんでした．それでも彼はもっと役立つ助言をしてくれました．もっと難しい数学の本を手にとって懸命に読みこなし，もし疑問や困難に遭遇したときには，土曜午後に自由に彼の下にやってくるよう言ってくれたのです．彼は私が集めた困難を優雅に解き明かしました．それは望み通り力強くなされたので，彼が私の疑問の一つを解いたときは，他の十がたちまち解けてしまったほどです．それは数理科学においてすみやかに進歩していく最良の方法でした．

ヨーハンは，オイラーを数学者にするよう，父を説得したように思われる．ヨーハンは自分の息子ダーニエルに数学の道を歩ませないようにしようとしたのだが．

1724年，アカデミー設立を決めた初代ロシア皇帝ピョートル一世を継いだエカテリナ一世は，1725年末にアカデミーを創設した．ヨーハン・ベルヌーリは，アカデミーへの招聘を辞退し，かわりに，息子のニーコラウスとダーニエルをサンクトペテルブルクに送り出した．兄弟は，1725年に，それぞれ物理学部門と生理学部門に教授職を得た．ダーニエルは，翌年7月31日に病死したニーコラウスの地位を継ぎ，空席になった自分の地位にオイラーを推薦した．11月オイラーは招聘を受諾し，医学部で解剖学と生理学を勉強して準備する一方で，1727年には，船に帆柱を設置する最適の方法について，パリ科学アカデミーの懸賞問題に応募して第二席に選ばれた．『音についての物理論文』を書いて，物理学教授に応募したが，最終選考に残らなかった．オイラーは4月5日船でバーゼルを発ってラインを下った．サンクトペテルブルクに着いたのは1727年5月17日である．その日エカテリナ一世の死が公表されたばかりだった．ピョートル一世

の孫，十二歳のピョートル二世が帝位に就くと，反改革派の貴族たちはアカデミーの予算を凍結した．オイラーは海軍軍医の職を与えられた．1730年にピョートル二世が亡くなると情況は改善し，ダーニエルはアカデミー数学教授に，オイラーは物理学教授に任命された．オイラーは中尉への昇格を辞退して海軍を辞職した．オイラーは六年間ダーニエルと同居し，共同で研究した．だがダーニエルは1733年にバーゼルに帰ったのでオイラーが後任数学教授になった．

オイラーは，1735年の大病が原因で，1738年には，右目がほとんど見えなくなっていた．1740年にプロイセン王位を継いだフリードリヒ二世はオイラーを王立プロイセン科学協会に招聘した．オイラーは，1741年6月19日，サンクトペテルブルクを去って，7月25日にベルリンにやってきた．コンドルセーはフリードリヒ二世の母ゾフィー・ドロテーアとの逸話を伝えている．

> 母后はオイラーからそっけない返事しか引き出せなかった．彼女は，あまりもの内気，彼女が霊感を受けるに値しないと感じた気まずさについて彼を咎めた．彼女は《あなたはなぜ私に話してくれないのですか？》と訊ねた．彼は《奥様，私は，しゃべったことで絞首刑になる国からやってきたのです》と答えた．

科学協会のあるウンター・デン・リンデンの一街区南に平行するベーレン通りにオイラー旧居があり，銘板に「数学者レオンハルト・オイラーは1743年から1766年までここに住んだ」と刻まれている．フリードリヒ二世は1744年にベルリン科学協会をベルリン科学アカデミーとして再生させ，オイラーを数学部門主任に任命した．

13.2 オイラー『力学』

オイラーが1736年に出版した『力学すなわち解析的に記述した運動の科学』は，微積分を使わなかったニュートンに対し，ライプニッツの微積分を系統的に使用する解析力学の先駆となった.

> 解析なしに書かれたすべての著作に共通することは，力学においてとくに著しい．実際，読者は，証明されたことが真実であると説かれたとしても，それらを明瞭に，明確に理解することができない．その結果，もし彼が解析の助けによってその問題を調べるのでなければ，また同じ命題を解析的方法に発展させるのでなければ，少し変えられただけで同じ問題を自分自身の力で解くことはほとんどできない．それは，私がニュートンの『プリンキピア』やヘルマンの『運動学』を勉強し始めた頃，まさしく私に起こったことである．事実，多くの問題の解答を十分理解したつもりでも，少し違う問題を解くことができなかった．それゆえ私は，私自身の目的のために，命題を解析によって扱うために，総合的方法の陰に隠れた解析を明らかにするべくできる限り努力した．このやり方によって私は知識の驚くほどの改善を看取したのである.

真空中の質点の直線運動，抵抗媒質中の質点の自由運動，中心力のもとでの質点の曲線運動，面上の拘束運動が取り扱われている．ヨーハン・ベルヌーリは上記書評冒頭で

> 1716年1月号本誌1頁でヘルマンの優れた『運動学』を論評したとき，隠された核心のみが含まれる著作はほとんどなかった，と述べた．だが，これから概観するオイラーのこ

> の著作は，数学の核心から準備された，高遠で隠されたものにあふれており，これまでに登場したことはなかったと直ちに断言する．どの部分も従来の研究ではなく，真理への愛によって導かれている．この著作で提示される材料は，卓越さと優美さ，それらが整えられた余裕の優雅さで取り扱われている．……方法については，本全体が解析的であるため総合法の証明はない．著者はすべてをもっとも平明に，同時に，よどみなく提案し，真の原理から引き出している

と書いている．『力学』第1巻，第2章，命題19では

> **系1**　Mにおける点の速さをc，距離要素を$\mathrm{Mm}=\mathrm{d}s$としよう．そのとき，要素Mmにおける一様運動によって決まる時間は$\mathrm{d}t=\frac{\mathrm{d}s}{c}$である．さらに$\mathrm{d}c$は$p\mathrm{d}t$なので，$\mathrm{d}c$は$\frac{p\mathrm{d}s}{c}$，あるいは$c\mathrm{d}c$は$p\mathrm{d}s$であろう．それゆえ，速さの二乗の増分は力と横切る長さの要素の積に比例する．
>
> **系2**　それゆえ，この定理が真であるばかりでなく，必要性によって真であることは明らかであろう．$\mathrm{d}v=p^2\mathrm{d}t$あるいは$\mathrm{d}v=p^3\mathrm{d}t$あるいは$p$に代わる他の関数を置くことは矛盾を含むからである．これらすべては等しく推奨でき，『帝国科学アカデミー解説』第1巻〔「力学原理の検証」〕でもっとも卓越したダーニエル・ベルヌーリが考察した．私はこれら命題の厳密さと証明に大きく影響を受けた

としてダーニエルを踏襲している．

ヘルマンの影響を受けたオイラーは「質量×加速度＝力」を『力学』で述べている．命題19に続いて，命題20は次のようになっている．pを単位質量あたりの力とし，

定理　力の方向に一致する方向にある点の運動は，速さの増分が力と時間要素の積を点の物質量で割ったものである．

系 1　点 A〔質量〕の速さが c であるとすると，

$$\mathrm{d}c = \frac{np\mathrm{d}t}{A}$$

である．n はあらゆる場合に同じ数を表す．力の大きさにも，時間要素にも，物質量にも依存しない．

オイラーがまだ「ニュートン方程式」に至っていないのは，ヘルマンにならって，力を，接線方向と，それに直交する方向に分解して論じ，普遍性がなかったからである．『力学』第 5 章，命題 70.

問題　物体が，平面内の要素 Mm を横切るとき，法線方向と接線方向の二つの力を受けるとすると，物体の運動を変化させる各力の効果を決めること．

解　高さ v に対応する要素 Mm を記述する物体の速さを v，法線 MR 方向に引っ張る力を N，MT 方向に引っ張る接線力を T，要素 Mm を $= \mathrm{d}s$，M における曲率半径を $= r$ とする．

力 N の効果を決めるため，その方向は Mm における法線に沿っているので，公式 $2npr = Ac^2$ を使う．これは $pr = 2Av$ になる．だが，ここでは $\frac{p}{A}$ を N に置きかえる．というのも，私たちは N を，物体への力 N の効果というばかりでなく，加速度の強さ，物体の質量で割った絶対力と理解するからである．それゆえ，$\frac{p}{A}$ のかわりに N に置きかえなければならない．すなわち

$$Nr = 2v$$

になる．前半証明終わり．

次に，接線力 T の効果を決めるため，$Ac\mathrm{d}c = np\mathrm{d}s$ を使う．あるいはそのかわりに，$A\mathrm{d}v = p\mathrm{d}s$ と変形する．上記の理由によって，$\frac{p}{A}$ を T に置きかえ，

$$\mathrm{d}v = T\mathrm{d}s$$

になる．後半証明終わり．

この解だけではわかりにくいので，命題21の系を要約しておこう．要素ADを $\mathrm{d}s$，時間要素を $\mathrm{d}t = \frac{\mathrm{d}s}{c}$ とする．また，力はAEの方向にあるとする．DからAEに垂線DFを下ろし，$\mathrm{AF} = \mathrm{d}y$ および $\mathrm{DF} = \mathrm{d}x$ とすると，$\mathrm{d}s^2 = \mathrm{d}x^2 + \mathrm{d}y^2$ が成り立つ．幾何学的関係から

$$r = \frac{Ac\mathrm{d}s^2}{np\mathrm{d}x\mathrm{d}t} = \frac{Ac^2\mathrm{d}s}{np\mathrm{d}x}$$

すなわち $npr\mathrm{d}x = Ac^2\mathrm{d}s$ が得られる．AEの方向が曲率半径の方向と一致するときは $\mathrm{d}y = 0$，$\mathrm{d}x = \mathrm{d}s$ になるから $r = \frac{Ac^2}{np}$ で，オイラーはこれを使った．またガリレイの法則で高さ v からの落下で得られる速さ $c = \sqrt{2gv}$ を簡単にするために $g = \frac{1}{2}$ を選んで $c^2 = v$ とし，さらに，$n = \frac{1}{2}$ を選んで，$pr = 2Av$ に変形した．オイラーの n は単位系に依存し，これ以降の論文では，$n = \frac{1}{2}$ とする単位系を使っているので，力に数因子 $\frac{1}{2}$ が必ずつく．今日では1に選ぶのが普通である．本書では煩わしい数因子は省略して現代の単位系に合わせておく．したがって，$n = 1$ とすると，命題70の結果から

$$N = \frac{v}{r} = \frac{c^2}{r}, \qquad T = \frac{\mathrm{d}c}{\mathrm{d}t}$$

が得られる．

自然対数の底（ネイピア数，オイラー数）の記号 e はこの本で初めて使われた．曲線運動を論じる命題21で，速度を c，運動方向の要素を $\mathrm{d}s$ とし，力に直交する成分を $\mathrm{d}x$，力の方向の成分を $\mathrm{d}y$，動径を r とする．

> **系 11**　$\frac{\mathrm{d}c}{c} = \frac{\mathrm{d}y\mathrm{d}s}{r\mathrm{d}x}$ すなわち $c = \mathrm{e}^{\int \frac{\mathrm{d}y\mathrm{d}s}{r\mathrm{d}x}}$ が成り立つ．ここで e は対数が 1 の数を表す．

e が初めて現れた歴史的瞬間である．b，c，d は使用してしまっていたので e を選んだ．

13.3　質量×加速度＝力

オイラーは 1738 年 12 月 4 日と 1739 年 3 月 30 日アカデミー発表した「新しい種類の振動について」（1750 年刊行）で，フックの法則に従うバネの，正弦的外力のもとでの振動を論じている．座標を s，速度を $u = \frac{\mathrm{d}s}{\mathrm{d}t}$，重りの質量を a とすると，運動方程式は $a\mathrm{d}u = np\mathrm{d}t$，$n = \frac{1}{2}$ である．オイラーは $v = au^2$ を定義し，運動方程式 $\mathrm{d}v = p\mathrm{d}s$ を使った．

> 任意の与えられた瞬間に，AB に沿う物体の位置を定めることができるならば，振動は適切に知られるだろう．そのとき y と v を消去し，s と t の間の方程式に帰着させることができる．事実，前の二つの方程式 $y = a\sin A\frac{t}{a}$ および $v = \frac{-a\mathrm{d}s^2}{\mathrm{d}t^2}$ を，方程式 $\mathrm{d}v = -\mathrm{d}s\left(\frac{s}{b} + \frac{y}{g}\right)$ に代入すると，s と t の間の次の方程式に帰着する．
>
> $$\frac{2a\mathrm{d}s\mathrm{d}\mathrm{d}s}{\mathrm{d}t^2} = -\mathrm{d}s\left(\frac{s}{b} + \frac{a}{g}\sin A\frac{t}{a}\right),$$
>
> $$2a\mathrm{d}\mathrm{d}s + \frac{s\mathrm{d}t^2}{b} + \frac{a\mathrm{d}t^2}{g}\sin A\frac{t}{a} = 0$$
>
> は二度積分でき，s と t の間の方程式に帰着する．

記号は別にして現代の教科書と寸分も違わない（左辺の数係数 2 は $n = \frac{1}{2}$ に由来し，現在では 1 とする）．

> これらすべての中で，とくに注意するに値するのは，振動の振幅が無限大になる $2b = a$ の場合である．この効果は，有限の力によって生成されるので，もっとも驚くべきものである

として，初めて共鳴現象を発見した．

13.4 オイラーと仲間たち

13.4.1 アレクシス・クレロー

極座標における運動方程式を最初に発表したのは，ダーニエル・ベルヌーリ，アレクシス・クロード・クレロー，オイラーである．これらは三人の間の競争から生まれた．オイラーは1742年3月15日ヨーハン・ベルヌーリ宛の手紙で，固定点のまわりを運動可能な管と，管の中で自由に運動可能な物体の運動を一般的に決める問題を提案した．解答を得たダーニエルは，今度は，管が任意の数の物体を含む問題をオイラーに提案した．クレローは1740年9月17日オイラーに最初の手紙を送り文通を始めていた．オイラーはクレローにも問題を知らせ，二人は問題を解くことができたが，その結果も方法もベルヌーリに知らせなかった．そこでダーニエルは独自に問題を解き，「力学の新問題」(1745) を発表した．

ダーニエル・ベルヌーリは，固定点からの距離を y，物体を固定点に引きつける力を π，管に沿う物体の速度を v，管の回転運動に伴う速度を V として，

$$\mathrm{d}v = \left(\frac{VV}{y} - \pi\right)\mathrm{d}t$$

を与えている．$\frac{VV}{y}$ は遠心力である．ダーニエルの微分方程式は極座標における運動方程式の動径成分で，$y = r$，$\mathrm{d}v = \frac{\mathrm{dd}r}{\mathrm{d}t}$，管の回転速

度を $V = \frac{l}{r}$ とすれば

$$\mathrm{dd}r = \left(\frac{l^2}{r^3} - \pi\right)\mathrm{d}t^2$$

である．ライプニッツ方程式にほかならない．オイラーとクレローはダーニエルのこの考え方を取り入れた．

クレローは1742年「力学の多数の問題の解を与える原理について」で管中での物体の運動を論じている．物体Pは質量 m で，管の一端に固定され，回転の中心Cからの距離をCP $= 1$ とする．物体Mは質量1で，動径CMを y，微小時間 $\mathrm{d}t$ における回転角を x とする．

節23・問題1　CM方向の物体Mの加速力は $= \frac{y\mathrm{d}x^2}{\mathrm{d}t^2}$ である〔遠心力のみが作用している〕．加速力の一般原理によって

$$\left(\frac{y\mathrm{d}x^2}{\mathrm{d}t^2}\right)\mathrm{d}y = \frac{\mathrm{d}y}{\mathrm{d}t} \times \frac{\mathrm{dd}y}{\mathrm{d}t}$$

すなわち

$$\mathrm{dd}y = y\mathrm{d}x^2$$

である．活力保存の原理によって $yy\mathrm{d}x^2 + \mathrm{d}y^2 + m\mathrm{d}x^2 = a\mathrm{d}t^2$ である〔活力 $a = v^2$ は積分定数〕．したがって，点Mによって描かれる曲線の問題は，これら二つの方程式から引き出すだけの問題である．

最後の式を微分し，$(m+yy)\mathrm{d}x\mathrm{dd}x + y\mathrm{d}y\mathrm{d}x^2 + \mathrm{d}y\mathrm{dd}y = 0$ が得られるから，$\mathrm{dd}y$ に第一方程式が与えるその値 $y\mathrm{d}x^2$ を代入し全体を $\mathrm{d}x^2$ で割れば $(m + yy)\mathrm{dd}x + 2y\mathrm{d}y\mathrm{d}x = 0$ が成り立つ〔運動方程式の角度成分〕．これを積分すれば $(m + yy)\mathrm{d}x = b\mathrm{d}t$ である．この方程式を活力保存の方程式と組み合わせる必要はなく，求める曲線の方程式

$$\mathrm{d}x = \frac{b\mathrm{d}y}{\sqrt{(m + yy)[(yy + m)a - bb]}}$$

が直ちに得られる.

オイラーは1746年「可動面上の物体の運動について」で極座標における運動方程式を与えた. オイラーは, Pr方向にp, 直交するPq方向にqを取り, 力＝質量×加速度, すなわち,

$$\mathrm{Pr}\text{ 方向の力} = A\frac{\mathrm{dd}p}{\mathrm{d}t^2}, \quad \mathrm{Pq}\text{方向の力} = A\frac{\mathrm{dd}q}{\mathrm{d}t^2}$$

とした. Aは質量である. デカルト座標p, qを極座標x, ωに変換し, PEをx方向, PLをω方向として,

$$\mathrm{PE}\text{ 方向の力} = \frac{A\mathrm{dd}x - Ax\mathrm{d}\omega^2}{\mathrm{d}t^2}, \ \mathrm{PL}\text{ 方向の力} = \frac{2A\mathrm{d}x\mathrm{d}\omega + Ax\mathrm{dd}\omega}{\mathrm{d}t^2}$$

を与えている. $x = r$, $\omega = \theta$に書きかえれば現代の運動方程式である.

クレローは1751年サンクトペテルブルク・アカデミーで受賞した「距離の二乗に逆比例する引力原理のみから導いた月の理論」(1752)で運動方程式を与えている.

問題 II　二つの加速力のうち, 中心Tに向かって押す第一の力は, 距離の二乗に逆比例する部分$\frac{M}{rr}$と, そのほかの部分Φからなると仮定する. 第一に, dxから導かれる一つの方程式によって曲線Mmを表すことを求める. 第二に, この方程式は$\frac{M}{rr}$が単独で記述する円錐曲線を与える部分と, 力ΦとΠに対してなされなければならないものを含む有限の形の別の部分からなることを求める. 第三に, 時間は曲線の任意の部分を包含することを要求する.

節1　前問によって二つの方程式

$$r\mathrm{dd}v + 2\mathrm{d}r\mathrm{d}v = \Pi\mathrm{d}x^2, \quad r\mathrm{dd}v^2 - \mathrm{dd}r = \left(\frac{M}{rr} + \Phi\right)\mathrm{d}x^2$$

> を得る．最初の式に r を乗じ，dx で割ると $\frac{rr\mathrm{dd}v+2r\mathrm{d}v\mathrm{d}r}{\mathrm{d}x} = \pi r\mathrm{d}x$ が与えられるから，それを積分して $\frac{rr\mathrm{d}v}{\mathrm{d}x} = f + \int \pi r\mathrm{d}x$ になる．f は積分によって付け加えられる定数である．

$v = \theta$，$\mathrm{d}x = \mathrm{d}t$ とすれば非中心力 Π を含む運動方程式が得られる．中心力の場合は $f = l$ が保存量である．

13.4.2　パトリース・ダルシー

運動量のモメントとして角運動量を定義したのはパトリース・ダルシー（パトリク・ダーシー）である．1742 年と 1746 年における科学アカデミーでの発表を 1747 年に印刷公表した．

> **力学の一般原理**　それぞれがある種の運動量を受け取り，紐や，曲がらない線や，引力の法則などによって互いに作用する物体の系を A，B，C などとする．これら物体が同一時間で描く弧を Aa，Bb，Cc などとする．ある固定点から線 OA，Oa；OB，Ob；OC，Oc などを引くと，面積 AOa，BOb，COc とそれぞれの質量 A，B，C との積の和はつねに時間に比例する量である．
>
> 第一に，これら物体が互いに作用せず，それぞれが一様な速度で直線運動するとすると，この原理の真実性は明白だろう．というのも各物体の描く面積は時間に比例するので，一定の質量との積は，互いに足し合わせると，つねに時間に比例する和を与えるからである．
>
> 次に，同じ原理の真実性を理解するために，物体が互いになんらかの作用をするとき，それらが運動量を受け取らず，それゆえ相互作用によってのみ運動するものとしよう．物体 A，B，C が互いに作用する力によって取る方向を Aa，Bb，Cc で表し，任意の固定点からこれら三方向に下ろした垂線

をOR，OP，OQとする．

相互の力に押された物体A，B，Cが距離Aa，Bb，Ccを描こうとする瞬間に，それらの互いの位置を変化させることができないようにして互いに結び付けられたとしよう．例えば，それらが，傾きを変えることができない長方形ORA，OPB，OQCに固定されたと仮定すればAa，Bb，Ccに従う物体A，B，Cの努力が釣り合うことが容易にわかるだろう．というのも，すべての部分が互いに束縛された物体は，相互作用から運動を受け取ることができず，物体A，B，Cの努力は$A \times \mathrm{Aa} \times \mathrm{OR}$，$B \times \mathrm{Bb} \times \mathrm{OP}$，$C \times \mathrm{Cc} \times \mathrm{OQ}$であることを知っているからである．それゆえ$A \times \mathrm{Aa} \times \mathrm{OR} + B \times \mathrm{Bb} \times \mathrm{OP} = C \times \mathrm{Cc} \times \mathrm{OQ}$，すなわち$A \times \mathrm{Aa} \times \mathrm{OR} + B \times \mathrm{Bb} \times \mathrm{OP} - C \times \mathrm{Cc} \times \mathrm{OQ} = \mathrm{AOa} \times A + \mathrm{BOb} \times B - \mathrm{COc} \times C = 0$である．

注意1 二つの物体A，Bのみからなる系を考え，静止する重力の中心のまわりにこの系が運動するとすると，上記原理によって，時間に比例する$\mathrm{ACa} \times A + \mathrm{BCb} \times B$を得る．だが，$\mathrm{ACa} \times A : \mathrm{BCb} \times B = \mathrm{AC}^2 \times A : \mathrm{BC}^2 \times B$，および重力の中心の条件$\mathrm{AC} \times A = \mathrm{BC} \times B$が成り立つので，$\mathrm{ACa} \times A : \mathrm{BCb} \times B = \mathrm{AC} : \mathrm{BC} = B : A$，すなわち定数比である．それゆえ$\mathrm{ACa} \times A$，その結果ACaは時間に比例する．これは向心力に対するニュートンの原理，ケプラーの第1〔第2〕法則を示しているが，私がここで説明した原理の特殊な一例にすぎない．

符号は，A，Bが反時計回り，Cが時計回りであることによる．ダルシーの角運動量

$$A \times \mathrm{Aa} \times \mathrm{OR} = A\mathrm{d}s \frac{y\mathrm{d}x}{\mathrm{d}s} y = Ayy\mathrm{d}x = \mathrm{AOa} \times A$$

は質量×面積速度の二倍である．ダルシーは角運動量を1とした．ベクトル積を最初に与えたのはヘルマン・グラスマンで1844年に出版した『外延論』に書かれている．物理への応用は1845年に電流要素間の力の法則として発表した．ダルシーの角運動量は動径と運動量のベクトル積にほかならない．動径と運動量のなす角度を α とすると，角運動量の大きさは

$$A \times \mathrm{Aa} \times \mathrm{OA} \times \sin\alpha = A \times \mathrm{Aa} \times \mathrm{OR}$$

である．クレローが運動方程式と活力保存を用いたのに対し，ダルシーは角運動量保存と活力保存を用いてクレローと同じ問題を解いた．

問題1　中心Cに固定した曲がらない線をPMとする．物体Pは固定され，物体Mはこの線上を滑らせることができる．これら物体に任意の運動量を与えたとき，物体Mが描く曲線を求めよ．

PM，pmは線の近接する二つの状況を表し，弧は中心Cと動径CMから描くとする．$\mathrm{CP} = 1$，$\mathrm{Pp} = \mathrm{d}x$，$\mathrm{CM} = y$，$\mathrm{Rm} = \mathrm{d}y$，$\mathrm{Mm} = \mathrm{d}s$，$\mathrm{MR} = y\mathrm{d}x$，Mの質量 $= 1$，Pの質量 $= m$，Mの速さ $= v$，Pの速さ $= u$ とすると，上記原理によって $m\mathrm{d}x + yy\mathrm{d}x = \frac{\mathrm{d}s}{v} = \frac{\mathrm{d}x}{u}$ を得，$v = \frac{\mathrm{d}s}{m\mathrm{d}x + yy\mathrm{d}x}$ および $u = \frac{\mathrm{d}x}{m\mathrm{d}x + yy\mathrm{d}x}$ が導かれる．活力保存の原理によって $vv + muu = A$ を得る．v と u に対してその値を代入すると，$\frac{\mathrm{d}s^2 + m\mathrm{d}x^2}{(m+yy)^2\mathrm{d}x^2} = A$ となり，$\mathrm{d}s^2$ に $yy\mathrm{d}x^2 + \mathrm{d}y^2$ と置けば，$\frac{yy\mathrm{d}x^2 + \mathrm{d}y^2 + m\mathrm{d}x^2}{(m+yy)^2\mathrm{d}x^2} = A$，あるいは $yy\mathrm{d}x^2 + \mathrm{d}y^2 + m\mathrm{d}x^2 = A \times (m+yy)^2\mathrm{d}x^2$，あるいは $\mathrm{d}x^2 = \frac{\mathrm{d}y^2}{A \times (m+yy)^2(m+yy)}$，あるいは最後に

$$\mathrm{d}x = \frac{\mathrm{d}y}{\sqrt{(m+yy)[A \times (m+yy) - 1]}}$$

になる．1742年の『アカデミー会誌』でクレロー氏が与えた方程式である．

ダルシーはアイルランド生まれだが，非国教徒抑圧を逃れて，1739年にパリにやってきた．クレローの父ジャン＝バティスト・クレローの家に寄宿し，教育を受けた．クレローの父は，フォブール・サンジェルマンの大学通りとサン＝ペール通りの角にあった王立アカデミー・デュガールの数学教師で，クレローも父から数学教育を受け，クレローとダルシーは親友になった．エミリー・デュ・シャトレーの息子もクレローの父から教育を受けた．

13.4.3 エミリー・デュ・シャトレー

ピエール＝ルイ・モロー・ド・モーペルテュイは1729年9月30日バーゼル大学に登録し，ヨーハン・ベルヌーリの家「古き信義館」に下宿して数学を勉強した．その息子ヨーハン二世と知り合ったのはこのときである．モーペルテュイは1733，34年，エミリー・デュ・シャトレーに数学を教えた．モーペルテュイとクレローは1734年9月から11月までバーゼルを訪れ，ヨーハン・ベルヌーリに学んでいる．そのときザームエル・ケーニヒと知り合った．バーゼルから戻ったモーペルテュイとクレローはパリ西郊の丘モン・ヴァレリアンの家に同居し地球の形状について議論した．

クレローは，1735年にエミリーの家庭教師になった．クレローの教科書『幾何学の初歩』(1741)，『代数の初歩』(1746) はこのときの講義に基づいている．1736年4月20日から1737年8月20日まで，モーペルテュイに率いられたラプランド観測隊に加わり，地球の形状を測定する調査に従事した．1739年3月ケーニヒもシレーにやってきた．エミリーが1740年に出版した教科書『物理学教程』を，ケーニヒは自分が書いたと主張してエミリーを激怒させた．わけもわから

ずニュートンに固執するヴォルテールとは異なり，デカルト，ニュートン，ライプニッツを総合した本で，ライプニッツの体系を自分自身の言葉で詳説した．最終章ではライプニッツの活力説を擁護した．

クレローは1743年に『流体静力学から導いた地球の形状についての理論』を出版し，扁率を与える公式を与えた．1745年からエミリーが『プリンキピア』をフランス語に翻訳し，注釈を執筆するのを手伝った．ヴォルテールは序文で次のように書いている．

> 代数的注釈に関しては，翻訳を超える著作である．デュ・シャトレー夫人は，クレロー氏の着想のもとに，彼女自身ですべてを計算し，章を終えると，クレロー氏がそれを調べて修正した．そればかりではない．彼はこのような重労働においても誤解釈を避けることができた．符号を逆にしてしまうことは非常にたやすい．クレロー氏は計算を完成したとき第三者に調べさせたので，不注意な間違いがこの本に滑り込むことは不可能である．少なくとも傷つくことは，クレロー氏の手が入ったこの著作がこの分野で優れてはいなかったことである．

クレローが相談相手になったことは事実だが，注釈のほとんどはエミリーの手になる．286頁に及び，「世界体系の簡約注釈とニュートンの『プリンキピア』から導かれる主要な天体現象の説明」，「世界体系に関する主要な問題の解析解」からなり，後者の第1章「強力な重力仮説における軌道」では『プリンキピア』の命題や『プリンキピア』にない命題をライプニッツの微積分によって解いている．また第4章は「地球の形状について」で，クレローの論文を参考にしているものの，彼女自身の執筆である．

「解析解」は『プリンキピア』をライプニッツの微積分で単に書き直したのではない．例えば，『プリンキピア』第1編で命題5は問題1だけだが，命題5・問題2が新たに付け加えられた．x を回転角，y を動径，b を角運動量とする．

命題5・問題2　焦点の一つを力の中心として，楕円における向心力の表式を求めよ．

焦点に関する楕円の極座標方程式は

$$\mathrm{d}x = \frac{b\mathrm{d}y}{y\sqrt{2ay - yy - bb}}$$

で，この場合

$$\mathrm{d}s = \frac{\mathrm{d}y\sqrt{2ay - yy}}{\sqrt{2ay - yy - bb}}$$

が成り立つから，垂線は

$$p = \frac{yy\mathrm{d}x}{\mathrm{d}s} = \frac{by}{\sqrt{2ay - yy}}, \qquad \mathrm{d}p = \frac{aby\mathrm{d}y}{(2ay - yy)^{\frac{3}{2}}}$$

となり，$\frac{\mathrm{d}p}{p^3 dy}$ は向心力の一般的な表式で，この場合 $\frac{a}{bbyy}$ になる．題意が示された．

$x = \theta$，$y = r$，$b = l$ にすると，出発点とした楕円の方程式は，(7.8) に (5.1) を代入した

$$\mathrm{d}\theta = \frac{l\mathrm{d}t}{r^2} = \frac{l\mathrm{d}r}{r^2\sqrt{\frac{2l^2}{Lr} - \frac{l^2}{La} - \frac{l^2}{r^2}}}$$

である．a は半長軸で，命題では $a = \frac{l^2}{L}$ を使っている．ライプニッツの $\frac{\mathrm{d}r}{\mathrm{d}t}$ ではなく，後述する脚注に基づいており，これをもう一度微分すればライプニッツ方程式になる．ヨーハン・ベルヌーリはこれを積分して逆問題を解いた．ニュートンが辿り着けなかった方程式だ．垂線 $p = \frac{b}{v}$ はニュートンのSYである．エミリーの与えた一般式 $\frac{\mathrm{d}p}{p^3 dy}$ はヴァリニョンが与えた $F\mathrm{d}y = -v\mathrm{d}v$ と同等である．

$$F = -\frac{v\mathrm{d}v}{\mathrm{d}y} = \frac{bb\mathrm{d}p}{p^3 dy}$$

となる（定数因子 bb の違いはのちに変更している）．向心力は

$$\frac{bb\mathrm{d}p}{p^3\mathrm{d}y} = -\frac{1}{2}\frac{\mathrm{d}}{\mathrm{d}y}\frac{bb}{pp} = -\frac{1}{2}\frac{\mathrm{d}vv}{\mathrm{d}y} = \frac{a}{yy}$$

である．ニュートンの幾何学による証明に比べると，物理的意味が鮮明で，ライプニッツの微積分の強力さがわかる．

エミリーが与えた楕円の極座標方程式は命題5・問題2の脚注に書かれている．

脚注　この方程式の導き方はこうである．楕円 ABH を考え，焦点 C から直線 CM を引き，軸 AH へ垂直に MQ を下ろす．極 C を中心として，任意の半径 CO の弧 OP を描く．CO $=1$，DQ $=u$，AD $=a$，DB $=b$，CM $=y$，CD $=c$，DE $=\frac{aa}{c}$，CQ $=c+u$ とする．円錐曲線では CM : LM = AC : AE すなわち $y : \frac{aa}{c}+u = a-c : \frac{aa-ac}{c}$ が成り立つ．それゆえ $y=\mathrm{CM}=\frac{aa+cu}{a}$，そして $u=\frac{ay-aa}{c}$ が得られる．角度 OCP の正弦 $\frac{\mathrm{CQ}}{\mathrm{CM}}$ を s と名付けると，その値は $\frac{ay-bb}{cy}$ で，

$$\mathrm{d}x = \frac{\mathrm{d}s}{\sqrt{1-ss}} = \frac{\mathrm{d}\left(\frac{ay-bb}{cy}\right)}{\sqrt{1-\frac{(ay-bb)^2}{c^2y^2}}} = \frac{b\mathrm{d}y}{y\sqrt{2ay-yy-bb}}$$

が得られる．

エミリーは命題10・問題5で双曲線，命題11・問題6で放物線について極座標方程式を与えている．

また命題12・問題7では任意の中心力の描く曲線の方程式を与えている．

与えられた点から，与えられた速さと方向を持って出発する物体の描く軌道を求めよ．物体は中心への距離の任意の関

数として働き，その強度が与えられた中心力によって連続的に誘引されるとする．

線分を$\mathrm{M}\mu = \mathrm{d}s$，$\mathrm{CR} = p$とする．物体が出発する点Pにおける速さを$= f$とする．この点における動径を$\mathrm{CP} = h$とする．同じ点での接線への垂線を$\mathrm{CQ} = l$とする．第1論文によって面積は時間に比例する．また$\mathrm{CPp} : \mathrm{CM}\mu = \frac{\mathrm{CP}}{f} : \frac{p\mathrm{d}s}{lf} =$ 弧$\mathrm{M}\mu$の時間$= \mathrm{d}t$であるから$\frac{\mathrm{d}p\mathrm{d}s^2}{p\mathrm{d}y\mathrm{d}t^2} = \frac{l^2 f^2 \mathrm{d}p}{p^3 \mathrm{d}y}$になる．ここで，任意の力の一般的表式を問題の条件によって与えられた力を表すyの関数に等値しなければならない．

Yをこの関数とすれば，求める曲線の方程式として$\frac{l^2 f^2 \mathrm{d}p}{p^3 \mathrm{d}y} = Y$，あるいは$Y\mathrm{d}y = \frac{l^2 f^2 \mathrm{d}p}{p^3}$を得る．これは積分の問題にすぎず，$\frac{2B - 2\int Y\mathrm{d}y}{l^2 f^2} = \frac{1}{p^2}$を与える．ここで$B$は付加定数で，$p = \frac{yy\mathrm{d}x}{\sqrt{yy\mathrm{d}x^2 + \mathrm{d}y^2}}$，したがって$\frac{1}{p^2} = \frac{yy\mathrm{d}x^2 + \mathrm{d}y^2}{y^4 \mathrm{d}x^2}$を与え，それゆえ$\frac{2By^4 - 2y^4 \int Y\mathrm{d}y}{l^2 f^2} - yy = \frac{\mathrm{d}y^2}{\mathrm{d}x^2}$，それによって，$Y$を知れば直ちに曲線を構成する微分方程式

$$\mathrm{d}x = \frac{lf\mathrm{d}y}{y\sqrt{2Byy - 2yy\int Y\mathrm{d}y - l^2 f^2}}$$

が得られる．

エミリーが与えた図にはRが記されていないが，物体の位置をMとし，そこでの接線に下ろした垂線がCRである．出発点のlfは保存角運動量で，これをbとすると

$$\mathrm{d}x = \frac{b\mathrm{d}y}{y\sqrt{2Byy - 2yy\int Y\mathrm{d}y - bb}}$$

である．Mにおける速さをvとすると

$$B - \int Y\mathrm{d}y = \frac{l^2 f^2}{2p^2} = \frac{1}{2}vv$$

はエネルギー積分である．エミリーは，命題14・問題10で$Y=ny$，命題17・問題10で$Y=\frac{m}{y^3}$，命題21・問題11で$Y=\frac{n}{yy}+\frac{mn}{y^3}$を論じている．『プリンキピア』にない命題22・問題13では任意の中心力による落下運動でエネルギー積分を与えた．ニュートンが命題39（81頁）で間違った問題である．

命題22・問題13 任意の力によって引かれる中心に向かって落下する物体の時間と速さを求めよ．物体は中心から任意の距離に置かれているとする．

まず，$\mathrm{AC}=a$，$\mathrm{CP}=y$，$\mathrm{AP}=a-y$，$\mathrm{Pp}=\mathrm{d}y$，AがPで得る速さを$=u$，Ppを横切るに要する時間を$-\frac{\mathrm{d}y}{u}$，この時間に力Yを乗じて$\mathrm{d}u=-\frac{Y\mathrm{d}y}{u}$，$u\mathrm{d}u=-Y\mathrm{d}y$であり，積分は

$$A-\int Y\mathrm{d}y=\frac{1}{2}uu$$

である．定数Aに関しては，$y=a$で$u=0$，すなわち，出発点で物体が速さを持たない条件で決まる．$u^2=2A-2\int Y\mathrm{d}y$から$u=\sqrt{2A-2\int Y\mathrm{d}y}$であるから$\mathrm{d}t=\frac{-\mathrm{d}y}{u}$は$\mathrm{d}t=\frac{-\mathrm{d}y}{\sqrt{2A-2\int Y\mathrm{d}y}}$になる．

ニュートンは，『プリンキピア』の翻訳に，ライプニッツの微積分による追加，修正がなされるとは夢にも思わなかっただろう．

エミリーは1749年5月18日パリ，トラヴェルシエール通りからサン＝ランベールに宛てて次のように書いている．

私のニュートンのせいで私を責めないで下さい．私はそのせいで十分罰せられています．ここに残ってそれを完成させる以上に理性に対する大きな犠牲を払ったことはありません．それはおそるべき仕事で，そのためには鉄の頭脳と健康

を必要とします．誓って言いますが，それがすべてで，ここにきて以来交際の時間が短いことで本当に自分を責めています．いつあなたにお会いできるかと思っています！

また5月20日には次のように書いている．

私の出発は私にではなく，クレローによっており，私がやっていることの困難さで私はすべて，私の顔さえも犠牲にしています．私が変わったと思われたときはこのことを思い出してくださいね．王の出発以来私の生活ぶりをご存知でしょうか？　私は九時，ときには八時に起床します．三時まで仕事し，それから珈琲を飲みます．四時に仕事に戻り，十時にやめて一人で少しだけ食事をします．私の夕食にくるド・ヴォルテール氏と夜中まで話をし，そして夜中にはまた仕事にとりかかり，朝の五時まで続けるのです．ときどきクレローを待ち，私たちの仕事に時間を使い，校正刷りを読みます．デュ・デファン夫人もド・ヴォルテール氏も例外なく夕食を拒みます．私は仕事を終えるために外食しないことにしました．この生活をパリにいるときからしていれば仕事を終えていたでしょう．ですが，たくさんのことを始めました．夕方の社交は諦めました．私には一日で十分と思いました．お産のためリュネヴィルに行くことを諦めるか，お産の床で死んで私の仕事の成果を失うか，どちらかが必要であると思いました．……私の健康は素晴らしく持ちこたえており，私は落ち着いて，アーモンド水をあびるように飲んでいます．それが私を支え，私の子供はさかんに動いて，私と同じように，私が望むことをしています．……私はあなたと分かちあうこと以外何も愛していません．少なくとも私はニュートンを愛していません．私は理性と名誉のためにこれを完成させますが，私はあなたしか愛していません．

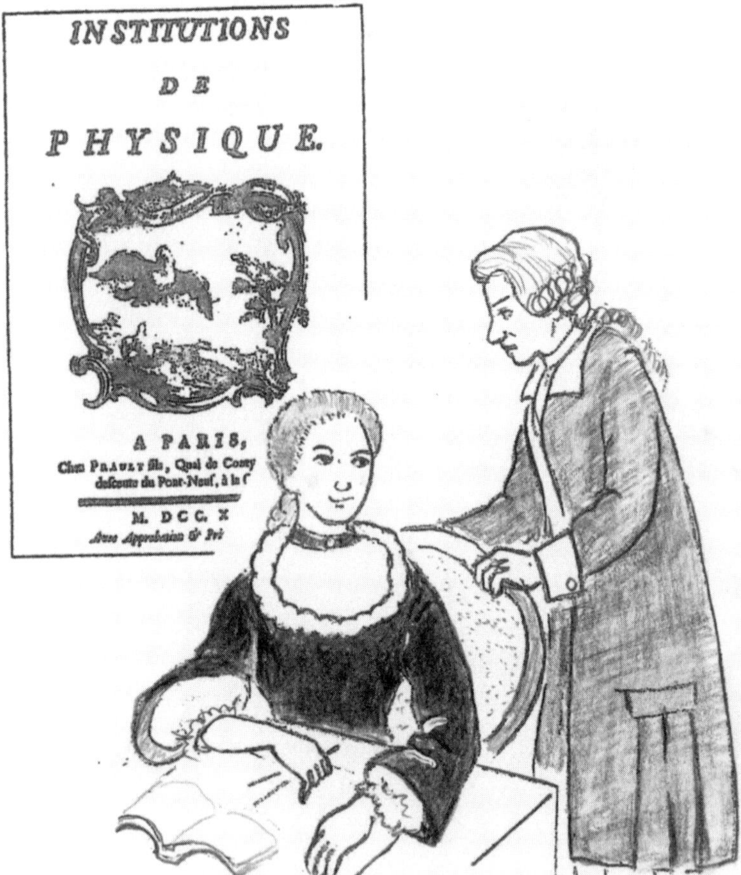
INSTITUTIONS
DE
PHYSIQUE.
A PARIS,
M. DCC. X

13.4.4　ジャン・ダランベール

クレローは上記「力学の多数の問題の解を与える原理について」で，次のように述べている．

> **一般原理および直接原理**　任意の状況にある系を想像することから始める．物体が微小時間に横切る小線分を辿っていく．これら小線分の端に，同じ物体が次の微小時間にそれらが自由であれば描く小線分を置く．このあと私は，紐や，棒や，他の器具が作用する方向に小線分を付ける．私はこの小線分を，これら小線分上，および最初の微小時間に物体が横切る辺の延長上につくられる平行四辺形の対角線が，物体が第二の微小時間にあって，紐や棒が延長も屈折も受けない点で終わるという条件によって決める．この方法によって，与えられた系を構成する異なる物体によって描かれる各曲線の連続する辺を得るとき，これら曲線の方程式を見出す方法は計算だけである．

クレローがここで与えた，紐や棒に拘束された物体の運動を決める方法は，「ダランベールの原理」の先駆である．クレローは運動方程式と活力保存の原理によって解を与えたあと，この原理を用いて同じ結果を導いた．

ジャン＝バティスト・ル・ロン・ダランベールは1743年に『力学論考』を出版した．

> **一般原理**　互いに任意に配置された物体系が与えられたとして，特定の運動が各物体に印加され，他のものの作用によって各物体がとるべき運動に従うことができないとしよう．

解 系を構成する物体をA, B, Cなどとし, 運動a, b, cなどが印加されたとし, 物体の相互作用のゆえに運動$\bar{a}$, $\bar{b}$, $\bar{c}$などに強制されたとしよう. 物体Aに印加された運動は, それが取る運動$\bar{a}$と別の運動αからなるとみなすことができることは明白である. 同様に運動b, cなどは運動$\bar{b}$, β; $\bar{c}$, γなどからなるとみなすことができる. これより, 物体A, B, Cなどの運動は, 運動量a, b, cのかわりに倍の運動量$\bar{a}$, α; $\bar{b}$, β; $\bar{c}$, γなどを同時に与えても同じだろう. そこで物体A, B, Cなどが運動$\bar{a}$, $\bar{b}$, $\bar{c}$などを取ったものとする. したがって, 運動α, β, γなどは運動$\bar{a}$, $\bar{b}$, $\bar{c}$などを乱さないものでなければならない. すなわち, 物体が運動α, β, γなどのみを受けたとすれば, これら運動は互いを壊し, 系は静止したままだろう.

これから, 相互作用するいくつかの物体の運動を見出す次の原理が得られる. 各物体に印加された運動a, b, cなどを各二つの$\bar{a}$, α; $\bar{b}$, β; $\bar{c}$, γなどに分解せよ. それは, 物体に運動$\bar{a}$, $\bar{b}$, $\bar{c}$などが印加されただけならば互いに干渉せず運動を続けるものであり, 運動α, β, γなどが印加されただけならば系は静止したままであるものである. $\bar{a}$, $\bar{b}$, $\bar{c}$は物体がその作用によって獲得する運動であることは明らかである.

ダランベールはこの原理を次の問題に適用した.

問題2 Gに固定され, 水平面にある棒が二つの物体A, Dを担っているとせよ. 一方のAは棒に固定され, もう一方のDは輪によって棒に沿って自由に動けるものとする. これら物体の各瞬間における速さと物体Dによって描かれる曲線を求めよ.

ダランベールの解は

$$\alpha = \frac{2Dy\mathrm{d}y\mathrm{d}x}{Aaa + Dyy}, \quad \mathrm{d}x = \frac{a\mathrm{d}y\sqrt{D}}{\sqrt{(Aaa + Dyy)[2GD(Aaa + Dyy) - 1]}}$$

である．対応するクレローの記号 $\alpha = -\mathrm{dd}x$，$a = 1$，$A = m$，$D = 1$ を使うと

$$-\mathrm{dd}x = \frac{2y\mathrm{d}y\mathrm{d}x}{m + yy}, \qquad \mathrm{d}x = \frac{b\mathrm{d}y}{\sqrt{(m + yy)[2bbG(m + yy) - bb]}}$$

になり，クレローと完全に一致する．$2bbG$ は積分定数でクレローの活力である．

ダランベールは 1747 年，論文「振動する張られた弦のなす曲線についての研究」で一次元の波動方程式を発見した．

I 私はつねに次のことを仮定する．

1 弦の変位あるいは振動は非常に小さいので，それがつくる曲線の弦 AM は対応する横座標 AP につねに等しいとすることができる．

2 紐はその長さを通して一様な密度である．

3 張力 F は弦の重さで，定数比である．すなわち m 対 1 である．それゆえ, p を重力, l を弦の長さとすると, $F = pml$ とすることができる．

4 AP あるいは AM を s，PM を y とし，$\mathrm{d}s$ を定数とすると，点 M の MP に沿う加速力は，曲線が AC に向かって凹の場合 $-\frac{F\mathrm{dd}y}{\mathrm{d}s^2}$，凸の場合 $\frac{F\mathrm{dd}y}{\mathrm{d}s^2}$ である．

VII この条件により量 α と ν を決めるために，$\mathrm{d}p = \alpha\mathrm{d}t + \nu\mathrm{d}s$ と $\mathrm{d}q = \nu\mathrm{d}t + \alpha\mathrm{d}s$ に注意すると，$\mathrm{d}p + \mathrm{d}q = (\alpha + \nu) \times (\mathrm{d}t + \mathrm{d}s)$，$\mathrm{d}p - \mathrm{d}q = (\alpha - \nu) \times (\mathrm{d}t - \mathrm{d}s)$ が得られ，次が従う．

1 $\alpha + \nu$ は $t + s$ のある関数に等しく，$\alpha - \nu$ は $t - s$ のある関数に等しい．

2 その結果 $p = \frac{\Phi(t+s)+\Delta(t-s)}{2}$ あるいは単に $= \Phi(t+s)+\Delta(t-s)$，$q = \Phi(t+s)-\Delta(t-s)$ が得られる．これより，PM あるいは $s(p\mathrm{d}t + q\mathrm{d}s) = \psi(t+s)+\Gamma(t-s)$ が得られる．ここで $\psi(t+s)$ および $\Gamma(t-s)$ は $t+s$ および $t-s$ の未知関数である．

曲線の一般方程式はそれゆえ

$$y = \psi(t+s)+\Gamma(t-s)$$

である．

ダランベールが与えた波動方程式 $\frac{\mathrm{dd}y}{\mathrm{d}t^2} = \frac{\mathrm{dd}y}{\mathrm{d}s^2}$ は物理学の中でも特別に重要な基本的な微分方程式である．ダランベールの一般解は，二つの任意の関数 ψ と Γ の和で，それらが表す任意の波形が，波形を崩さず，一定速度で右方向か左方向に進行する波動を表している．ダランベールの解はきわめて美しい定理だ．

13.4.5 ダーニエル・ベルヌーリ

ダーニエル・ベルヌーリは1738年の「ある種の力学法則について」において

質量が $= m$ の物体を考えよう．時間 t において速度 v を得て，例えば直接力 p によってさらに運動するとする．$m\mathrm{d}v = p\mathrm{d}t$ と $mv = \int p\mathrm{d}t$ が知られている．それゆえ，v に対してどのような速度が与えられても $\int p\mathrm{d}t$ と定義できるだろう．……知られているように，運動物体に内在する力の量は $\frac{1}{2}mvv$ で表され $\frac{1}{2}mvv = \int p\mathrm{d}x$ である（時間 $\mathrm{d}t$ の間に横切る距離の要素を $\mathrm{d}x$ で表す）

としている．

ダーニエルの主著は1738年に刊行された『流体力学』である．現在使われている流体力学という用語はこの本の題名に由来する．第10章で，円筒形容器の重さPのふたに重さpの重りを乗せたとき，運動するふたの速度をvとすると，

> 重さ$(P+p)$が高さxだけ降下すると，《ポテンシャル活力》$(P+p)x$が生成され，$(P+p)$は《実活力》$\frac{1}{2}(P+p)vv$を持つ

と書いている．ウィリアム・ランキンは1853年にダーニエルの研究を知らずに用語「実エネルギー」をつくったが，1873年にウィリアム・トムソン，のちのケルヴィン卿が「運動エネルギー」に変えた．ランキンは同時に用語「ポテンシャルエネルギー」をつくった．後にその概念の創始者がラザール・カルノーであることを知ったが，ダーニエルの研究を知ることはなかった．7.2節で述べたように，数因子を含めて惑星運動の正しいエネルギー保存則を導いたのもダーニエルである．

ダーニエルは『流体力学』第1章に次のように書いている．

> **19**　ガリレイは，垂直であろうと，どのように曲がっている曲面であろうと，滑り台の高さが同じであれば，物体が同じ速度を得ると教えた．それは力の性質から証明できる．ハイヘンスはこの同じ命題を使ったが，弾性体の運動法則を衝突から掘り出し，複合振り子の振動中心を安定化することにおいて，より一般的な仮説としてそれを使った．彼はこの公理を彼自身の言葉でこう述べている．《もし任意の数の重さが重力によってある点で運動を始め，それぞれがふたたび静止に戻るならば，複合の重力の中心はもとの高さに戻る．》ここで彼は理解している．《それらが下降において衝突しよ

うと，通りすぎようと，あるいは別のやり方で互いを扱おうと.》この公理から直ちに活力保存の原理が従う．ハイヘンス自身が指摘したことであり，仮定したことである．任意の数の重さが，自身の重力によって任意の点から運動を始めるならば，各重さの速度はいたるところで，その速度の二乗と質量を乗じて加えた量が垂直の高さに比例し，複合物体の重力の中心が全質量によって落下するようになっている.

また第3章で力学的エネルギー保存則を次のように述べている.

ある系の《ポテンシャル上昇》は，その各部分がどのような速度で運動していても，系の重心が到達する垂直の高さを意味することを覚えているだろう．それぞれの粒子は，適切な速度で上に向かって，可能な限り上昇すると理解した上である．《実降下》は各粒子が静止したあとで重心が降下する垂直の高さを表す．また，《ポテンシャル上昇》は，すべての運動が内部の物質に限られており，それに属さないか，感知できない物質や他の系へ通り抜けることがないとき，必然的に《実上昇》に等しいことを思い出すだろう.

気体分子運動論が書かれているのは第10章である．図は小著『熱の理論』（共立出版）16頁参照.

2 縦の位置に置かれた円筒形の容器ACDBと，その中で静止した重り P を乗せた可動ピストンEFを考える．空間ECDFは，きわめて速い運動をする非常に小さな粒子を内含するとする．それらはピストンEFにぶつかり，その衝撃によってそれを支える．それらは，重り P を除いたり，軽くしたりすると膨張する弾性流体を構成する．P を重くすると，それは密になり，弾性がないかのように水平の底CDを押す．というのは，粒子は静止していようと，運動していようと，重さを変えないから，底は重さと流体の弾性を同時に持つからである．弾性流体の主要な性質を持つ流体を空気にかえ，すでに注意した性質のいくつかを説明し，まだ考察していない他のものに光をあてよう．……

空気粒子の速度を v と呼ぶとすると，ピストンを位置 EF で支えることができる重さは vvP に等しく，位置 ef では

$$= \frac{1 - \sqrt[3]{m}}{s - \sqrt[3]{mss}} \times vvP$$

あるいは近似的に $\frac{vvP}{s}$ になる．すでに見たように，m は 1 あるいは s に比べて非常に小さいからである．

EF を 1，ef を s，底に近い mC を m，容器の断面積を 1 としている．P を衝突に関与する全粒子の質量として使っているので，粒子の一回の衝突でピストンに与える運動量は $2Pv$，衝突回数は $\frac{v}{2}$ であるから，ピストンに働く力は Pv^2 である．粒子を含む体積は $V = s$ である．全粒子数を N，衝突に関与する全粒子数を $\frac{N}{3}$，内部エネルギーを $U = \frac{3Pv^2}{2}$ とすると，気体の圧力はベルヌーリの定理

$$p = \frac{vvP}{s} = \frac{Pv^2}{V} = \frac{2U}{3V}$$

によって与えられる．

ニュートンは『プリンキピア』第 2 版，第 2 編で

命題 23・定理 18　互いに飛び去る粒子からなる流体の密度が圧縮に比例するとすると，粒子の遠心力はそれらの中心間の距離に逆比例する．逆に，中心間の距離に逆比例する力によって互いに飛び去る粒子は圧縮に比例する密度を持つ弾性流体をつくる

としてボイルの法則（圧力が体積に逆比例，すなわち密度に比例）を証明しようとした．ニュートンのこの荒唐無稽な命題は，19世紀になるまで，ダーニエルの理論を埋もれさせてしまった．ダーニエルの創始した気体分子運動論が実証されたのは20世紀になってからである．ダーニエルの『流体力学』に驚嘆するのはこれだけではない．ベルヌーリの原理の導出は第12章で次のようになっている．

問題　ACEBはつねに水を満たした非常に大きな容器で，円筒形の水平導管EDを備えているとする．導管の端oには穴があり，一様な速さで水を放出するとする．導管EDの側での水圧を求めること．

解　導管EDの中の，変数と考える水の速さを$=v$，導管の断面積を$=n$，長さをEc$=c$，水の無限小の部分acの長さを$\mathrm{d}x$で表す．体積要素acdbが放出されると同時に，等しい要素がEから導管に入ってくる．Eにおける質量$=n\mathrm{d}x$の降下が導管に入ってくると，それは速度vと，あらたに生成された活力全部である$nvv\mathrm{d}x$を得る．というのは容器AEが無限に大きいため，運動における降下は導管Eにまだ入っていないからである．この活力$nvv\mathrm{d}x$に，降下によって流れるEBの中の水が受け取る活力，すなわち，$2ncv\mathrm{d}x$が付け加えられる．総和は高さBEすなわちaの《実降下》$n\mathrm{d}x$による．そこで，

$$nvv\mathrm{d}x+2ncv\mathrm{d}v=na\mathrm{d}x, \qquad \frac{v\mathrm{d}v}{\mathrm{d}x}=\frac{a-vv}{2c}$$

を得る．

すべての運動で圧力と時間間隔$\frac{\mathrm{d}x}{v}$の積に比例する速度の増加$\mathrm{d}v$がある．それゆえ私たちの場合は降下が起こる圧力は$\frac{v\mathrm{d}v}{\mathrm{d}x}$に，すなわち量$\frac{a-vv}{2c}$に比例する．

$np = \frac{a-v^2}{2c}$ がダーニエルの結果である．質量密度 $\rho = \frac{1}{nc}$ を使えば $p = \frac{\rho a - \rho v^2}{2}$ であるからベルヌーリの原理

$$p + \frac{\rho v^2}{2} = \frac{\rho a}{2}$$

が得られる．オイラーと同様に，重力加速度を $g = \frac{1}{2}$ としていた．系3の最後では次のように書いている．

> これらから，容器の形状と導管を通過する水の速度がどのようなものであろうと，水力学的静的法則を予測することは困難ではない．すなわち，水圧はつねに $= a - b$ である．a は，導管と，つねに満たされている容器を流れる水の速度による高さであり，b は，導管を実際に流れる速度による高さである．自然が欲するこのきわめて簡単な規則がこれまで知られていなかったのは奇妙である．私はもっと明確にそれを証明するだろう．

ダーニエルは，1743年に出版された父の全集を見てびっくりし，オイラーに手紙を書いて父の仕打ちに対する怒りをぶちまけた．

> ぼくの『流体力学』は父に負うところはまったくないのですが，突然すべてを奪われてしまい，一時間のうちに十年間の成果を失いました．すべての定理はぼくの『流体力学』から取ったものです．それにもかかわらず，父はその著作を『水力学，1732年に最初に発見』と名づけました．ぼくの『流体力学』は1738年に印刷されたので．……ぼくは数学より靴職人の商売を勉強した方がよかった．

息子の本を見たときヨーハンは七十歳になっていたが，息子には負けるものか，と急いで『水力学』を書いたのだろう．1739，40年に書かれた『水力学』は剽窃ではなく，独創的な部分もある．流体中の質量

要素に力が加わるとき,

> **VIII** 起動力は可変であり,その強度は運動で変化する.バネの張力は,緩和の最初は強度が大きく,したがって,緩和過程においてよりも,物体を推進することによってより大きな加速力を与える.次の規則が得られる.物体が横切る距離を $= x$,推進される物体の質量を $= m$,横切る距離の端点における起動力を $= p$,得られた速度を $= v$,x の通過時間を t とすると,$\mathrm{d}t = \frac{\mathrm{d}x}{v}$ は $\frac{p\mathrm{d}t}{m}$,すなわち $\frac{p\mathrm{d}x}{mv} = \mathrm{d}v$ になり,それによって $\int p\mathrm{d}x = \frac{1}{2}mvv$ であるが,これは非常によく知られている.

$\mathrm{d}v = \frac{p\mathrm{d}t}{m}$ は,オイラー,ダーニエルと同じである.さらにベルヌーリの原理を導いたが,エネルギー保存則を使ったダーニエルとは異なり,この運動方程式を使っている.

ヨーハンから『水力学』を受け取ったオイラーは驚嘆した.1739年5月5日ヨーハンに宛てた手紙.

> あなたの水流についての考察が,文献でも,私ばかりでなく全学界でも経験したことがない注目と賛嘆をこんなにも深く引きおこしました.私に関しましては,私が望んだだけではなく,長い間自身でやってみて何年も成功しなかった問題を,尊敬する先生,あなたが解かれました.いまやあなたはこのことで私に光をもたらしました.それというのも,これまで暗黒が私をおおっており,間接的方法でしかなにも決定できなかったからです.

13.5 「一般天体運動の研究」

オイラーは，1747年6月8日，アカデミーで，すでに述べた「一般天体運動の研究」を発表した（刊行は1749年）．この論文にはいわゆる「ニュートン方程式」がデカルト座標で与えられている．今日の意味で古典力学が確立したのはこの論文においてである．M を質量，X，Y，Z を力の x，y，z 成分とすると

$$\frac{\mathrm{dd}x}{\mathrm{d}t^2} = \frac{X}{M}, \qquad \frac{\mathrm{dd}y}{\mathrm{d}t^2} = \frac{Y}{M}, \qquad \frac{\mathrm{dd}z}{\mathrm{d}t^2} = \frac{Z}{M}$$

が史上初の「ニュートン方程式」である．また，この論文でオイラーは極座標 r，θ に変換した運動方程式

$$2r\mathrm{d}r\mathrm{d}\theta + r\mathrm{dd}\theta = 0, \qquad \mathrm{dd}r - r\mathrm{d}\theta^2 = -V\mathrm{d}t^2$$

を得た．(2.1) で与えた通りである．V は単位質量あたりの力の大きさである ($F = -MV$)．オイラーは注解で

> この系の基礎は，力学の知られた原理 $\mathrm{d}u = p\mathrm{d}t$ にほかならない．ここで p は加速力，u は速度である．横切る距離の要素を $\mathrm{d}s$ とするならば，$\mathrm{d}u = \frac{\mathrm{dd}s}{\mathrm{d}t}$ であり，その結果 $\mathrm{d}\frac{\mathrm{dd}s}{\mathrm{d}t^2} = p$ である．だが，この原理が，運動を理想的に帰着させる各部分運動に等しく拡張できるかを知るにはさらなる考察が必要である．同時にこの系は曲線運動を決定するために普通に使われているすべての原理を含んでいる

と書いている．

オイラーは，1748年5月16日，アカデミーで「弦の振動について」を発表した．弦の長さを a，質量を M，張力を F とし，横座標 x，縦座標 y とする．

> 点Mの運動だけを，すなわち，加速力 P を受け，それがいかにPに達するかを考える．横座標 $\mathrm{AP} = x$ は不変で

> あるとする．$\mathrm{d}x=0$ のゆえに，時間間隔 $\mathrm{d}t$ の間に，縦座標PMの増分は $\mathrm{d}y=q\mathrm{d}t$，$\mathrm{d}q=u\mathrm{d}t$ である．点Mは距離 $=-q\mathrm{d}t$ だけPに近づき，その微分は，時間要素 $\mathrm{d}t$ を定数として，$=-\mathrm{d}q\mathrm{d}t=-u\mathrm{d}t^2=-\mathrm{dd}y$ である．だが，力学の原理によって，力 P がもたらす加速から，普通の習慣で，時間要素が速度に対応する距離要素によって説明されるなら，$P=-\frac{2\mathrm{dd}y}{\mathrm{d}t^2}=-2u$ になる．一方速度は速度に対応する高さの平方根によって表される．それゆえ，一方で $P=-\frac{Far}{M}$，他方で $P=-2u$ が成り立つので，$2u=\frac{Far}{M}$，あるいは $u=\frac{Far}{2M}$ であろう．

$\mathrm{d}y=p\mathrm{d}x$，$\mathrm{d}p=r\mathrm{d}x$，すなわち $r=\frac{\mathrm{dd}y}{\mathrm{d}x^2}$ である．オイラーが質量×加速度=力によって得た波動方程式は，単位系に依存する2を除くと

$$\frac{\mathrm{dd}y}{\mathrm{d}t^2}=\frac{Far}{2M}=\frac{Fa}{2M}\frac{\mathrm{dd}y}{\mathrm{d}x^2}$$

である．$b=\sqrt{\frac{Fa}{2M}}$ が波動速度である．ダランベールの解は

$$y=f\left(x-t\sqrt{b}\right)+\varphi\left(x+t\sqrt{b}\right)$$

である．オイラーはその一般解を変数変換の方法によって得た．

1750年9月3日，アカデミーで「力学新原理の発見」(刊行は1752年）を発表した．

> 無限小，あるいは質量全体が一点にまとまっている物体を考え，この質量を $=M$ とする．この物体は任意の運動を受けるとし，任意の力によって誘導されるとする．この物体の運動を決定するためには，この物体の，任意の，固定した不動の平面からの距離を考慮するだけでよい．現在の瞬間に物体の平面からの距離が $=x$ であるとしよう．物体に作用するすべての力を，平面に平行か，垂直か，方向によって分解

し，平面に垂直な方向に分割されたことによってもたらされる力を P とする．それは，物体を平面から遠ざけたり近づけたりする．時間要素 $\mathrm{d}t$ 経過のあとに，$x+\mathrm{d}x$ を物体から平面への距離であるとしよう．この要素 $\mathrm{d}t$ を定数とすると，力 P が物体から遠ざかるか，物体に近づくかに依存して，

$$M\mathrm{dd}x = \pm P\mathrm{d}t^2$$

である．そしてこれが力学のすべての原理を含む唯一の公式である

と書いている．そして

$$M\mathrm{dd}x = P\mathrm{d}t^2, \qquad M\mathrm{dd}y = Q\mathrm{d}t^2, \qquad M\mathrm{dd}z = R\mathrm{d}t^2$$

を書き下ろした．P，Q，R は力の x，y，z 成分である．オイラーは力の時間積分がデカルトの運動量であり，空間積分がライプニッツの活力であることに気づいた．

1755 年 9 月 4 日には「流体運動の一般原理」を発表した．連続の方程式は

$$\left(\frac{\mathrm{d}\rho}{\mathrm{d}t}\right)+\left(\frac{\mathrm{d}\rho u}{\mathrm{d}x}\right)+\left(\frac{\mathrm{d}\rho v}{\mathrm{d}y}\right)+\left(\frac{\mathrm{d}\rho w}{\mathrm{d}z}\right)=0$$

で，ρ は密度（オイラーは q），u，v，w は速度の x，y，z 成分を表す．偏微分記号はまだ使われていない．p を静圧とするとオイラー方程式は

$$P-\frac{1}{\rho}\left(\frac{\mathrm{d}p}{\mathrm{d}x}\right)=\left(\frac{\mathrm{d}u}{\mathrm{d}t}\right)+u\left(\frac{\mathrm{d}u}{\mathrm{d}x}\right)+v\left(\frac{\mathrm{d}u}{\mathrm{d}y}\right)+w\left(\frac{\mathrm{d}u}{\mathrm{d}z}\right)$$
$$Q-\frac{1}{\rho}\left(\frac{\mathrm{d}p}{\mathrm{d}y}\right)=\left(\frac{\mathrm{d}v}{\mathrm{d}t}\right)+u\left(\frac{\mathrm{d}v}{\mathrm{d}x}\right)+v\left(\frac{\mathrm{d}v}{\mathrm{d}y}\right)+w\left(\frac{\mathrm{d}v}{\mathrm{d}z}\right)$$
$$R-\frac{1}{\rho}\left(\frac{\mathrm{d}p}{\mathrm{d}z}\right)=\left(\frac{\mathrm{d}w}{\mathrm{d}t}\right)+u\left(\frac{\mathrm{d}w}{\mathrm{d}x}\right)+v\left(\frac{\mathrm{d}w}{\mathrm{d}y}\right)+w\left(\frac{\mathrm{d}w}{\mathrm{d}z}\right)$$

である．

オイラーは1765年に刊行した『固体あるいは剛体の運動理論』第3章で，外力のもとでの剛体の運動方程式を与えた．

> **問題11・系3** 小物体Aが，要素$\mathrm{d}x$，$\mathrm{d}y$，および$\mathrm{d}z$を取る三方向に，同時に力p，q，およびrによって誘導されるならば，この物体の運動は公式
>
> $$\frac{\mathrm{dd}x}{\mathrm{d}t^2}=\frac{p}{A},\quad \frac{\mathrm{dd}y}{\mathrm{d}t^2}=\frac{q}{A},\quad \frac{\mathrm{dd}z}{\mathrm{d}t^2}=\frac{r}{A}$$
>
> によって決定される

としている．比例係数は$\lambda=\frac{1}{2g}=1$である．

1775年の「剛体の運動を決定する新しい方法」で剛体の運動方程式を与えた．

$$\int \mathrm{d}M\left(\frac{\mathrm{dd}x}{\mathrm{d}t^2}\right)=P,\quad \int \mathrm{d}M\left(\frac{\mathrm{dd}y}{\mathrm{d}t^2}\right)=Q,\quad \int \mathrm{d}M\left(\frac{\mathrm{dd}z}{\mathrm{d}t^2}\right)=R,$$

$$\int z\mathrm{d}M\left(\frac{\mathrm{dd}y}{\mathrm{d}t^2}\right)-\int y\mathrm{d}M\left(\frac{\mathrm{dd}z}{\mathrm{d}t^2}\right)=S,$$

$$\int x\mathrm{d}M\left(\frac{\mathrm{dd}z}{\mathrm{d}t^2}\right)-\int z\mathrm{d}M\left(\frac{\mathrm{dd}x}{\mathrm{d}t^2}\right)=T,$$

$$\int y\mathrm{d}M\left(\frac{\mathrm{dd}x}{\mathrm{d}t^2}\right)-\int x\mathrm{d}M\left(\frac{\mathrm{dd}y}{\mathrm{d}t^2}\right)=U$$

最初の三式は剛体の重心運動，あとの三式は回転運動を表す．S，T，Uは回転力の三成分である．

14 レオンハルト・オイラー II

Leonhard Euler II

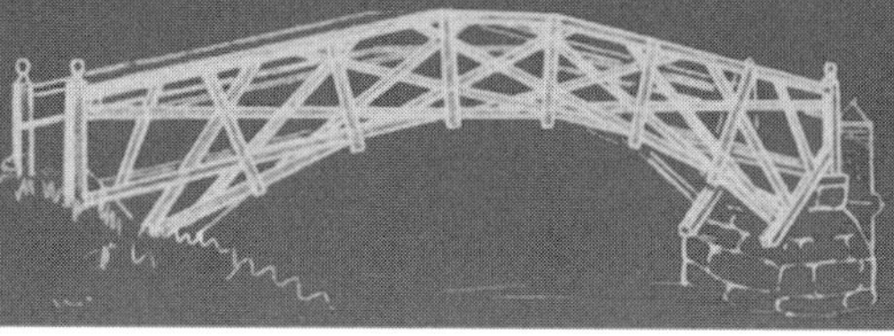

14.1　最小作用の原理

イブン・アル＝ハイサムは，光が有限の速さを持つ微小粒子の流れだとし，『光学の書』最終第7巻(1021)の中で，光の屈折を説明するために，「光は可変の速さを許す運動で，濃い物体の中ほどより遅くなる」とした．ウィレブロルト・スネル・ファン・ロイエンが1621年頃に書いた遺稿の中に書かれていた法則は，入射角をθ_1，反射角をθ_2，それぞれの媒質中の光速度をc_1，c_2とすると，

$$\frac{\sin\theta_1}{\sin\theta_2}=\frac{c_1}{c_2}$$

である．デカルトは1637年6月レイデンで出版した『方法叙説』の中の「屈折光学」で運動量保存則を用いてスネルの法則を導いているが，濃い物体の中で光速度が速くなると間違った上，光速度は瞬間的であるとした．フェルマーは，1662年1月1日，マラン・キュロー・ド・ラ・シャンブル宛の手紙の中で

> 非常に学識高い幾何学者デカルト氏は屈折の原因を提案し，それは実験に一致すると言われている．だが，それを証明するためには，光の運動が，薄い媒質よりも濃い媒質に

よって，より容易でより速いことを彼に認め，私たちもそうせざるを得ないよう要請された．だがそれは，自然の光の逆であると思われる．このことから私たちは，光の運動が，濃い媒質よりも薄い媒質によって，より容易でより速いというまったく逆の公理から，屈折の真の原因を導き出そうと試みるに至った

と書いている．フェルマーは，フェルマーの原理「光線は伝搬時間が最小になる経路を取る」によってスネルの法則を得た．ところが『プリンキピア』第 1 編では，屈折の法則は

命題 95・定理 49 前命題と同じ仮定のもとに，物体の入射前の速度と射出後の速度の比は，射出の正弦と入射の正弦の比である

としているので，スネルの法則と逆である．

モーペルテュイは 1740 年パリ科学アカデミーで論文「物体の静止の法則」を発表した．

静止の法則 重力を受けるか，力の中心に引っ張られ，中心からの距離の n 乗に比例して相互作用する物体系を考えよう．これらすべての物体が静止する必要条件は，各質量，力の強度，中心からの距離の $n+1$ 乗の積，静止する力の和と呼ぶべきもの，が最大か最小になることである．

1744 年 4 月 15 日には，論文「これまで両立しないと思われた異なる自然法則の一致」を発表した．

この課題について深く考察し，光が，一つの媒質から別の媒質に通過し，最短行路，すなわち直線行路を放棄するとき，最速時間の行路に従うことができないのかを考えた．なぜ光

は距離よりも時間を好むのか？　光が最短行路あるいは最速行路を運動することができないとして，なぜ光は一方を選ぶのか？　事実光は二つの行路のどちらにも従わず，真に有利な行路を取る．

私が作用の量の意味することを説明する必要がある．物体を一つの点から他の点へ動かすためには物体の速度とそれが運動する距離に依存するある作用が必要である．だが作用は速度あるいは距離ではない．作用の量は，運動量が大きくなるほど，行路が長くなるほど大きくなる．それは距離と速度の積の和に比例する．

自然の真の代価は作用の量で，光が運動するとき自然が節約するのがこれである．

モーペルテュイは，光の速度と行路の積として定義した作用が最小になる，と考えた．モーペルテュイの最小作用の原理によって得られる屈折の法則は，ニュートンの命題に一致するが，スネルの法則を与えることはできない（ハイヘンスは1678年『光についての論考』において波動説に基づきスネルの法則を証明していた）．

一方，オイラーは，同じ1744年に出版した『最大または最小の性質を持つ曲線を見つける方法，すなわち，もっとも広い意味における等周問題の解』の「追加Ⅱ　最大と最小を決定する方法を用いた抵抗のない媒質における投射体の運動について」では，

1　自然のすべての効果は最大と最小の法則に従うので，物体が力の作用のもとに描く曲線経路上で，最大あるいは最小の性質を得るだろう．それでも，この性質がなにかは，形而上学の原理から進んで先験的に定義することは容易ではないと思われる．だが，直接的方法によって，これら同じ曲線経路を決定することは可能なので，十分な注意を払えば，こ

れら曲線に沿って最大あるいは最小となるそのものを得ることができる．とりわけ撹乱力から生じるすべての効果はとくに考慮されなければならない．この効果は物体中に生成される運動からなるので，物体中に存在するこの同じ運動，あるいはむしろすべての運動の集合が最小であるべきだという真実と一致する．この結論は十分確かめられていないように思われるが，それにもかかわらず，先験的に知られている真実と一致するということを示せば，それは重要性をもたらし，この問題について発生するすべての疑いは完全に消え去るだろう．より良いことは，この真実が示されるならば，自然の深遠な法則と最終的原因の研究を遂行し，もっとも確実な議論によって確証することが非常に容易になるだろう．

2　投射体の質量を $=M$，距離 $=\mathrm{d}s$ を運動する間に高さから得られる速度を $\sqrt{v}$ としよう．物体は運動量 $=M\sqrt{v}$ を持ち，距離 $\mathrm{d}s$ を乗じると距離 $\mathrm{d}s$ について積分した運動量になる．同じ端点を結ぶ他のすべての曲線の中で，M を一定とすれば，$\int M\mathrm{d}s\sqrt{v}$ は，$\int \mathrm{d}s\sqrt{v}$ を最小にする曲線であると主張する．求める曲線が与えられたと考えると，速さ $\sqrt{v}$ は曲線に作用する力によって決定され，曲線自体は最大，最小の方法によって定義される．さらにこの表式は活力ばかりでなく，運動量によって運ばれる．時間間隔 $=\mathrm{d}t$ の間に $\mathrm{d}s$ 進むとする．$\mathrm{d}s=\mathrm{d}t\sqrt{v}$ であるから $\int \mathrm{d}s\sqrt{v}=\int v\mathrm{d}t$ だろう．その結果，投射体によって描かれる曲線では，物体の中にある全活力の和は任意の時間で最小である．それゆえ，強度を速さ自体から決めるべきだという人も，速さの二乗によって決める人も，彼らを不快にさせるなにごとも見出さないだろう．

と書いている．13.3節でも見たように，オイラーは高さをvとし，落下して得られる速度を$\sqrt{v}$としているのでわかりにくいが，これを接線方向のuに置きかえれば，作用は$\int Mu\mathrm{d}s = \int Mu^2\mathrm{d}t$になる．現代物理学の「作用」の先駆である．この論文は，1743年に書かれ，モーペルテュイに先行するが，オイラーが先取権を主張することはなかった．

モーペルテュイの論文「形而上学的原理によって導かれる運動と静止の法則」はベルリンアカデミー終身総裁に就任して間もなく，1746年10月6日に発表した．

> これから述べる研究が基礎づけられた原理を，1744年4月15日，王立パリ科学アカデミー公開会議で，アカデミー議事録が証明するように発表した．同年末にオイラー氏は優れた本『最大または最小の性質を持つ曲線を見つける方法，すなわち，もっとも広い意味における等周問題の解』を刊行した．この高名な幾何学者は，その「追加」で，中心力に作用された物体の軌道において，速度と曲線要素の積がつねに最小であることを証明している．
>
> これは私にとって大いなる喜びの源泉である．それは，この原理が法則である天体運動に私の原理をみごとに応用しているからである．
>
> 同じ原理から，上級のより重要な種類のいくつかの真実を引き出すだろう．

それは最小作用の原理を力学にも適用できるとした論文で，

> **一般原理**
>
> 自然においてなんらかの変化が起こるときは，この変化に必要な作用の量は可能な限り少ない．

> 作用の量は，物体の質量と，それらの速さと，それらが通過する距離の積である．物体がある場所から別の場所へ運ばれるとき，質量が大きいほど，速さが速いほど，それが通過する距離が長いほど，作用はつねに大きくなる

と書いている．

14.2　先取権争い

1751 年 5 月『学術紀要』にケーニヒの論文「活力において発見された平衡と運動の普遍的原理について，および活作用と活力の関係について，非常に短く議論する」が掲載された．ケーニヒは，作用と活力との関係を論じ，最小作用の原理はライプニッツの書簡に書かれており，ライプニッツ自身が誤りであると述べていた，としてモーペルテュイを攻撃した．1707 年 10 月 16 日，ヘルマン宛のライプニッツの手紙は次のように書かれている．

> それゆえ，〔活〕力は質量と速度の二乗の積であり，どのような証明を使っても明白に示せるように，時間には関係ありません．ですが，作用は，人が考えるようなものでは決してありません．時間が関係してきます．それは質量と距離と速度の積であり，時間と活力の積です．私は，それが運動において通常最大または最小になることに気づきました．このことから，非常に重要ないくつかの命題が推測できます．それは，一つかいくつかの中心によって引きつけられる物体を動かす曲線を決めるのに役立つかもしれません．この話題を私の動力学第 2 部で扱いたかったのですが，私の第 1 部に対する偏見がもたらした悪い反応にうんざりして握りつぶしました．

ここにまたもや先取権争いが起こった．ケーニヒは問題の手紙の断片の写しを提示しただけだが，モーペルテュイは原文を提出するよう要求した．オイラーは，モーペルテュイを擁護し，1752年4月13日，アカデミーでの報告でケーニヒの誤りを指摘し，ケーニヒを文書偽造の疑いで告発した．1913年にヴィリー・カビッツがゴータ図書館で手紙の写しを発見したが，手紙の真偽について現代に至るまで調査が続いており，編集者ヘルベルト・ブレーガーは，1999年に発表した「ケーニヒによって公開された最小作用の原理に関する書簡について」で，この手紙がライプニッツによって書かれた可能性はほとんどないと結論づけている．

ケーニヒを擁護するヴォルテールは文書『アカキア博士とサン＝マロー人の物語』を出版してサン＝マロー人モーペルテュイを攻撃した．モーペルテュイが和戦条約を起草するという体裁で書いたヴォルテールの文章は悪意に満ちている．

> 私たちはもはやドイツ人を軽視しないでしょうし，コペルニクス，ケプラー，ライプニッツ，ヴォルフ，〔アルブレヒト・フォン・〕ハラー，〔ヨーハン・クリストフ・〕ゴトシェートがそれなりの人たちであることを認め，私たちがベルヌーリのもとで学んだし，これからも学ぶことを認めます．最後に，中尉としてすすんで奉仕するオイラー教授は，私たちが理解できない公式によって私たちの〔最小作用の〕原理を支えてきた偉大な幾何学者ですが，その公式を理解する人たちは，この教授，中尉の他のすべての論文と同じように，天才で満ちていると保証しています．
>
> 私たちの中将レオンハルト・オイラーは次のことを広く宣言します．

I　彼が一度も哲学を学んだことがないことを正直に告白させ，私たちによって，哲学は学ばなくても理解できるという意見に惑わされてきたと心から後悔させましょう．これからは，ヨーロッパの全数学者の中で，与えられた時間内にもっとも長い数式を書き下ろすことができる数学者であるという名声で満足することを．

III　彼は代数学者の不死鳥ですが，運動を連続的に加速させる力によって中心に引きつけられる物体が投射の頂点で止まるという彼の公式から結論し，常識や低俗な考えに反抗したために顔を赤くし，いつもそうするでしょう．ときにはそれは，なんの理由もなく突然引き返し，何者にもまして奇跡的に，ある場合には物体が，いったいなにが起こったのか問う前に，突然消えてしまうのです．私たちの中将は，〔ベンジャミン・〕ロビンズ氏が彼を揶揄したこれらの結論を引き出したことを非常に残念に思っており，私たち自身は過去にこれを称賛したことを後悔しています．

項目 VII までえんえんと続くが，まったく無意味なので省略するしかない．文書の最後には終身監事への書簡の体裁で

総裁なるものが助言者を殺そうとするなどとは初めてのことです．これが《最小作用の原理》というものでしょうか？　この総裁はなんとひどい男でしょう！　彼は一方で文書偽造を告発し，もう一方で暗殺し，A 足す B 割る Z で神の存在を証明するのです．正直に言って，このようなことは見たこともありません

と書いている．この文書を読んだフリードリヒ二世は文書を公開で焼却させヴォルテールを追放した．

ヴォルテール没後1759年に出版された『ヴォルテール回想録』によると，

> その当時，これよりも重大な一騒動が起こっていた．モーペルテュイが新発見として提示した，なにか知らないがくだらない数学に関してであった．デンハーフのオラニエ公后の司書で，彼よりも学識のあるケーニヒという幾何学者が，彼の誤りであり，またかつてこの古い着想を検討したライプニッツが，いくつかの手紙の中で，その間違いを証明しているとしてその手紙の写しを彼に見せた．
>
> ベルリンアカデミー総裁モーペルテュイは，外国人準会員が自分の失敗を証明したことに激怒し，……ケーニヒを文書偽造者として，アカデミー会員から除名するという宣告を国王に下させた．……ヨーロッパのすべての文人は，モーペルテュイの本に退屈したように，彼の画策に憤慨した．彼は，哲学を誇る人びとからも，なにも理解しない人びとからも，憎悪と軽蔑を受けた．ベルリンの人びとは肩をすくめることで満足した．というのもこの不幸な事件に国王自身が一方の側に立ったので，誰もあえて声をあげなかった．声をあげたのは私だけだった．ケーニヒは私の友人だった．私は，友人の主張とともに，文人の自由を擁護するという喜びと，私個人の敵であるのみでなく，謙虚さの敵でもある仇を傷つけるという喜びを同時に味わえたのである

と書いている．ダランベールは1754年に『百科全書』の中の項目「宇宙論」でモーペルテュイを擁護し，

> ド・モーペルテュイ氏はこのとき彼に浴びせられた侮辱に決して答えることがなかったことを付け加えなければならな

> い．私たちは《哲学者にふさわしく，あなたたちの間で彼の名前を挙げてはならない》と言おう．作用に関するこの争いは，そう言って許されるならば，宗教上の論争に似ている．そこに注がれる辛辣さと，なにもわかっていないのにしゃべる人たちの多さによって

と書いている．

オイラーは1748年には『無限解析入門』を出版した．関数の概念を一般的に取り扱った最初の画期的な本である．円周率の記号 π が一般化したのはこの本からだ．美しい公式

$$e^{+v\sqrt{-1}} = \cos v + \sqrt{-1}\sin v, \qquad e^{-v\sqrt{-1}} = \cos v - \sqrt{-1}\sin v$$

はこの本の文中に埋もれるようにして書かれている．

14.3　オイラー方程式

オイラーは14.1節で紹介した1744年論文『最大または最小の性質を持つ曲線を見つける方法，すなわち，もっとも広い意味における等周問題の解』で変分問題の解，オイラー方程式を与えた．横座標上の点A，M，N，Zに対応する曲線上の点をそれぞれa，m，n，zとする．$\mathrm{Mm} = y$，$\mathrm{Nn} = y'$，$\mathrm{MN} = \mathrm{d}x$ とする．nからvへの移動によって曲線を微小変化 $\mathrm{nv} = \mathrm{d}y'$ させ，変分問題を解くのがオイラーの方法である．

> **命題3・問題**　Z を，x，y，p〔$= \frac{\mathrm{d}y}{\mathrm{d}x}$〕の求める関数として，$\mathrm{d}Z = M\mathrm{d}x + N\mathrm{d}y + P\mathrm{d}p$ となるように，同じ横座標に対応するすべての曲線の中で，$\int Z\mathrm{d}x$ が最大または最小になるものを求めること．

解 amz を求める曲線とし，線分 $\mathrm{Nn} = y'$ が微小量 nv だけ増加したとき，$\int Z\mathrm{d}x$ あるいはそれに同等の量の微分が，例えば $Z\mathrm{d}x + Z'\mathrm{d}x + Z''\mathrm{d}x + Z'''\mathrm{d}x + \mathrm{etc.}$ と $Z_{\prime}\mathrm{d}x + Z_{\prime\prime}\mathrm{d}x + Z_{\prime\prime\prime}\mathrm{d}x + \mathrm{etc.}$ が $= 0$ であるとする．こうすると，点 n から v への移動からの $\int Z\mathrm{d}x$ の全微分量の値は，これら各項の移動によって影響を受ける微分の値を求め，一つの和に加えられるならば，見出すことができよう．だが，点 n から v への移動からは，y'，p および p'，したがって項 $Z\mathrm{d}x$ および $Z'\mathrm{d}x$ が存在する項だけが変化するだろう．というのも，Z は x の関数である上に，y と p の関数で，Z' は y' と p' の関数だからである．そのため，これらの項は微分されなければならず，微分において $\mathrm{d}y'$，$\mathrm{d}p$ および $\mathrm{d}p'$ のかわりに，上で述べた値 $+\mathrm{nv}$，$+\frac{\mathrm{nv}}{\mathrm{d}x}$ そして $-\frac{\mathrm{nv}}{\mathrm{d}x}$ が必要である．$\mathrm{d}Z = M\mathrm{d}x + N\mathrm{d}y + P\mathrm{d}p$ であるように，$\mathrm{d}Z' = M'\mathrm{d}x + N'\mathrm{d}y' + P'\mathrm{d}p'$ である．かくして Z の微分の値は $P\frac{\mathrm{nv}}{\mathrm{d}x}$ であり，Z' の微分の値は $N'\mathrm{nv} - P'\frac{\mathrm{nv}}{\mathrm{d}x}$ である．$\int Z\mathrm{d}x$ の微分の値は $Z\mathrm{d}x + Z'\mathrm{d}x$ で，$= \mathrm{nv}(P + N\mathrm{d}x - P')$ になる．ところが $P' - P = \mathrm{d}P$ なので N' のかわりに N と書くことができ，微分の値は $= \mathrm{nv}(N\mathrm{d}x - \mathrm{d}P)$ になるだろう．これによって，$\int Z\mathrm{d}x$ の微分の値を零に等しくすると求める曲線の方程式を与えるから，この方程式は $0 = N\mathrm{d}x - \mathrm{d}P$ すなわち

$$N - \frac{\mathrm{d}P}{\mathrm{d}x} = 0$$

になる．この方程式から求める曲線の性質が表される．証明終わり．

最後の式がオイラー方程式である．オイラーはこれ以上は書いていないが，偏微分記号を使って現代的に表すと，$N = \frac{\partial Z}{\partial y}$，$P = \frac{\partial Z}{\partial p}$ を用いて

$$\frac{\partial Z}{\partial y} - \frac{\mathrm{d}}{\mathrm{d}x}\frac{\partial Z}{\partial p} = 0$$

である．

ミンコフスキーの学生で，学位論文「変分計算における不連続解について」，教授資格論文「簡単な積分における強最大と最小について」を提出したコンスタンティン・カラテオドリは，1952年刊行の『オイラー全集』第1巻で，

> これはかつて書かれたもっとも美しい数学著作の一つである．教科書が特殊の数学的内容を，その論理的関連において提示する努力の模範として，くりかえし，くりかえし何世代にもわたって役立ったことは強調してしすぎることはない

と言っている．

オイラーは「追加II」で，最小作用の原理を与えた項目1，2に続いて，オイラー方程式のさまざまな応用を論じている．項目4，5では一様重力を考えた．

> **4**　私は一様重力の場合に進む．物体は任意の方向に投射され，水平線に垂直な方向に一定の加速度 g が下に向かって作用する．この仮定によって物体が描く曲線をAMとし，垂直線APを軸として $\mathrm{AP} = x$, $\mathrm{PM} = y$, 曲線の要素を $\mathrm{Mm} = \mathrm{d}s$ と取る．力の性質によって $\mathrm{d}v = g\mathrm{d}x$ および $v = a + gx$ であろう．したがって，曲線は $\int \mathrm{d}s\sqrt{a+gx}$ を最小にするように比べられるだろう．$\mathrm{d}y = p\mathrm{d}x$ と置いて $\mathrm{d}s = \mathrm{d}x\sqrt{1+pp}$ とし，$\int \mathrm{d}x\sqrt{a+gx}\sqrt{1+pp}$ が最小にならなければならない．一般公式 $\int Z\mathrm{d}x$ において $Z = \sqrt{a+gx}\sqrt{1+pp}$ であるから，$\mathrm{d}Z = M\mathrm{d}x + N\mathrm{d}y + P\mathrm{d}p$ より，$N = 0$ および $P = \frac{p\sqrt{a+gx}}{\sqrt{1+pp}}$ であろう．微分値は $0 = N - \frac{\mathrm{d}P}{\mathrm{d}x}$ であるから，

$N=0$によってこの場合$\mathrm{d}P=0$および$P=\sqrt{C}$になろう．

$$\sqrt{C}=\frac{p\sqrt{a+gx}}{\sqrt{1+pp}}=\frac{\mathrm{d}y\sqrt{a+gx}}{\mathrm{d}s}$$

ここで$C\mathrm{d}x^2+C\mathrm{d}y^2=\mathrm{d}y^2(a+gx)$，$\mathrm{d}y=\frac{\mathrm{d}x\sqrt{C}}{\sqrt{a-C+gx}}$であり，積分すると$y=\frac{2}{g}\sqrt{C(a-C+gx)}$になる．

これは放物線を表し，$C=a$で$y=2\sqrt{\frac{ax}{g}}$になる．

7　Mにおける物体が，二つの力を受けるとしよう．一つは水平，MP方向の力$=Y$，もう一つは垂直，MQ方向の力$=X$である．Xは垂直線$\mathrm{MQ}=\mathrm{CP}=x$の任意の関数，$Y$は$\mathrm{PM}=y$の関数であるとしよう．前のように，$\mathrm{d}y=p\mathrm{d}x$と置くと，$\mathrm{d}v=-X\mathrm{d}x-Y\mathrm{d}y$，$v=A-\int X\mathrm{d}x-\int Y\mathrm{d}y$となり，$\int \mathrm{d}x\sqrt{1+pp}\sqrt{A-\int X\mathrm{d}x-\int Y\mathrm{d}y}$が最小にならなければならない．$\sqrt{1+pp}\sqrt{A-\int X\mathrm{d}x-\int Y\mathrm{d}y}$を微分し……

$$N=\frac{-Y\sqrt{1+pp}}{2\sqrt{A-\int X\mathrm{d}x-\int Y\mathrm{d}y}},\ P=\frac{p\sqrt{A-\int X\mathrm{d}x-\int Y\mathrm{d}y}}{\sqrt{1+pp}}$$

が求める曲線$0=N-\frac{\mathrm{d}P}{\mathrm{d}x}$あるいは$N\mathrm{d}x=P$に用いられる．……

$$\frac{2v}{r}=\frac{X\mathrm{d}x-Y\mathrm{d}y}{\mathrm{d}s}$$

ここで，$\frac{2v}{r}$は遠心力で，$\frac{X\mathrm{d}x-Y\mathrm{d}y}{\mathrm{d}s}$は二つの力からの法線力である．

$\mathrm{d}v=-X\mathrm{d}x-Y\mathrm{d}y$から，数因子2を除き，$u^2=v$に書き直すと，接線力は$u\mathrm{d}u=-X\mathrm{d}x-Y\mathrm{d}y$，法線力は$\frac{2v}{r}$から$\frac{u^2}{r}$で，この結果はすでに『力学』で与えていた（214頁）．

中心力を扱った項目9では動径をtとしているが，通常のrに変更しておく．

9 物体 M は MC の方向に固定点に向かって，距離 MC の関数である力によってつねに押されている．前のように CP $= x$，PM $= y$ および $\mathrm{d}y = p\mathrm{d}x$ と置き，CM $= \sqrt{x^2+y^2} = r$ として, T を r の関数である向心力を表すものとする．この力を MQ と MP 方向の力に分解すると，MQ $= \frac{Tx}{r}$ と MP $= \frac{Ty}{r}$ であろう．これより, $x\mathrm{d}x + y\mathrm{d}y = r\mathrm{d}r$ のゆえに加速度 $\mathrm{d}v = -\frac{Tx\mathrm{d}x}{r} - \frac{Ty\mathrm{d}y}{r} = -T\mathrm{d}r$ が生じる．ここで $v = A - \int T\mathrm{d}r$ である．$\int \mathrm{d}x\sqrt{1+pp}\sqrt{A-\int T\mathrm{d}r}$ が最小にならなければならない．規則により $\sqrt{1+pp}\sqrt{A-\int T\mathrm{d}r}$ を微分し，……

$$N = \frac{-Ty\sqrt{1+pp}}{2r\sqrt{A-\int T\mathrm{d}r}}, \qquad P = \frac{p\sqrt{A-\int T\mathrm{d}r}}{\sqrt{1+pp}}$$

になる．これによって曲線の方程式 $N\mathrm{d}x = \mathrm{d}P$ が

$$\frac{T\mathrm{d}r}{2r\sqrt{A-\int T\mathrm{d}r}} = \frac{\mathrm{d}p}{1+pp}$$

を与える．

オイラーは項目 10 でこの方程式を積分し

$$\frac{C}{\sqrt{A-\int T\mathrm{d}r}} = \frac{px-y}{\sqrt{1+pp}} = \frac{x\mathrm{d}y - y\mathrm{d}x}{\mathrm{d}s}$$

を得た．$x\mathrm{d}y - y\mathrm{d}x = r^2\mathrm{d}\theta = l\mathrm{d}t$ を使ったのだろう．

10 この方程式によって，M における物体の速さは $= \sqrt{A-\int T\mathrm{d}r}$ で，C から接線に下ろした垂線に逆比例する．これはこの運動の主要な性質である．

この性質はエネルギー保存則にほかならないが，オイラーは触れていない．

14.4 オイラー－ラグランジュ方程式

ジョゼフ＝ルイ・ラグランジュ（ジュゼッペ・ルイージ・ラグランジェ）は1754年7月十八歳で最初の論文を発表している．その年の終わりには等時降下曲線（重力のもとで粒子が初期位置によらず同一時間に降下する曲線．123頁）の問題を変分法で解き，翌年8月12日解答をオイラーに送った．その中で，ライプニッツの微分記号 d に対して，変分記号 δ を導入し，変分計算をきわめてわかりやすいものに変え，この新しい方法によってオイラー方程式を導いた．今日オイラー－ラグランジュ方程式と呼ぶのはそのためである．

Z を，x，$\mathrm{d}x$，y，$\mathrm{d}y$ の関数，$\delta Z = N\delta y + P\delta \mathrm{d}y$ として，$\delta \mathrm{d} = \mathrm{d}\delta$ を使えば，

$$\delta \int Z = \int \delta Z = \int N\delta y + \int P\delta \mathrm{d}y = \int N\delta y + P\delta y - \int \mathrm{d}P\delta y$$

となり，両端を固定して $(\delta y = 0)$，これが恒等的に0になるためにはオイラー－ラグランジュ方程式

$$N - \mathrm{d}P = 0$$

が成り立たなければならない．$\mathrm{d}x = 1$ に注意．

オイラーは，1755年9月6日，ラグランジュに賞賛の手紙を送り，

> 最大最小の理論を完璧な高峰にまで引き上げられたあなたの最近のお手紙を読んだあと，あなたの独創性の絶妙な機敏さにふさわしい褒め言葉が見つかりません．というのも，この問題に関する私の論文において，そこに手渡される規則を抽出するため，純粋に解析的な方法を望んだばかりでなく，そのあとこのような方法を見つけるのに少なからぬ研究をいたしましたので，あなたは確かに私に最高の喜びを与えました．あなたは，これらについてのあなたのもっとも深遠で堅

実な瞑想を，親切にも私とわかちあいたいと望まれたからです．そのため，私はあなたにもっとも感謝しております

と返事した．1756年4月24日には

深遠な考察に満ちたあなたのお手紙について，私たちの有名な総裁モーペルテュイと話をし，彼も私とともにあなたの最高の賢明さを心から称賛しており，同時に最小作用の原理を支援されていることに全霊をもって感謝しています．またあなたのお名前によって私たちのアカデミーが少なからず名誉を受けたと信じています．彼は，できるだけ早い機会にあなたを表彰するよう取り計らうでしょう．彼はまた，あなたが，トリーノにおける地位を私たちのもっとも気前のよい国王のもとに，ドイツの地位と交換することを望まれるかどうか，あなたに尋ねるよう要請しました．彼はあなたを推薦したいと思っています．それゆえそれについてお知らせくださるよう私は心の底からお願いします．あなたと個人的に話をし，ご一緒できることほど嬉しいことはありません

と書いている．ベルリンアカデミーの年金受給会員にラグランジュを招聘することは七年戦争が始まったため実現しなかった．

1756年5月19日のラグランジュの手紙．

最小作用の原理に関しては，力学への応用についてあなたがすでにここかしこで与えられたもっとも素晴らしいものに，私が一部あなたにすでにお伝えし，一部私の手元にあるいくつかをつけ加えるならば，任意の数の物体が任意の仕方で相互作用していても，任意の流体の平衡や運動でも，それは，すべての静的，動的問題に対する普遍的な鍵とみなされるでしょう．他の方法では得るのが難しい必要な方程式を即

座に与えるでしょう.

1756年9月2日オイラーはその日ラグランジュがアカデミー会員に指名されたことを伝えた. オイラーは9月9日アカデミーで「最大最小の解析的方法の説明」を発表し, ラグランジュの方法を全面的に採用した.

> 例えば, Z が x と y の任意の関数で, 積分式 $\int Z\mathrm{d}x$ が与えられたとき, 問題は次のようになる. $x=a$ において積分値が最大あるいは最小になる二変数 x と y の間の関係を求めよ. ……
>
> 積分式 $\int Z\mathrm{d}x$ が, 積分のあと $x=a$ と置いて, 最大値あるいは最小値をとる x と y の関係はなにかという問題を提出したとき, 幾何学を考慮することなく, 解も適切に, 真の原理から導かれるべきだと提案した. この望みは, 私の論考において, はっきりとは証明されていなかった. 解析計算においてもっとも卓越し, もっとも熟練したラグランジュ・トゥルニェが, トリーノからの手紙で, この望みを成し遂げ, 同時に親切にもこの解析の基礎を私に知らせてくれた. これらは多くの残りがあるように思われるので, 私の習慣に従って, より完全に説明し, 発展させようと決心した.

1756年9月16日には「変分法の要素」を発表した. オイラーは

> 著者は長い間考察し, 友人たちに望みを表明してきたが, 第一発見の栄誉は洞察力あるトリーノのラグランジュのものである. 彼は, 解析だけを使って, 著者が幾何学的考察によって導いたまさに同じ解を明瞭に成し遂げたのである

としてラグランジュを称賛した. 積分 $\int Z\mathrm{d}x$ の変分を

$$\int \delta Z \mathrm{d}x = \int \mathrm{d}x \delta y \left(N - \frac{\mathrm{d}P}{\mathrm{d}x} \right) + P\delta y$$

などとしている．ラグランジュは 10 月 5 日の返事で

> 現在私は，アカデミーに送る目的で，ド・モーペルテュイ氏の最小作用の原理を力学の問題や流体力学に応用する研究ばかりでなく，最大最小の性質を持つ曲線の研究も整理している途中です

と書いている．

『トリーノ論叢』第 2 巻 (1760–61) に掲載されたラグランジュの二つの論文「不定積分公式の最大と最小を決める新しい方法についての試論」と「力学のさまざまな問題の解のために前論文で公表された方法の応用」は，変分法の新しい定式化と，その力学への応用を扱っている．

1759 年 10 月 2 日の手紙でオイラーはラグランジュの新しい方法を賞賛し，

> その課題の重要性に刺激を受け，あなたの見方に助けられて解析解を発展させました．あなたの熟考が発表されないうちはそれを秘密にしておきます．もっともあなたのものである栄光の一部でも私が奪わないようにですが

と書いている．

> オイラー氏は，優れた著作（現在の書名『最大または最小の性質を持つ曲線を見つける方法，すなわち，もっとも広い意味における等周問題の解』）への「追加」で，中心力を受ける物体の軌道の場合，速度と曲線の要素の積がつねに最大か最小になるという原理を証明した．

私はこの原理を一般化し，動力学のすべての問題を容易に解くためにその原理を使う．

一般原理 望む限りの多数の物体 M，M'，M''，$\ldots$ があるとする．それらは，なんらかの仕方で相互作用しており，望むならば，距離の任意の関数に比例する中心力を受けているとする．s，s'，s''，$\ldots$ は時間 t の間にこれら物体が横切る距離を表し，u，u'，u''，$\ldots$ はこの時間の終わりにおける速度であるとする．公式

$$M\int u\mathrm{d}s + M'\int u'\mathrm{d}s' + M''\int u''\mathrm{d}s'' + \cdots$$

はつねに最大か最小であろう．

問題 1 距離の任意の関数で表された力 P，Q，R，$\ldots$ によって，固定した中心に向かって引かれる物体 M〔質量〕の運動を求めよ．

解 ここでは物体 M ただ一つなので，最大または最小にならなければならない式は $M\int u\mathrm{d}s$ である．前論文で説明した方法に従って，方程式は

$$\delta\left(M\int u\mathrm{d}s\right) = 0$$

あるいは定数 M で割って

$$\delta\left(\int u\mathrm{d}s\right) = 0$$

である．あるいは

$$\delta(u\mathrm{d}s) = u\delta\mathrm{d}s + \delta u\mathrm{d}s$$

であるから，私たちが示したように（前論文），表式 $\delta(\int u\mathrm{d}s)$ を同等の $\int\delta(u\mathrm{d}s)$ に変形し，方程式

$$\int(u\delta\mathrm{d}s + \delta u\mathrm{d}s) = 0$$

を得る．

物体 M から力 P，Q，R，... の中心までの距離を p，q，r，... としよう．すべての幾何学者が知っているように，

$$\frac{u^2}{2} = \text{const} - \int (P\mathrm{d}p + Q\mathrm{d}q + R\mathrm{d}r + \cdots)$$

である．

最後の式はオイラーが与えたもので，右辺のポテンシャルエネルギーに相当する項を左辺に移項すれば現代のエネルギー保存則だが，オイラーはそうしていない．

ラグランジュは最小作用の原理によって「ニュートン方程式」を導いた．ラグランジュはより一般的な変数 p，q，r，... を使っているが，最後に x，y，z に線形変換しているので，ここでは最初から後者を使うことにする．最小作用の原理は

$$\int (u\delta\mathrm{d}s - P\mathrm{d}t\delta x - Q\mathrm{d}t\delta y - R\mathrm{d}t\delta z) = 0$$

になる．

$$\int u\delta\mathrm{d}s = -\int \left(\mathrm{d}\frac{u\mathrm{d}x}{\mathrm{d}s}\delta x + \mathrm{d}\frac{u\mathrm{d}y}{\mathrm{d}s}\delta y + \mathrm{d}\frac{u\mathrm{d}z}{\mathrm{d}s}\delta z\right) + \frac{u\mathrm{d}x}{\mathrm{d}s}\delta x + \frac{u\mathrm{d}y}{\mathrm{d}s}\delta y + \frac{u\mathrm{d}z}{\mathrm{d}s}\delta z$$

これよりラグランジュは「ニュートン方程式」

$$\mathrm{d}\frac{u\mathrm{d}x}{\mathrm{d}s} + P\mathrm{d}t = 0, \qquad \mathrm{d}\frac{u\mathrm{d}y}{\mathrm{d}s} + Q\mathrm{d}t = 0, \qquad \mathrm{d}\frac{u\mathrm{d}z}{\mathrm{d}s} + R\mathrm{d}t = 0$$

を得た．$\frac{u\mathrm{d}x}{\mathrm{d}s} = \frac{\mathrm{d}x}{\mathrm{d}t}$ などである．

運動エネルギーを $T = \frac{1}{2}mu^2$，ポテンシャルエネルギーを V として，エネルギー保存則 $T + V = E$ を使うと，作用は $\int mu^2\mathrm{d}t = \int (T - V)\mathrm{d}t$，すなわちラグランジュ関数 $L = T - V$ の時間積分にな

る（ラグランジュ関数は 1809 年のポアソンの論文で現れた）．1780 年の論文「月の秤動，およびこの惑星の非球形に依存する他の現象の理論」（刊行は 1782 年）では

$$\mathrm{d}\frac{\delta T}{\delta \mathrm{d}x}-\frac{\delta T}{\delta x}+\frac{\delta V}{\delta x}=0,\ \mathrm{d}\frac{\delta T}{\delta \mathrm{d}y}-\frac{\delta T}{\delta y}+\frac{\delta V}{\delta y}=0,\ \mathrm{d}\frac{\delta T}{\delta \mathrm{d}z}-\frac{\delta T}{\delta z}+\frac{\delta V}{\delta z}=0$$

を導いている．ハミルトンは 1834 年の論文「力学における一般的方法について」を整理，拡張して翌年に発表した「第 2 論文」で，「主関数」$S=\int L\mathrm{d}t$ に対する変分原理 $\delta S=0$ から方程式を導いた．ヤコービは 1837 年に発表した論文「いくつかの変数の一次偏微分方程式の積分を常微分方程式系の積分に帰着させることについて」で，ポテンシャルが，質点系の位置ばかりではなく，時間をあらわに含む非保存系でも，主関数が同じ方程式を満たすことを示した．この一般化によって現代ではこの方程式をハミルトン−ヤコービ方程式と呼んでいる．ヤコービは最小作用の原理を「ハミルトンの原理」と名づけた．ヴォルテールは，最小作用の原理を，「なにか知らないがくだらない数学」と言っているが，フランス語のファデズは，くだらない冗談，馬鹿げた話，くだらないこと，愚作，駄作といった意味で，最小作用の原理が現代物理の基本原理であることをヴォルテールが知ったら，どんなことを言うか楽しみだ．

モーペルテュイは 1756 年に，アカデミー総裁にとどまったままベルリンを離れたので，オイラーが事実上の総裁の役を果たした．1759 年モーペルテュイがバーゼルのベルヌーリ邸エンゲルホーフで客死した．フリードリヒ二世はダランベールに総裁就任を要請した．ダランベールは固辞し，オイラーを総裁に推薦した．だがフリードリヒ二世はみずからを総裁にした．フリードリヒ二世にとって，朴訥で生真面目なオイラーは疎ましく，ヴォルテールのように口が達者な軽薄才子が好みだったのだ．

オイラーは1766年5月29日アカデミーを辞職し，エカテリナ二世の招聘を受けてサンクトペテルブルクに向かった．ラグランジュが後任になった．フリードリヒ二世は7月26日ダランベールに宛てて次のように書いている．

> 片目の数学者を両目の数学者に交代させたことはあなたのご配慮とご推薦のおかげです．このことは私のアカデミーの解剖学会員たちをとくに喜ばせるでしょう．……狂ったように大熊や小熊を愛するオイラー氏は，それらをゆっくり観測するため北に旅立ちました．彼と彼のxyとyzを載せた船が遭難しました．最初から最後まで数字ばかりの論文で四つ折り6巻をなすほどの材料があったのに，すべてが失われ，大変残念です．ヨーロッパは，おそらく，これらを読むことが与えたであろうこころよい楽しみを奪われるでしょう．

オイラーは1766年7月28日サンクトペテルブルクに戻り，アカデミー数学部門主任になった．アカデミーのある大学河岸をネヴァ川沿いに少し歩くとシュミット中尉河岸に「レオンハルト・オイラーは1766年から1783年までここに住んだ」と書かれた銘板をつけた家がある．その年7月17日には白内障のためほとんど全盲に近くなったが，暗算力と記憶力により，研究にはまったく支障がなかった．むしろ論文生産は増加し，毎週のように論文を書き続けた．

1771年5月，大火が自宅に及び，オイラーは，目が不自由なため，命まで失いかけた．1773年11月10日には妻を失った．1777年5月5日アカデミーで発表した論文「対数と円弧によって積分できる無理式の角度微分公式について」において，虚数単位の記号iが初めて現れた（遺稿として1794年に出版された『積分法の基礎』第2版第4巻に収められている）．コンドルセーはオイラーの最期を追悼文で次のように書いている．

> 1783年9月7日，最近の発見によって全欧で熱狂的になった熱気球の上昇運動について黒板で計算を楽しんだ後，〔アンドレイ・〕レクセル氏と家族とともに食事をして，ハーシェルの惑星〔天王星〕とその軌道を決める計算について話をし，しばらくして孫を呼んでいっしょに遊び，何杯かお茶を飲んでいたとき，まったく突然に，手にしたパイプが滑り落ちて，彼は計算することをやめ，生きることをやめたのです．

ピエール＝シモン・ラプラースは

> オイラーを読みなさい．オイラーを読みなさい．彼は私たちみんなの師匠ですよ

と言っていた．

15 ミチェルとキャヴェンディシュ

John Michell and Henry Cavendish

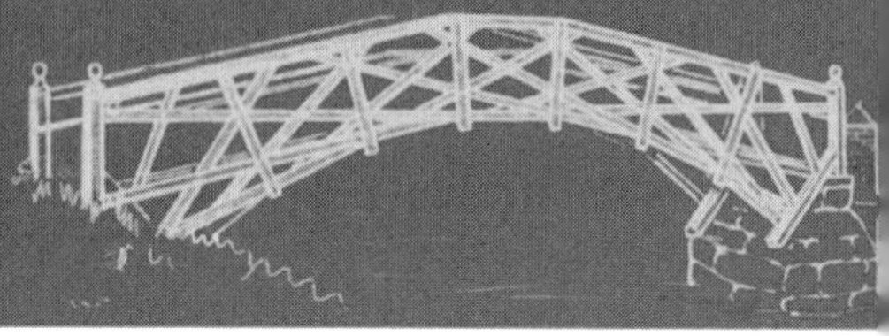

15.1　ジョン・ミチェル

ケンブリッジはケム河畔の大学町である．ケム川に沿ってコレッジが並び，ため息が出るような美しい景観をつくりだしている．ケムの両側にキャンパスがあるのはセントジョンズコレッジとクイーンズコレッジだけである．セントジョンズコレッジの両側を結ぶのは二つの歩道橋で，クリストファー・レンが設計し，散文的な名を持つ「台所橋」と，ヴェネツィアの橋から名を借りた「ため息橋」である．もっとも，後者のため息は，試験を控えた学生たちのため息らしい．ため息をつくのはなにも学生たちだけではないのだが．クイーンズコレッジの両側を結ぶ木の歩道橋は「数学橋」と呼ばれている．1749 年に建設された．木組みは，弧形に並べた木と，弧形に垂直な木，および，弧形の接線をなす木からなり，垂直な木には圧縮する力だけが，接線の木には張力だけが加わるように設計されている．ミチェルも設計に関わったと言われている．

ジョン・ミチェルは，1742 年 6 月 17 日にクイーンズコレッジに入学し，1749 年に学士号を得た．1749 年はケンブリッジ大学数学最終試験，数学トライポスが始まった年で，ミチェルは第四ラングラー

だった．首席ラングラーが必ずしも独創的な研究者にはならないという伝統は初回から始まった．ラングラーはけんか腰で論争する人を意味し，『プリンキピア』についての口頭試問のみだった初期の名が現在も残っている．ミチェルは，1749年3月30日，フェロウに選ばれた．「数学橋」がつくられた年である．学術修士号を得たのは1752年である．

ニュートンは『プリンキピア』第3編，命題6・定理6で

> **系5**　重力は磁力とは異なる性質である．磁気引力の相互作用は引きつけられる物質に比例しない．磁石によって，ある物体は強く引きつけられ，他は弱く引きつけられ，ほとんどの物体はまったく引きつけられない．同一の物体の磁力は強くも，弱くもでき，同じ物質量に対して，ときには重力よりも強くすることができる．そして粗雑な観測から判断できる限りでは，磁石から遠ざかるとき，距離の二乗ではなく，三乗に比例して減少する

と書いている．ミチェルは，1750年，小冊子『最良の磁石よりも優れた磁石をつくる容易で迅速な方法，および，自然の磁石を改良し，それらの磁極を変化させ変換させる方法が示される人工磁石の論文：羅針を最良の形につくり，もっとも有利に接触させる方法も与えられる』を出版した．この論文でミチェルは初めて磁極間に働く力を与えた．

> **1**　磁石自身の中であろうと，磁石によって励起された鉄などの一片であろうと，磁気があるところではつねに二つの極があり，一般に北極と南極と呼ばれている．磁石の北極はつねに南極を引きつけ，北極を反撥する．逆も同じである．……

3　各極は，同じ距離では，すべての方向に，厳密に同じだけ反撥あるいは引きつける．

4　磁気引力および斥力は厳密に相等しい．（磁石のこの性質についてなにか述べたほとんどの人は，磁石の引力と斥力が互いに等しくないばかりでなく，同じ増加減少の規則に従わない，ということで一致していた．……）

6　磁石の引力および斥力は，各極からの距離の二乗の増加とともに減少する．私自身が行なった実験と他の人の実験を見て得たこの性質は，きわめてありそうに思われる．だが，十分な精度で決めるに足る実験をまだしていないので，確かであるとあえて断言するつもりはない．

ミチェルは，磁石が二極からなり，磁極間に「厳密に」逆二乗力が働くことを発見した．重力の法則以外で初めて発見された逆二乗則である．クーロンは，1791 年に提出した論文で実験的に検証しているので，現代では磁極間に働く力の法則もクーロンの名で呼んでいる．

ミチェルは 1758 年，バーミンガム北郊ソーホーハウスで開催されるルーナー協会に宛てて，ベンジャミン・フランクリンのために紹介状を書いている．ジョウゼフ・プリーストリーと知り合ったのは 1760 年頃で，ルーナー協会でのことだろう．1760 年 6 月 12 日，ミチェルは王立協会会員に選ばれた．ヘンリー・キャヴェンディシュも 5 月 1 日に会員に選ばれていた．二人は親友になった．ミチェルは，1760 年 2 月，王立協会で「地震の原因と，地震現象についての考察：とくに，リスボン市に壊滅的で，その効果がはるかアフリカやほとんど全ヨーロッパで感知された 1755 年 11 月 1 日の地震について」を発表し，『哲学紀要』で公刊した．ミチェルは，地球が地層からできており，熱い蒸気が層を持ち上げ，この波動が地震として地球内を広がり，断層のずれに関連があると指摘し，プレイトテクトニクス理論の先駆者になった．1762年にウッドウォード地学教授に着任した．在任期間は短く，1764年教授職，フェロウを辞任し結婚したが妻は一年後に亡くなってしまった．ミチェルはケンブリッジ大学に戻ることができなかった．

ミチェルは，1767年5月7日と14日，王立協会で論文「恒星からの光量による視差と大きさ，およびそれらの位置の特定の情況の研究」を発表した．ミチェルが推定したシリウスまで距離は40兆から50兆マイルで，現代の値51兆マイルに近く，天文学史上最初の合理的な数値だった．また，二重星のほとんどすべては重力によって結合した連星であることを示した．

> それゆえ，これより私たちは，最大の確率で（反対意見の確率は数兆分の一だろう），その原因がなんであろうと，相互重力であろうと，あるいは創造主の他の法則であろうと，恒星はある場所では星団にまとめられ，一種の系を形づくり，他の場所では，ほとんど，あるいはなにもないと結論できるだろう．そして，特定の場合は確実で，一般の場合は確実に近いのだが，非常に接近して置かれた二個か数個の恒星からなると見られるこのような連星などが，実際に，ある一般法則の影響で接近して置かれた恒星からなる，というのがこれからの自然の結論だろう．明るいこれらすべての恒星が全天にばらばらに散らばっていたなら，非常に近接したこのような恒星は存在しないだろうという確率が非常に高い．

ミチェルはその年10月3日，リーズの南12マイル，ソーンヒル教区牧師に任命された．プリーストリーの生地バーストールから南に7マイルだ．プリーストリーは，9月にリーズの牧師に着任していたので，六年後にリーズを去るまでミチェルと親しく交流した．

フランクリンは1755年3月18日ジョン・ライニングに宛てた手紙の中で

> 電気台の上で，銀製のパイントコップを帯電させ，そして，その中に，絹糸でつった直径一インチ程のコルク球を，コップの底に届くまで下ろしました．コルクは，コップの外側とは異なり，コップの内側に引きつけられませんでした．コルクは底に接触したのに，引き出してみると，コップの外側とは異なり，接触によって帯電しなかったことがわかりました

と書いていた．フランクリンはこの実験をプリーストリーに知らせ，再実験して確かめ，公表するよう言ってきた．プリーストリーは1767年3月に刊行した『電気の歴史と現状』の中で次のように記した．

> 私は私の諸実験の説明を小さな一組でしめくくろうと思う．それは，その前のものばかりでなく，フランクリン博士の教えに従ったという名誉を除いては，自慢することはほとんどないものである．彼は，コルクの球が金属製カップの中で電気によってまったく影響を受けないことを発見していたと知らせてきた．そして彼はその事実をくりかえして確かめることを望み，公表を私に任せた．
>
> そこで，〔1766年〕12月21日のこと．焼いた木製の台の上で，錫製のクォート容器を帯電させた．そしてガラス棒の先端に取りつけることによって絶縁し，糸全部がコップの口から出ないようにして全体をコップの中につり下げた一対の髄球が，電気によってまったく影響されずにそのままでいた．だが，指とか，地球と接触する導体がそれに触れたり，あるいはそれに向かっただけで，ただちに分離し，側面に引きつけられた．……

この実験から，電気の引力は重力と同じ法則に従っており，それゆえ，距離の〔逆〕二乗に従っていると推測することができるのではないか．地球が殻の形をしていればその内部の物体はどちらかの側に引きつけられることはないからである

と説明している．『プリンキピア』の第1編，第12章には

命題70・定理30　各点からの距離の二乗に逆比例して減少する同じ向心力が球面の各点に向かうとすると，その球面の内部に位置する物体はそれらの力によってはいかなる方向にも引きつけられないと言える

と書かれている．球殻質量の内部では引力がないことを証明した．プリーストリーはこの命題に基づいて電気力の逆二乗則を推定した．コップは球形ではないので，プリーストリーの重力との類推は正確とは言えない．任意の形の殻に質量が一様分布した場合は，一般に，内部で重力は残るが，導体殻の場合は，内部で電気力が残らないように電気の再分布が起こるからだ．次節で述べるように，キャヴェンディシュが，導体球殻を用いて逆二乗則を確かめたのは1772年のことである．

ニュートンは1704年刊行の『光学』で

疑問1　物体は，距離をおいて光に作用し，その作用によって光線を曲げないだろうか？　そしてこの作用は（他を同じとすると）最接近距離で最大にならないだろうか？

疑問29　光線は光る物質から放射された微小体ではないだろうか？

という問題を出した．

1722年,『光学』を最初に仏訳したのは神学者ピエール・コストである. ユグノー教徒で, ナントの勅令廃止後イングランドに亡命していた. 同じユグノー亡命者ド・モアヴルとデザギュリエに翻訳を助けてもらった. フランス革命の指導者の一人で, 入浴中にシャルロット・コルデに暗殺されたジャン=ポール・マラーも1787年に『光学』を仏訳している. マラーは, 1784年に刊行した『光学の基本概念』の中で

> **光の引力と屈折** 他の, 同様に興味を引く実験に移ろう. それは物体がその周囲の光線を引きつけ, 曲げることを示している. ……これらの実験や他の数千の同様の実験からすべての物体は光を引きつけることがわかる. ……光線は, 物体からある距離をおいて通過するとき, 同じ媒質中いつも方向を変えることは疑いない. それは引力の球の範囲にあるだろうか? それは球の周囲のある点で折れ曲がり, それから直線に沿って延びていく

と書いている.

ミチェルは1783年5月26日ソーンヒルからキャヴェンディシュへ書簡を送り, 11月27日, 王立協会で論文「光速度減少の結果として, このような減少が生じることがわかり, そのためにさらに必要となる他の数値が観測から得られる場合に, 恒星の距離, 大きさなどを見つける方法について」として発表した.

> **4** 光の粒子が, 私たちの知っている通り, 他のすべての物体と同じように, 合理的な疑いのありえない慣性力 (質量) と同じ比例を持つ力によって引きつけられると仮定しよう. 重力は私たちが知る限り, あるいは信ずべき根拠があるゆえに, 自然の普遍的法則である. この仮定のもとに, もし上で

触れた方法によって密度が知られている恒星の一つが，それから発せられる光の速度に影響するほど大きいとすれば，その実際の大きさを知る手段を見つけるべきだろう．

16 したがって，項目10によって，太陽と同じ密度を持つ球の半径が太陽の五百倍を超えるなら，無限の高さから落下する物体はその表面で光速度を超える速度を持つだろう．その結果，他の物体のように，光が慣性に比例する同じ力によって引きつけられると仮定すると，このような物体が放出するすべての光はそれ自身の重力によって引き戻されるだろう．その結果，光が他の物体との慣性力に比例する同じ力によって引きつけられると仮定すると，このような物体から放射されるすべての光はその固有の重力によってその物体に引き戻されるだろう．

17 だが，太陽と同じ密度の球の半径が，太陽の四百九十七倍より小さければ，このような物体から放出される光の速度は，完全には消滅せず，球の大きさに応じて，つねに多少とも減少する．

29 太陽の密度以下ではなく，直径が太陽の五百倍を超える物体が自然に存在するとすれば，その光は私たちに届かない．あるいは，自然には光らない，いくらか小さめの物体が存在する．いずれの場合にも物体の存在について，視覚による情報は得られない．それでも，他の光る物体がそのまわりを回転するならば，これら回転する物体の運動からある程度の確かさで中心の物体をおそらく推測できるかもしれない．他の仮定では説明困難な回転物体の明らかな不規則性のいくつかに対する手がかりを与えてくれるかもしれない．だがこのような仮定は非常に明らかなので，これ以上は行なわないと書いていた．ブラックホールの先駆である．ミチェルは項目17によって恒星の距離などを決めることができると考えたが，これは成功しなかった．ラプラースは1796年の著書『宇宙体系の解説』で，

> 地球と同じ密度で，太陽の二百五十倍以上の直径を持つ光る恒星は，引力によって，その光線を私たちに届けることを許さないだろう．それゆえ，宇宙の最大の光る恒星は見えないことが可能である

として，恒星の光が恒星の重力に捕えられて見えなくなる可能性を示唆した．ミチェルに次ぐブラックホール「見えない星」の先駆である．ラプラースは，1799年『一般地理天体暦』に発表した論文「天体の引力が強すぎて光が出ないという定理の証明」でこの主張を証明している．

ホイタカーは『エーテルと電気の理論史』(1910)の中で次のように述べている．

> ニュートンの死とグリーンの科学活動の間に経過した1世紀は〔ケンブリッジ〕大学の歴史においてもっとも暗いものだった．キャヴェンディシュとヤングがケンブリッジで教育を受けたのは事実だが，彼らは学部課程を終えるとロンドンに移った．この全期間を通じて，ケンブリッジにいて教えたただ一人の名のある自然哲学者はミチェルだった．時間を隔てたいまとなっては完全に理解することは難しいなんらかの理由によって，ミチェルの研究は同世代および次世代の同僚の中で，ほとんど，あるいは，まったく注目されなかった．彼らは，彼の発見が別人のものとされても黙認し，彼の名がケンブリッジの歴史から完全に抹殺されることを容認したのである．

15.2　ヘンリー・キャヴェンディシュ

キャヴェンディシュは1748年11月24日，ケンブリッジ，セントピーターズコレッジ（ピーターハウス）に進学したが，学位は取らず，1751年2月23日にケンブリッジを去った．キャヴェンディシュは1771年の論文「弾性流体によって主要な電気現象を説明する試み」で，電気力は距離の三乗以下のべきに逆比例すると言っている．キャヴェンディシュは，1772年に，電荷間に働く逆二乗力を最初に定量的にした．キャヴェンディシュは導体球殻内部に同心導体球を導線でつないだ．外側の球殻に電荷を与えても，逆二乗則が成り立てば，球殻内部では電荷に働く力はちょうど打ち消しあって0である．キャヴェンディシュは，外球の電荷が内球にほとんど移動しないことを確かめ，逆二乗則を検証したのである．だがこの結果を記録した手稿は長い間埋もれたままだった．またキャヴェンディシュは1775年に導体の電気を伝える能力が物質によって大きく異なることを発見していた．自分自身や召使いリチャードを実験試料にしてオームの法則を検証していた．キャヴェンディシュの研究分野は幅広く，また時代に先駆けた重要な業績が多いが，その大部分は公表されなかった．

キャヴェンディシュは，重力定数G測定の嚆矢となる重要な業績を残した．地球内部の組成に関する興味から，友人ミチェルに地球の重さを測定する可能性について相談した．キャヴェンディシュは，1783年5月27日，ミチェルに宛てた手紙で

> もしあなたの健康がそれ〔大望遠鏡製作〕を続けることを許さないなら，少なくとも，より簡単で面倒の少ない地球の重さを測定することができることを希望しています．そして，私自身にとっては，あなたが大望遠鏡を完成したと聞くよりも，地球の重さを測定する実験を成功裡に試行した，と

聞かなかった方がよかったのかどうかわかりませんが

と書いていた．ミチェルは，二組の大小質量間に働く重力によって生じる回転力を測定するねじり秤を用いた実験を提案し，測定器の製作を始めた．だが，ミチェルは 1793 年，測定を始める前に亡くなってしまった．ねじり秤はクイーンズコレッジに寄贈され，ジャクソン自然哲学教授フランシス・ウラストンの手に渡った．ウラストンの息子がクラパムコモンのキャヴェンディシュ邸の近くに住んでいた．キャヴェンディシュは，入手したミチェルの測定器を自邸に設置し，実験を始めた．1797 年で六十七歳になろうとしていた．翌年 6 月 21 日王立協会で発表した論文「地球の密度を決定する実験」の冒頭で

> 当協会の故ジョン・ミチェル師は，何年も前に，少量の物質の引力を感知することによって地球密度を決める方法を考案していた．だが彼は，他の研究に携わっていたので，測定器を完成させたのは死の直前で，それを用いて実験することができなかった．没後測定器はケンブリッジのジャクソン教授，ジョン・フランシス・ウラストンが入手したが，それでは彼が望むような実験をするには都合がよくないので親切にも私にくださった．
>
> クーロン氏は，さまざまな場合に，小さな引力を試すために，この種の工夫〔ねじり秤〕を使ってきた．だが，ミチェル氏は，クーロン氏の実験の発表前に，私にこの実験の意図と，使う方法を知らせていた

と述べている．測定器を大幅につくり直したにもかかわらず，すべてをミチェルの功績にしている．キャヴェンディシュが得た地球の平均密度はきわめて正確で，水の 5.48 倍という値は現代の 5.52 とほとんど変わらない．ラプラースは 1820 年，『発見発明辞典』の項目「地球

の平均密度」の中で

> キャヴェンディシュ氏の測定器と，この優れた物理学者を特徴づける正確さと賢明さをもって実行されたすべての実験を細心の注意を払って調べたところ，地球の平均密度を5.48とした彼の結果に異議はない．これは，極値が4.88と5.79である二十九の実験の真ん中である．この結果に私の『確率の解析理論』の公式を適用すると，誤差がきわめて小さいことが非常にもっともらしいとわかる

と書いている．ニュートンは重力定数Gを定義しなかったので，キャヴェンディシュはG自体を与えていないが，地球の半径をR，重力加速度をgとすると

$$g = \frac{GM}{R^2}$$

が成り立つから，地球の平均密度$\frac{M}{V}$，$V = \frac{4\pi}{3}R^3$からGを読みとるのは容易である．フランシス・ベイリー（『フラムスティード伝』の著者）が1821年に修正した値5.448を使うと

$$G = 6.74 \times 10^{-11}\,\mathrm{m}^3\,\mathrm{kg}^{-1}\,\mathrm{s}^{-2}$$

となり，現代のGの値にきわめて近い．

15.3 光も重力によって曲がる

マクスウェルはキャヴェンディシュの電気関係の草稿だけを編集刊行したが，その他の草稿はエドワード・ソープが1921年に『ヘンリー・キャヴェンディシュ科学論文集』として刊行した．その第2巻中で，1784年頃の草稿に，

> 任意の物体の近くを通過する光線の，物体の引力による屈折を見出すこと．物体の中心をs，表面の点をaとせよ．物

> 体からの距離において円を回転する物体の速度が光速度と $1:u$ であるとせよ．そのとき光線の屈折の二分の一の正弦は $\frac{1}{1+u^2}$ である

と書いていた．それは 1783 年にミチェルが発表した「重い物体では重力が光の放出を妨げる」という考えに刺激を受けた研究だった．キャヴェンディシュは，光を粒子として，屈折角を計算していた．天体の重力によって光粒子が曲げられる角度を運動方程式を解くことによって決定したものである．慣性質量と重力質量の等価性によって運動方程式の両辺で光粒子の質量が相殺されるから計算結果は未知の光粒子の質量に依存しない．

逆二乗則に従う粒子の軌道は正のエネルギーでは $e>1$ により双曲線になる．分母が 0 になる $\cos\theta=-\frac{1}{e}$ が漸近線（準線）を与える．したがって $\theta=\frac{\pi}{2}+\delta$ とすると $\sin\delta=\frac{1}{e}$ が屈折角 δ の二分の一を与える．物体の質量を M，最接近の位置を $R=\frac{L}{1+e}$ とする．(5.3) に (7.3) を代入すると，光粒子の速度の二乗は

$$v^2=GM\left(\frac{e^2-1}{L}+\frac{2}{r}\right)$$

になるから，無限遠における光の速度 c は

$$c^2=\frac{GM}{L}(e^2-1)=\frac{GM}{R}(e-1)$$

によって与えられる．したがって

$$e=1+\frac{Rc^2}{GM}$$

よりキャヴェンディシュの式

$$\sin\delta=\frac{1}{1+\frac{Rc^2}{GM}},\qquad u=\sqrt{\frac{Rc^2}{GM}}$$

が得られる．アインシュタインが一般相対論を完成する以前の1911年に屈折角を計算していた値はキャヴェンディシュの結果に一致する．

定量的な計算を正確に遂行したのはゾルドナーが最初である．ゾルドナーは1797年にベルリンに赴き，プロイセン科学アカデミー会員で王室天文学者，ベルリン天文台所長ヨーハン・ボーデに師事，助手となって天文学と測地学を学んだ．1800年に最初の論文「恒星の相対運動について：恒星の光行差についての補遺を含む」を，ボーデが編集する『1803年度天文学年報』に発表している．それはラプラースの論文（280頁）に刺激を受けて書かれた．ゾルドナーは，放出される光は低速度になりうる，したがって星が非常に小さくても重力が光を捕えてしまう可能性がある，と主張した．このような考察の過程でゾルドナーは重力によって光が曲げられる角度を正確に計算することを思い立ち，翌1801年に二番目の論文「天体の近くを通過する光線の天体の引力による直線運動からのずれについて」を『1804年度天文学年報』に発表した．微積分に基づくその計算はベルヌーリとほとんど同じで，くりかえす必要はない．

ベルヌーリが得たように，粒子の速度は位置によって異なる．キャヴェンディシュが無限遠での粒子の速度を光速度に採ったのに対し，ゾルドナーは粒子が天体に最接近したときの速度を光速度に採った．$r = R$で

$$c^2 = \frac{GM}{R}(e+1)$$

になる．したがって

$$e = -1 + \frac{Rc^2}{GM}$$

になるので，二人の結果はわずかに違うが，その差は高次で無視できる量だ．光の屈折角はいずれも

$$2\delta \cong \frac{2GM}{Rc^2}$$

になる．ゾルドナーの計算結果は1911年の一般相対論完成以前にアインシュタインが等価原理を使って得た0.83秒と一致し，一般相対論の結果 $\frac{4GM}{Rc^2}$ のちょうど半分である．二倍の違いは物体の近くの空間が物体の存在によって歪む効果だ．ゾルドナーは数値では0.84秒を与えているが，現代の諸定数をアインシュタイン，ゾルドナーの式に代入すると0.875秒になる．1919年11月6日に発表されたエディントンの測定値はアインシュタインの予言値1.74秒に近いものだった．

16 バベッジとグリーン
Charles Babbage and George Green

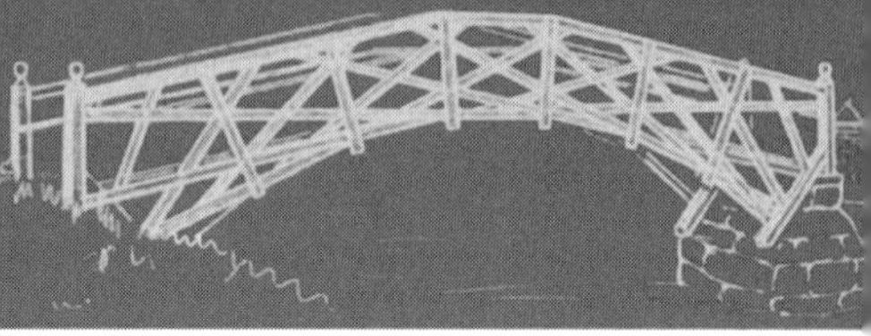

16.1　チャールズ・バベッジ

1810 年 10 月チャールズ・バベッジはケンブリッジ，トリニティコレッジに進学した．ニュートンの異常な独占欲に起因し，ケンブリッジの数学は 1 世紀にわたって進歩を止めていた．すでにライプニツの微積分を学んでいたバベッジは失望した．自伝『ある哲学者の生涯からの断章』で次のように書いている．

> ケンブリッジに行ったとき，ニュートンのドット，ライプニツの d，ラグランジュのダッシュを用いて，同じ容易さで，当時持っていた非常にささやかな数学の疑問に答えを出すことができた．けれども，多くの困難に出会い，ケンブリッジに着いたとき，それらすべてが強い喜びをもって取り除かれる確実さに期待していた．私はチェスクラブや数学を議論するクラブの未来の仲間の中で学校における計画を，空想の中で，つくっていた．
>
> 戦争中の 1811 年，外国書籍を手に入れることは非常に困難だった．ラクロアの偉大な本『微積分』のことは聞いており，入手したいと切望した．その値段は誤って二ギニーと知

73
FUSION
01803
864204
FUSION
SALE

らされていたので，ケンブリッジに行く途中，ロンドンで購入しようと決心した．到着するとすぐにフランス書籍商デュローに赴き，本の値段が七ギニーとわかって非常に驚いた．熟考の末，高い買い物をしてすぐにケンブリッジに行き，指導教師ハドソンに会って部屋を確保し，夜のほとんどを，新たに得た本の頁をめくって過ごした．数日後，指導教師ハドソンのところに行って，数学上の困難な点について説明を求めた．彼はぼくの質問を聞いて，そんなことは，評議会館〔数学トライポスが実施された建物〕では質問されないし，重要なことではないと言っただけだった．そして，もとの科目を勉強するよう助言した．

しばらくして，もう一つの困難な点について，講師の一人に質問した．彼はその質問についてまったく同じ対応をした．本当に確信を持てない疑問について教えてもらうべく三度目の骨折りをし，相談した人がそのことについてなにも知らないことで満足した．彼は無知を隠すのにかなり苦労していたのだが．

こうしてぼくはここでのおきまりの勉強に嫌悪感を持ち，ペテルスブルク，ベルリン，パリのアカデミーの無数の巻の中に散らばるオイラーや数学者たちの論文に没頭した．

こうした状況で，ぼくがライブニツの記号法の優れた能力に気づき，感動したことは驚くべきことではない．

バベッジの指導教師ジョン・ハドソンは1797年数学トライポスで首席ラングラー，スミス賞も受賞した．

バベッジは，1812年，ジョン・ハーシェル，ジョージ・ピーコック，エドワード・ブロムヘッドらとともに解析協会をつくった．その年バベッジはピーターハウスに移った．1813年にバベッジとハーシェルの論文を掲載した解析協会論文集を出版した．

> ついにぼくたちの仕事が印刷され，書名を決める必要があった．ぼくたちの信条になされてきた当てこすりを思い出して，ぼくはもっとも適切な書名を提案した．《大学の老いぼれ〔Dot-age にドットを掛けた〕に反対する純粋 D 主義の原理》．

ニュートンの流率記号ドットに抗するライプニッツの微分記号 d の優位を標榜している．

> ライプニッツの記号を尊敬するぼくの見方は広範な読書の過程からいまや (1812) 確信を得ていた．流率の記号は英国の科学の進歩にとって結局は強い障害になると確信するようになった．だがぼくは若く無名の著者が初歩の仕事にライプニッツの記号を導入することは絶望的であることも知っていた．ぼくが勧められた意見はラクロアの小著を翻訳するという考えだった．ぼくは覚えていないが，解析協会の同僚何人かにも同じ考えが浮かんだだろう．だが，彼らのほとんどは第一に学位のため，次にフェロウのための試験で非常に忙しかったのであのとき誰もこのことに関して行動を起こさなかった．
>
> ぼくはこのような気をそらすものに妨げられなかったので，この仕事を始めたが，どのくらいの期間かははっきりと覚えていない．数年後，翻訳の一部を終えて傍に置いたとき，ピーコックがデヴォンシャー通りのわが家にやってきて，ドットを d に変えることは，著名な人の外国書籍が英語に翻訳されるまで達成されないだろうと，ハーシェルと彼自身が確信していると述べた．ピーコックはぼくが始めた翻訳

を終えるか，ハーシェルと彼自身が残りを完成させるかだと提案した．ぼくはどちらを取るかコイン投げをしようと提案した．かけで共同翻訳をすることに決まった．数か月後ラクロアの小著の翻訳が出版された．

その後数年間ライブニッツの記号の進展は遅かった．二大コレッジの教師たちはそれを採用したが，他のコレッジでは誰もそれを教えなかった．

ウィリアム・ウォレスは製本職徒弟から数学者になった人で，ライブニッツの微積分を初めて英国に紹介した数学者の一人である．1803年からグレイトマーロウにあった王立陸軍学校数学教師，1819年にエディンバラ大学数学教授になった．エディンバラのグレイフライアーズ・カークヤードに墓所がある．メアリー・サマヴィルは独学で数学を勉強し，1813年，ウォレスが推薦してくれた本を買いそろえた．メアリーは『メアリー・サマヴィルの若い頃から老齢までの個人的回想』(1874) でこう書いている．

私は彼〔ウォレス〕に，数学，天文学，最高度の分野さえも含めて，正規の課程を履修したいと真剣に話したとき，彼は必要な本のリストをくれた．それらはフランス語で書かれており，フランクールの『純粋数学全課程』と『力学要綱』，ラクロアの『代数要綱』と大著『微積分』および『差分と級数』，ビオーの『解析幾何学』，ポアソンの『力学』，ラグランジュの『解析関数論』，オイラーの『代数要綱』，オイラーの『等周問題』(ラテン語)，クレローの『地球の形状についての理論』，モンジュの『解析の幾何学への応用』，カレーの『対数表』，ラプラースの『天体力学』と『確率の解析理論』などなどからなっていた．

> 私がこの素晴らしい小さな蔵書を買ったとき三十三歳だった．最初に神秘的な語《代数》を見た日や，希望もなくがんばり通した長い年月を振り返ると，このような宝を持っていることはほとんど信じられなかった．それは私に，決して絶望するなと教えていた．

オイラーのラテン語以外フランス語ばかりなのは，英国の数学が完全に衰退していたからである．バベッジ，ピーコック，ハーシェルが英国初の微積分の教科書，ラクロア『微積分要綱』(1802) を翻訳刊行したのは 1816 年で，ライプニッツの論文から 1 世紀と 32 年が経っていた．

船乗りナサニエル・ボウディチは最後の航海中，ラプラースが 1798 年に出版した『天体力学』第 1 巻を読破した．1806 年までに第 4 巻まですべて読了している（第 5 巻の出版は 1825 年）．1818 年までには翻訳を終えたが，ボストンに移住し，不本意に「マサチューセッツ病院生命保険会社」保険経理人に就任したのは，その収入によって『天体力学』を出版する資金を得るためだ．1829，32，34，39 年に私費出版した．第 4 巻の出版はボウディチ没後になる．それは単なる翻訳ではなく，原著が二倍になるほどの詳細な注釈を付したものである．原文を補足し，ラプラース以後の結果を付け加え，ラプラースが言及しなかった論文を紹介している．ボウディチは

> ラプラースの中で，《こうして簡単に導かれる》という言葉に出会うときはいつも，数時間，おそらく一日がかりの困難な研究だけが，いかに簡単に導かれるかを発見できることを確信した

と書いている．メアリーはボウディチの翻訳第 1 巻を読んで，膨大な注釈を付すよりも，本文をできるだけ明確に説明することを選んだ．

1830年に脱稿し，ハーシェルの強い推薦で，『天の力学』として1831年11月に刊行した．ヒューエルは『天の力学』を数学トライポス学生の講義用に使った．

16.2 ジョージ・グリーン

ジョン・トプリスは1804年10月13日『哲学雑誌』に投稿した論文「数学研究とそれに依存する科学の衰退について」で次のように述べている．

> 数学とそれに依存する科学における才能を，もっとも輝かしく示すことによって，ヨーロッパを驚かせたあとで，この島国〔英国〕が突然その熱意を冷まし，他のすべての国を無限大に凌駕していた研究をほとんど完全に顧みないことを許していることは，多くの人びとにとって驚きと痛恨の題目である．もっとも素晴らしく，望外の発見を成し遂げ，さらなる道を指し示したあとで，突然断念し，他国がこれらを練磨し，さらなる道を開拓するとはきわめて驚くべきことである．征服者がまわりの国ぐにを征服し，ふがいなくも，自国民や征服民に所有させ，統治させ，耕させる征服者の行動のように奇妙である．
>
> 芸術，兵器，商業において他のすべての国に優越することを誇ることができるこのような国が，かつては最大の誇りであり，誉れであったもっとも崇高な科学をないがしろにすることは非常に大きな屈辱である．もっと堅固な名声が，兵器におけるよりも才能における卓越性によって人びとに集まるのである．……

トプリスはケンブリッジ，クイーンズコレッジで学位を得，数学トライポスでは第十一ラングラーだった．ケンブリッジの数学に飽きたらず，フランスで発展している数学に傾倒した．1806年から1819年までノティンガムのグラマースクール校長で，1814年に『解析力学についての論考，P・S・ラプラースの天体力学第1巻』をノティンガムで出版した．その前書きで

> 解析科学は，大陸のもっとも傑出した人たちによって，かなりの期間，最大の熱意と成功をもって研究されてきたが，彼らの成果が記された著作が英語ではほとんど存在しないことが，しばらく，数学の読者の苦情の種であった．
>
> 彼らの記号や独特の進め方は英国数学者のものとは違うので，私は大陸解析学者の中でもっとも優れた人による解析力学の初等的論考を，読者が容易に理解できるようにした覚書を付して翻訳することは，彼らの成果をある程度知りたいと思う人たちにかなり役立つであろうと考えている

と記している．トプリスは1819年にクイーンズコレッジ学長としてケンブリッジに帰ったが，グラマースクールがあった通りの角を曲がるとグリーン一家が1817年まで住んでいた通りに出る．文献的な証拠はないが，ジョージ・グリーンはライプニッツの微積分に習熟していたから，グリーンがトプリスの影響を受けたことは疑いない．

グリーンは粉挽き，パン屋が家業で，風車小屋の最上階で粉挽きの合間に数学の研究をしていた．1827年12月14日の広告でグリーンは次のように書いた．

> ジョージ・グリーン著『電気磁気理論に対する数学解析の応用に関する試論』が印刷中で予約制によってまもなく出版される．（許可を得て）ニューカースル公爵に献呈される．

> 価格は予約者には七シリング六ペンス．予約者は書店および
> ブロムリーハウス図書館にて受付．

『試論』は1828年5月に私費出版された．グリーンは三十四歳になっていた．予約者は五十一人にすぎず，しかもその大部分の人には，その論文がのちにいかに重要になるかを予想できるはずもなかった．私費出版は完全な失敗だった．

前書き冒頭，途中および最後の段落を引用する．

> 以下の私論を執筆した後で，私は当然のこととして，同じ課題についてこれまでの著者によってなされたこと，実行可能にされたことを知りたいと感じた．この場を借り，その進展の歴史的素描を与えたら嬉しかっただろう．だが，私の限られた情報源では私がそうすることを許さないだろう．ただ，途上で私の足元に落ちてきたいくつかの論文について一，二の意見を述べることはおそらく許されるだろう．ことに，王立協会のもっとも傑出した会員の一人によって提出された優れた論文に気づく機会に恵まれたことである．その論文は，ほとんど注目されなかったが，よく調べてみると，空気化学の基礎を築くことができ，当時の意見とは大いに異なって，水が自然界のもっとも重要な二種類の気体の複合物であることを発見したその人にふさわしいとわかるだろう．
>
> 今ほのめかした著者が高名なキャヴェンディシュであると言うことはほとんど不必要である．彼は，幾何と流率の初等知識を持っている誰にでも容易にできるような簡単な方法に限定したので，彼の論文を非常に多くの読者の身近なものにした．そして，続く注意書きで重要な結論を引き出すことを可能にした仮定に満足しなかったように思えるけれども，彼の論文を注意深く調べると，わずかの変更で全体を完全に妥

当にするに十分である．……

電気の数学理論においてはほとんどなにもなされてこなかった．例外は，地球の形状の研究において示された既知の公式からの直接的な推論で，中でも主要なのは，球から少し異なる導体表面や楕円体表面の電荷密度の法則の決定したキャヴェンディシュの論文の日付1771年から，帯電しておき向かいあわせた導体球表面の電荷分布に関する無類に美しい二つの論文をポアソン氏がフランス学士院に提出した1812年頃までである．ここでそれらの着想を説明することはきわめて不可能で，十分理解するためには読んでみるしかない．それゆえ，それらが本試論でポテンシャル関数と名付けたものの考察の基礎になっていると一言するしかない．著者は，第十論文で与えた式から直ちに得られる可変微分方程式を使って，球表面から生じる二つのポテンシャル関数の関係を表し，球のそれぞれに属するこれら関数の値を導き，それから各表面の電荷密度の一般的表式を，任意の外部点におけるその作用とともに与えた．……

この試論は，物理科学でもっとも興味あるものの一つに解析を応用することを容易にするものだが，著者はそれに費やした労力に十分報われたと考えるだろう．そしてこの論文の課題の難しさから，数学者諸氏が寛大な心で本論文を読んでくださることを希望する．とくに，精神向上の機会がほとんどないような職業で許される時間と手段を持ってわずかな知識を得なければならない若者によってこの論文が書かれたことをお知りになったのだから

と書いている．

キャヴェンディシュは15.2節で触れた1771年の論文「弾性流体によって主要な電気現象を説明する試み」で，グリーンが「ポテンシャル関数」と名づけた概念を述べている．キャヴェンディシュは電気力が距離の n 乗に逆比例するときはポテンシャルに相当する量が $n-1$ 乗に逆比例するとしていた．単位質量あたりの重力を重力場，単位電荷あたりの電気力を電場という．ポアソンの論文は「導体表面の電荷分布についての論文」と「回転楕円面の引力理論に現れる方程式についての注意」である．ポアソンはこのポテンシャルが質量あるいは電荷を源とする「ポアソン方程式」を満たすと考えた．グリーンの『試論』の目的はこのポアソン方程式を厳密に解くことだった．グリーンは，「グリーンの定理」，「グリーン関数」，「特異点」などの重要な考え方を発見したのである．点源を持つポテンシャルを「グリーン関数」と呼ぶ．任意の質量，電荷分布のポテンシャルはグリーン関数を重ね合わせればよい．グリーンは距離が0になる場所を「特異値」と名づけ，そのまわりに小半径の球を考えた．球内で積分すると球面上の積分に変換できる．グリーンは発散定理に相当する操作を行なっている．発散定理は現代の教科書で「ガウスの定理」として知られているが，明瞭に数学定理としての発散定理を与えたのはオストログラツキイで1831年に印刷公表している．任意の閉曲面上の面積要素を $\mathrm{d}S$，閉曲面内の体積要素を $\mathrm{d}V$，力の x, y, z 成分を X, Y, Z，閉曲面の法線と力のなす角度を θ，力の法線方向成分を $F\cos\theta$ とすると

$$\oint \mathrm{d}S\, F\cos\theta = \int \mathrm{d}V \left(\frac{\mathrm{d}X}{\mathrm{d}x} + \frac{\mathrm{d}Y}{\mathrm{d}y} + \frac{\mathrm{d}Z}{\mathrm{d}z}\right)$$

が恒等的に成り立つ．独学のグリーンが大陸の数学を抜き去る研究をしていることには驚嘆するしかない．

『試論』の献呈者の中にエドワード・ブロムヘッドがいた．ブロムヘッドは，ケンブリッジのキーズコレッジ出身で，数学トライポスは受験しなかった．解析協会創立者の一人である．ブロムヘッドはグ

リーンの数学的才能を認め，論文を学術誌に仲介することを申し出た．だがグリーンは返事をしなかった．二十か月後，1830 年 1 月 19 日にやっと手紙を書き，返事の遅れた言い訳をしている．

> 私自身の性格に従っていたなら，あなたが私に光栄を与えてくださった非常に手厚い申し出に感謝するため，すぐさま返事をするべきでした．ところが，若い頃その意見に頼ることにしていた紳士に私の意図を話したところ，返事は期待されておらず，王立協会の一つに論文を送ることによってあなたの親切な申し出に応じることができる前に，逆にそのような偉い人に大変な迷惑をかけることになる，と断言しました．この紳士は私よりも世間を見てきたので，私は彼の意見に仕方なく従いましたが，同時に慣習が私自身の気持ちと大いに異なるように行動することを強いるのを嘆いておりました．

余計な忠告をしたのは，グリーンが四学期間だけ通ったスタンダード・ヒル・アカデミー校長ロバート・グデカーと考えられる．グリーンの学校教育はこれだけである．グリーンは，ブロムヘッドの申し出を受けて，電気と流体力学に関する論文を書き『ケンブリッジ哲学協会紀要』に発表した．ブロムヘッドは 1833 年 6 月にグリーンをケンブリッジに誘い数学者に会わせようとしたが，グリーンは同行を断っている．5 月の手紙．

> ご親切にも，英国科学の騎士団をなすあなたの友人たち，ハーシェル，バベッジやその他の人たちに会うための 6 月 24 日ケンブリッジへのご旅行を知らせてくださいました．私はまだ初心者にすぎませんからケンブリッジに出かける権利があるとは思えません．私が科学者としてそれなりになるま

で，そうなれるとしての話ですが，その喜びを延期したいと思います．

だが，その年10月にはパン屋をやめて風車小屋を賃貸に出し，キーズコレッジ学生になった．四十歳になっていた．1837年の数学トライポスで，グリーンは第四ラングラーだった．グリーンは卒業後もケンブリッジに残り，流体力学，光の反射と屈折，音の反射と屈折についての論文を『紀要』に発表した．

グリーンは，1841年5月31日に亡くなった．四十七歳だった．英国の数学がニュートンの呪縛から解き放たれたのはグリーンのおかげである．今日『試論』が知られているのはトムソン（のちのケルヴィン卿）に負っている．トムソンは，ロバート・マーフィーが1833年『ケンブリッジ哲学協会紀要』に発表した論文「定積分の逆方法と物理への応用」の脚注に

> 第3章の電気的作用は，荷電物質の引力または斥力によって，それと通じて，無限に細い棒の中に生成される流体の張力によって測られる．それは，ノティンガムのグリーン氏がその独創的な『試論』の中でポテンシャル関数と名づけた量である

と書いてあるのを見つけた．トムソンが『試論』を入手できたのは卒業の年1845年になってからである．トムソンはパリに出発する前日に『試論』を入手し，パリでリュヴィルとシュトルムに『試論』を見せて感動をともにした．ケンブリッジに帰ってきたトムソンは『試論』に紹介文をつけて1850，52，54年『クレレ』誌に英語で発表した．トムソンやマクスウェルを通してグリーンのポテンシャル理論は電磁気学の理論へと発展していった．

マーフィーはすでにライプニッツの微積分を使っていた．マーフィーが1830年に『ケンブリッジ紀要』に発表した「定積分の一般的性質について」は，ヒューエルがブロムヘッドを通じてグリーンに転送した論文である．マーフィーが1833年公刊した著作『電気，熱，分子作用理論の基礎原理：第1部；電気について』で初めてラプラース演算子の記号 $\triangle$ を使った（グリーンは記号 δ を使った）．その第4章で，史上初の微分形のガウスの法則が与えられている．

> **(24)**　X, Y, Z は，電荷密度が ρ，座標が x, y, z である任意の点Pにおける自由電気系によって引き起こされる座標軸方向の力を表すとすると，
>
> $$\frac{\mathrm{d}X}{\mathrm{d}x}+\frac{\mathrm{d}Y}{\mathrm{d}y}+\frac{\mathrm{d}Z}{\mathrm{d}z}+4\pi\rho=0$$
>
> である．

マーフィーは1806年，アイルランド，コーク州マロウの貧しい靴職人の家に生まれた．1825年町の有志の援助でキーズコレッジに入学，1829年数学トライポスで第三ラングラーを得て卒業した．マーフィーは借金と過度の飲酒によって健康を害し，1843年3月12日三十七歳で病死した．マーフィーはグリーンの最初の論文の査読者になったために『試論』を読んだ．マーフィーが自著で『試論』に触れたのはこのためである．グリーンとマーフィーがキーズコレッジで出会っていた可能性はある．デ・モーガンは『ペニー百科辞典』(1854)で

> 彼は数学上の発見において，真の天才を持っていた．彼は，数学者の間でよく知られている名前を残して1843年に亡くなった．彼は方程式論と電気の研究を行なった．『ケンブリッジ紀要』の彼の論文はすべて高い天才のものである

と書いている.

ガウスは，論文「距離の二乗に逆比例して作用する引力および斥力の関係における一般定理」(1840) の中で，グリーンが最初に発見した発散定理に相当する公式を使っている．発散定理にマーフィーの法則を適用すると積分形のガウスの法則

$$\oint \mathrm{d}S\, F\cos\theta = -4\pi M$$

が得られる．ニュートンが重力定数を与えなかったので G が欠けている．現代の単位系では右辺は $-4\pi GM$ である．任意の閉曲面で，閉曲面上の力（重力または電気力）の法線方向成分を積分すると，閉曲面内の全質量または全電荷 $M = \int \mathrm{d}V\rho$ に等しい．点質量 M に適用し，M を中心とする球面を閉曲面に選べば，閉曲面上の重力場 F の面積分は点質量に等しい，すなわち

$$4\pi r^2 F = -4\pi GM, \qquad F = -\frac{GM}{r^2}$$

が得られる．フックの 1682 年の逆二乗則証明にほかならない.

アウフ・ヴィーダーゼーエン

See you again!

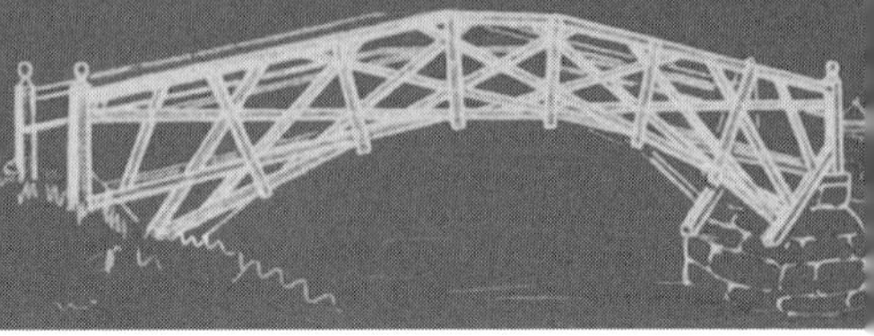

「ゾマーフェルトの学生として，波動を適切に扱うには波動方程式が必要だ，と習っていた」というデバイの一言で，シュレーディンガーは波動方程式をつくるきっかけを得た．目撃者ブロッホの証言である．ヴァイルは，学生に，平行移動によって一周させたベクトルは，方向を変えて，もとの位置に戻るだろう，と説明すると，彼は，「長さも変えてですか？」と訊いてきた，と回想している．これがきっかけでゲージ理論は生まれた．ファインマンは高校時代，物理のエイブラム・ベイダー先生から最小作用の原理を習ったのがきっかけで経路積分を発見した．物理はきっかけを求めて右往左往するのが楽しいのである．ところが，ニュートンは，天体の運動についてフックからきっかけをつかんだとき，「ありがとうございました」の一言で済むのに，逆恨みし，逆上した．ライプニッツが『プリンキピア』をきっかけとして運動方程式を得たとき，ニュートンはライプニッツに喰ってかかった．

ニュートン没後１世紀あまり，ニュートンは，英国の詩人，文学者や哲学者たちによって，神のごとく崇められたり，けなされたりと騒がしかったが，どうも彼らは『プリンキピア』を一行も読んでいないか，まったく理解していなかったと思われる．それは英国の数学者も同じで,『プリンキピア』を永遠不滅の聖書のごとく扱い,それによって,数学の進歩が止まってしまった.ニュートンによるボイルの法則の証明を読むと,遠心力によって説明するというまったくのでたらめだが,批判する人は出なかった.批判的に理解し,進歩させる優れた後継者が育たなかった.それに対して,ライブニツの「テンタメン」から始まる大陸派は,ヨーハン・ベルヌーリ,ヴァリニョン,ヘルマン,ダーニエル・ベルヌーリ,クレロー,ダランベールらを輩出し,オイラー,ラグランジュが古典力学を完成させた.「ニュートン方程式」はガリレイを原点とし,彼らの中で育まれたのだ.相対論も,量子力学も,場の理論も,この古典力学を基礎にしている.

この英国と大陸の驚くべき差は,人の功績を絶対認めない,というニュートンの屈折した性格から生まれたと言うしかない.重力は遠心力の反作用であるという間違いを犯して万有引力発見を逃し,「ニュートン方程式」に気づかず,ケプラーの第1法則を証明できなかったにもかかわらず,古典力学はニュートン力学と呼ばれている.現在でもニュートンの名は圧倒的で,誰もニュートンの呪縛から逃れられない.黄門は中納言の唐名だが,水戸のご老公の専用になっている.世の中はそうしたものなのだろう.本書を読まれた読者は,フックやボレッリ,ライブニツからオイラー,ラグランジュまでの仕事を理解していただけたと思う.

最後になりましたが,雅趣あふれる表紙と挿画を描いてくださった浮邉三枝子さんに感謝いたします.草稿を読んだ上での作画で,半分死にかけたとのことですが,果敢な精神に拍手喝采を贈ります.

参考のために

For reference

雑誌連載と単行本に発表された小著のうち，読者の興味を引くと思われるのは次の通りである．単行本では内容をかなり付け足してある．

♯ 『パリティ』（丸善）連載

♭ 「風車小屋だより」	グリーン	2003年 5月
♭ 「愛と死との戯れ」	カルノー	2003年 6月
♭ 「クラパムコモン」	キャヴェンディシュ	2003年10月
♭ 「それでも人生は美しい」	エトヴェシュ	2004年 2月
♭ 「ラーグスの喫茶店」	ケルヴィン	2004年11月
♭ 「風立ちぬ」	クーロン	2005年 9月
♭ 「数学に捧げるバラード」	グラスマン	2005年10月

♯ 『UP』（東京大学出版会）連載中

♭ 「元祖だめんず・うぉ〜か〜」	デュ・シャトレー	2007年 4月
♭ 「地下電気」	ファラデイ	2008年 4月
♭ 「灰色の脳細胞」	ヤング	2009年 1月
♭ 「仏蘭西の野は火の色す」	デカルト	2011年 4月
♭ 「ステヴィヌスの墓碑銘」	ステフィン	2011年10月
♭ 「しいいとせみの啼きけり」	ブルーノ	2012年 7月
♭ 「もう一人のガスコン」	フェルマー	2013年 1月
♭ 「りんご酒街道，桜桃農園」	ラプラース	2013年 4月
♭ 「お熱いのはお好き」	カラテオドリ	2014年10月
♭ 「代数の紋様を織る」	バベッジ	2015年 4月
♭ 「さびしさうにひとり口笛を吹き」	カンパネッラ	2016年 1月
♭ 「フィレンツェの想い出」	ガリレイ	2016年 7月
♭ 「アレトゥーサの泉」	アルキメデス	2018年 7月
♭ 「人間の絆」	グレイ	2018年10月
♭ 「アナ・シリングの小筺」	コペルニクス	2019年 4月
♭ 「きらきら星変奏曲」	ギルバード	2019年 7月

♭「4つの空の風にのって」　ダ・ヴィンチ …….. 2019年10月
♭「ジェドバラの薔薇」　サマヴィル ……… 2020年 4月
♭「クラルテ」　ラグランジュ ……. 2020年 7月
♭「人間精神の名誉のために」　ヤコービ ……….. 2021年 7月
♭「科学の王笏だけが生き残る」　ブラーエ ……….. 2021年10月
♭「ケントの花の咲く頃」　ニュートン ……… 2022年 4月
♭「月の協会」　プリーストリー ….. 2022年10月
♭「呑みたまえ，清く旨い水を」　フック …………. 2023年 4月
♭「ソーンヒルの田舎牧師」　ミチェル ……….. 2023年 7月

♯『哲学者たり，理学者たり』（東京大学出版会）
♭「船乗りナットの冒険」　ボウディチ
♭「風車小屋だより」　グリーン
♭「愛と死との戯れ」　カルノー
♭「クラパムコモン」　キャヴェンディシュ
♭「元祖だめんず・うぉ〜か〜」　デュ・シャトレー

♯『ほかほかのパン』（東京大学出版会）
♭「ラーグスの喫茶店」　ケルヴィン
♭「麦の穂をゆらす風」　ハミルトン
♭「流れ行く河よ」　ケプラー
♭「地下電気」　ファラデイ

♯『がちょう娘に花束を』（東京大学出版会）
♭「灰色の脳細胞」　ヤング
♭「ヴァレンシュタイン祝祭」　ライプニッツ
♭「バーゼルの鐘」　ベルヌーリ
♭「球に書かれた三角形」　ゾルドナー

♯『それでも人生は美しい』（東京大学出版会）
♭「それでも人生は美しい」　エトヴェシュ
♭「青銅の獅子」　ガウス
♭「アルモニカのための幻想曲」　フランクリン
♭「海賊の町」　モーペルテュイ
♭「サンドミニク通りの恋人」　ダランベール

挿画・写真リスト

Illustrations

著者紹介

太田 浩一（おおた こういち）

1967年　東京大学理学部物理学科卒業
1972年　東京大学大学院理学系研究科物理学専攻修了，理学博士
1980–2年　MIT理論物理学センター研究員
1982–3年　アムステルダム自由大学客員教授
1990–1年　エルランゲン大学客員教授
現　在　東京大学名誉教授
著　書　『電磁気学 I，II』（丸善，2000）
『マクスウェル理論の基礎』（東京大学出版会，2002）
『マクスウェルの渦 アインシュタインの時計』（東京大学出版会，2005）
『アインシュタインレクチャーズ@駒場』（共編，東京大学出版会，2007）
『電磁気学の基礎 I，II』（シュプリンガー・ジャパン，2007，東京大学出版会，2012）
『哲学者たり，理学者たり』（東京大学出版会，2007）
『ほかほかのパン』（東京大学出版会，2008）
『がちょう娘に花束を』（東京大学出版会，2009）
『それでも人生は美しい』（東京大学出版会，2010）
『ナブラのための協奏曲―ベクトル解析と微分積分』（共立出版，2015）
『熱の理論―お熱いのはお好き』（共立出版，2018）

ニュートンなんかこわくない
――力学をつくった数学者たち

Who's afraid of Isaac Newton?

2023 年 6 月 1 日　初版 1 刷発行
2023 年 9 月15日　初版 2 刷発行

検印廃止
NDC 420
ISBN 978-4-320-00614-0

著　者　太田浩一　© 2023
発行者　南條光章
発行所　**共立出版株式会社**
〒 112-0006
東京都文京区小日向 4-6-19
電話　03-3947-2511（代表）
振替口座 00110-2-57035
URL www.kyoritsu-pub.co.jp

印　刷　啓文堂
製　本　ブロケード

一般社団法人
自然科学書協会
会員

Printed in Japan

熱の理論

—お熱いのはお好き—

太田浩一著

熱力学の基礎から宇宙への応用までを丁寧に解説

熱力学を二つの経験則だけを前提にして組み立てて、数学的に厳密な理論を展開していく。相対論的熱力学やブラックホールなども取り上げている。

A5判・定価3850円(税込)ISBN978-4-320-03606-2

目次

ナブラのための協奏曲

—ベクトル解析と微分積分—

太田浩一著

***n*次元一般曲線座標までを具体的にわかりやすく扱う**

発散定理や回転定理は、基本的な勾配定理に統合できることを示すなど、従来の視点にはない教科書。行列と行列式、微積分の基礎知識だけで理解できる。

A5判・定価3850円(税込)ISBN978-4-320-11106-6

目次

---

www.kyoritsu-pub.co.jp 共立出版 （価格は変更される場合がございます）